JN281623

交通工学

第2版

河上省吾・松井 寛 共著

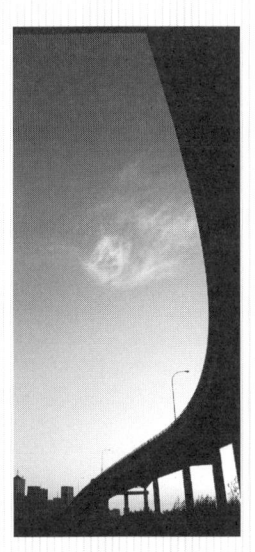

森北出版株式会社

● 本書のサポート情報を当社 Web サイトに掲載する場合があります．下記の URL にアクセスし，サポートの案内をご覧ください．

http://www.morikita.co.jp/support/

● 本書の内容に関するご質問は，森北出版 出版部「(書名を明記)」係宛に書面にて，もしくは下記の e-mail アドレスまでお願いします．なお，電話でのご質問には応じかねますので，あらかじめご了承ください．

editor@morikita.co.jp

● 本書により得られた情報の使用から生じるいかなる損害についても，当社および本書の著者は責任を負わないものとします．

■ 本書に記載している製品名，商標および登録商標は，各権利者に帰属します．

■ 本書を無断で複写複製（電子化を含む）することは，著作権法上での例外を除き，禁じられています．複写される場合は，そのつど事前に (社)出版者著作権管理機構（電話 03-3513-6969, FAX 03-3513-6979, e-mail：info@jcopy.or.jp）の許諾を得てください．また本書を代行業者等の第三者に依頼してスキャンやデジタル化することは，たとえ個人や家庭内での利用であっても一切認められておりません．

第2版のまえがき

　交通とは人びとの諸々の社会活動の結果として生じる社会現象であって，ある地域に存在する各種施設がその機能を発揮するために，交通は必要不可欠の手段である．社会の発展とともに，主要な交通手段が徒歩から馬車へ，さらに鉄道時代を経て自動車時代へと変遷し，現在では鉄道，バス，自動車，自転車，航空機，船舶など多くの交通手段が目的に応じて競合的にあるいは補完的に用いられている．したがって地域における交通体系は重層かつ多岐にわたり，その整備に莫大な資金を必要とする．一方，交通体系の良否は地域社会の社会・経済活動の水準を規定し，生活の快適性にも大きく影響して，ひいてはその地域の盛衰をも左右する．

　本書は，このような交通体系の実態分析，需要予測，計画と評価，および運営に関する手法，理論を交通工学として体系づけ，その内容を体系的に整理して，わかりやすく解説したものである．元来交通工学は自動車交通の発達普及とともに，米国を中心に1930年代から発展してきた総合工学の一つであり，わが国においてもモータリゼーションが本格化し始めた1955年ごろから研究がなされるようになった．

　このような歴史的経緯からも明らかなように，初期の交通工学は自動車交通流の安全と円滑化に係わるおもに工学的問題を中心に研究がなされてきたが，今日においては単に自動車交通にとどまらず，公共交通を含むすべての交通体系の計画，設計および運営をその研究対象とするようになり，その研究分野の間口と奥行が広がってきている．

　そこで，本書では従来の国内外の主要な研究成果の中から，基礎的な理論や実用性の高い手法について，できるだけ平易に記述するとともに，最新の研究成果もできるだけ取り入れることによって，大学生から実務者，およびこの分野の研究をめざす人びとにまで，幅広く利用してもらえるよう努力したつもりである．

　本書の初版は1987年に出版したが，16年経過し，記述内容の統計資料などの更新と，理論や技術および交通政策などの進展（ITS，交通需要管理など）を取り入れるため，ここに第2版をとりまとめ，出版するものである．

　本書の内容は，前半の第1章から第7章までと第16章は，地域の交通体系の計画と運営について記述し，後半の第8章から第15章までは，道路交通の分析，計画，運用について記述している．そして，各章末に学習効果の確認のための演習問題を添付した．なお執筆は，第1章から第7章までと，第14章のうちの交通事故関係および第

16 章については河上が分担し，残りの第 8 章から第 15 章までを松井が分担している．

　この小著が交通工学を学ぶ人びとに少しでも役立ち，また交通工学や交通計画に興味や関心をもつ人びとを少しでも増やすことに役立てば，交通工学の発展にもつながり，さらにはよりよい地域づくりに役立つものと期待している．

　なお，本書の執筆に際しては，交通工学に関連のある多くの著書，論文を参考にさせていただいた．ここにそれらの著者に心より御礼を申し上げたい．

　最後に，本書の出版に際してきめ細かなご配慮をいただいた森北出版株式会社の方々に感謝の気持ちを表したい．

　　2004 年 9 月

　　　　　　　　　　　　　　　　　　　　　　　　　　　　　　　　　著　者

目　　次

第 1 章　交通システムと交通の実態
1.1　交通工学で対象とするシステム ······················ 1
1.2　交通工学の定義と歴史 ···························· 1
1.3　交通の意義と実態 ······························ 2
　　　参考文献 ································· 7
　　　演習問題 ································· 8

第 2 章　交通体系の計画・運営手法
2.1　都市交通計画の策定法 ··························· 9
2.2　広域交通計画の策定法 ··························· 12
2.3　交通運営・管理の手法 ··························· 13
2.4　都市交通計画策定において考慮すべき事項 ················ 16
　　　参考文献 ································· 18
　　　演習問題 ································· 18

第 3 章　交 通 調 査
3.1　交通施設調査 ································ 19
3.2　交通量調査 ································· 20
　　　参考文献 ································· 30
　　　演習問題 ································· 30

第 4 章　交通需要予測
4.1　わが国における交通需要予測プロセスの歴史 ··············· 31
4.2　集計・段階的交通需要予測モデル ····················· 33
4.3　非集計交通需要予測モデル ························ 47
　　　参考文献 ································· 51
　　　演習問題 ································· 52

第 5 章　交通網の計画

- 5.1　交通計画代替案の構成法 ･･････････････････････････ 53
- 5.2　交通サービスの供給水準 ･･････････････････････････ 57
- 5.3　交通施設の容量と経済性 ･･････････････････････････ 59
- 5.4　交通施設の環境影響 ･･････････････････････････････ 59
- 　　　参考文献 ･･ 61
- 　　　演習問題 ･･ 62

第 6 章　交通体系の評価法

- 6.1　交通体系の評価法の変遷 ･･････････････････････････ 63
- 6.2　交通計画の評価プロセス ･･････････････････････････ 64
- 6.3　交通計画の評価主体と評価項目 ････････････････････ 64
- 6.4　交通計画の評価主体別の評価方法 ･･････････････････ 65
- 6.5　交通計画の総合評価法 ････････････････････････････ 73
- 　　　参考文献 ･･ 74
- 　　　演習問題 ･･ 75

第 7 章　公共輸送システムの計画

- 7.1　都市高速鉄道 ････････････････････････････････････ 76
- 7.2　バス輸送 ･･ 78
- 7.3　新交通システム ･･････････････････････････････････ 79
- 7.4　総合交通体系 ････････････････････････････････････ 79
- 　　　参考文献 ･･ 83
- 　　　演習問題 ･･ 83

第 8 章　道 路 交 通

- 8.1　道路交通の構成要素 ･･････････････････････････････ 84
- 8.2　自動車の普及 ････････････････････････････････････ 85
- 8.3　道路交通の現状 ･･････････････････････････････････ 87
- 8.4　道路整備の状況 ･･････････････････････････････････ 88
- 　　　参考文献 ･･ 90
- 　　　演習問題 ･･ 90

第 9 章　道路交通流の特性

- 9.1　道路交通流の表現 ････････････････････････････････････ 91
- 9.2　交通量 ･･ 92
- 9.3　速　度 ･･ 98
- 9.4　交通密度とオキュパンシー ････････････････････････････ 102
- 9.5　交通量，平均速度，交通密度の関係 ････････････････････ 103
- 9.6　車頭間隔 ･･ 108
- 9.7　遅　れ ･･ 111
- 9.8　歩行者流 ･･ 111
- 　　　参考文献 ･･ 114
- 　　　演習問題 ･･ 115

第 10 章　交通流理論

- 10.1　概　説 ･･･ 116
- 10.2　交通流の確率統計的性質 ････････････････････････････ 116
- 10.3　待ち合せモデル ････････････････････････････････････ 121
- 10.4　流体モデル－マクロ交通流モデル－ ･･････････････････ 122
- 10.5　追従理論－ミクロ交通流モデル－ ････････････････････ 126
- 10.6　交通シミュレーションモデル ････････････････････････ 130
- 　　　参考文献 ･･･ 131
- 　　　演習問題 ･･･ 132

第 11 章　道路の交通容量

- 11.1　概　説 ･･･ 133
- 11.2　単路部の交通容量 ･･････････････････････････････････ 134
- 11.3　平面交差点の交通容量 ･･････････････････････････････ 141
- 　　　参考文献 ･･･ 146
- 　　　演習問題 ･･･ 147

第 12 章　交通信号

- 12.1　概　説 ･･･ 148
- 12.2　信号表示企画の基本事項 ････････････････････････････ 149
- 12.3　単独信号制御 ･･････････････････････････････････････ 153
- 12.4　系統信号制御 ･･････････････････････････････････････ 155

12.5 広域信号制御・・・・・・・・・・・・・・・・・・・・・・・・・・・・・・・・ 158
    参考文献・・・・・・・・・・・・・・・・・・・・・・・・・・・・・・・・・・ 159
    演習問題・・・・・・・・・・・・・・・・・・・・・・・・・・・・・・・・・・ 160

第 13 章　交通管制と交通規制

13.1 交通管制・・・・・・・・・・・・・・・・・・・・・・・・・・・・・・・・・・ 161
13.2 交通規制・・・・・・・・・・・・・・・・・・・・・・・・・・・・・・・・・・ 165
    参考文献・・・・・・・・・・・・・・・・・・・・・・・・・・・・・・・・・・ 167
    演習問題・・・・・・・・・・・・・・・・・・・・・・・・・・・・・・・・・・ 168

第 14 章　道路交通環境と安全性

14.1 大気汚染・・・・・・・・・・・・・・・・・・・・・・・・・・・・・・・・・・ 169
14.2 地球温暖化問題と自動車・・・・・・・・・・・・・・・・・・・・・・・・・・ 171
14.3 道路交通騒音・・・・・・・・・・・・・・・・・・・・・・・・・・・・・・・ 174
14.4 道路交通振動・・・・・・・・・・・・・・・・・・・・・・・・・・・・・・・ 179
14.5 交通事故・・・・・・・・・・・・・・・・・・・・・・・・・・・・・・・・・・ 184
14.6 交通事故と月，曜日および道路交通要因との関連性・・・・・・・・・・・・ 188
14.7 交通事故対策とその効果・・・・・・・・・・・・・・・・・・・・・・・・・ 194
    参考文献・・・・・・・・・・・・・・・・・・・・・・・・・・・・・・・・・・ 195
    演習問題・・・・・・・・・・・・・・・・・・・・・・・・・・・・・・・・・・ 196

第 15 章　道路施設の計画と設計

15.1 道路網計画・・・・・・・・・・・・・・・・・・・・・・・・・・・・・・・・ 197
15.2 地区交通計画・・・・・・・・・・・・・・・・・・・・・・・・・・・・・・・ 202
15.3 自動車ターミナル計画・・・・・・・・・・・・・・・・・・・・・・・・・・ 208
15.4 駐車場計画・・・・・・・・・・・・・・・・・・・・・・・・・・・・・・・・ 212
    参考文献・・・・・・・・・・・・・・・・・・・・・・・・・・・・・・・・・・ 215
    演習問題・・・・・・・・・・・・・・・・・・・・・・・・・・・・・・・・・・ 215

第 16 章　交通需要管理と ITS

16.1 都市交通政策の推移・・・・・・・・・・・・・・・・・・・・・・・・・・・ 216
16.2 交通需要管理計画・・・・・・・・・・・・・・・・・・・・・・・・・・・・ 217
16.3 交通需要管理の方策・・・・・・・・・・・・・・・・・・・・・・・・・・・ 218
16.4 ITS の概要・・・・・・・・・・・・・・・・・・・・・・・・・・・・・・・・ 218

16.5 ITS 技術の開発状況 ･････････････････････････ 220
　　　参考文献･･････････････････････････････････ 222
　　　演習問題･･････････････････････････････････ 222
索　引･･ 223

第1章

交通システムと交通の実態

1.1 交通工学で対象とするシステム

　交通とは人と物の移動であると定義できるが，この交通を構成する要素としては，① 人と物からなる移動の主体，② 道路，鉄道線路，海面，水面，空中などの航路からなる交通路および ③ それらの上を走行する自動車，鉄道車両，船舶，航空機などの交通具と ④ その運転者の四つが考えられる．

　これら4要素で構成される交通が，国際間で行われる場合を国際交通，全国各地域間や大きな地域内で行われる場合を広域交通，都市圏内で行われる場合を都市圏内交通，住居地域内などの狭い地域内で行われる場合を地区内交通とそれぞれよんでいる．これらの各種の交通を構成するシステムを交通システムとよぶことにする．

　交通システムはその交通路の種類によって道路交通システム，鉄道交通システム，海上交通システム，航空交通システムなどに分類できる．交通工学では，これらの交通システムの交通現象の調査，解析，計画・設計および交通システムの運営・管理などを対象として取り扱う．

1.2 交通工学の定義と歴史

　米国の交通工学会の交通工学（traffic engineering）の定義によれば「交通工学とは，旅客および貨物の安全，便利かつ経済的な輸送と関連して，道路，街路およびそれに接する土地の計画と幾何学的設計ならびにその上の交通の運営をあわせて取り扱う工学の分野である」となっている．この定義は道路交通工学というべきものであり，鉄道，水運，航空などを含めた広い意味の場合には Transportation engineering とよんでいる．

　なお，M. Wohl と B. V. Martin の定義によれば「交通工学とは，人と物を安全，迅速，快適，便利，かつ経済的に輸送するために，科学の原理，道具，方法，技術，発見を応用する工学である」となっている．

　ここでは，交通工学を人と物の移動すなわち交通に関連する事象を取り扱う工学の分野であると定義する．すなわち，交通工学においては，① 交通現象の調査，解析，

予測，②交通施設の計画，設計，評価，③交通施設の運営・管理などに関する理論，手法などを取り扱う．

交通工学は，モータリゼーションの普及の最も早かった米国において，まず発展し，1904 年に最初の交通調査が実施され，1910 年に腕木信号機，1914 年に電気信号機が導入され，1915 年にはニューヨークで OD 調査（origin destination survey）が行われ，1926 年にはハーバード大学に道路交通専攻科が設置されている．そして，1930 年に Institute of Traffic Engineers が設立され，1941 年に Traffic Engineering Handbook を出版している．

わが国においては，1951 年から日本道路会議が 2 年間隔で開催され，交通工学に関する議論が行われるようになり，1963 年には京都大学に交通土木工学科が設置されている．また，1965 年にわが国の交通工学研究会が設立され，学術雑誌「交通工学」（Traffic Engineering）が創刊され，今日に至っている．

1.3 交通の意義と実態

(1) 交通の意義

交通をその主体によって分けると，前述のように人と物の交通に分類できる．人の交通は，その機能によって，場所的移動という交通そのものを目的とする散歩やドライブといった本来需要の交通と，何か別の目的を達成するために場所的移動を必要とする場合のような派生的な需要による交通に分類できる．人びとの行うほとんどの交通は，後者の派生的需要によるものである．また，物の交通はすべて後者の派生的需要の交通である．

元来，派生的需要の交通は量および距離が小さいほど望ましいので，社会，経済，文化活動などのための機能を集中させるのがよいと考えられるが，地域社会においては多種多様の機能が存在し，それぞれ一定の空間を占有する必要があるため，すべての施設を空間的に集中させることは機能の効率，居住環境の保全などの観点から不可能である．すなわち地域においては，各種機能を果たすための諸機能が分化し空間的に分散しているために，それらの施設が機能を発揮するためには，通信および交通施設による情報と人・物に関する有機的な相互連絡を必要とする．これが社会における交通の必要性である．

したがって，地域における交通は，そこで人びとが社会生活を行うために必要不可欠のものであり，地域社会が十分にその機能を発揮するための手段であるといえる．

また，都市への人口および経済活動の集中を可能にしたのも，交通手段の発達であり，内外の都市の実例からも，交通が機能的にも，空間的にも都市を拡張する作用をもっていることが裏づけられる．

(2) 交通の実態

交通の実態を都市圏交通，国内交通，国際交通に分けて述べる．

(a) 都市圏交通の実態 都市圏内には，各種都市活動に伴ういろいろな種類の交通が存在し，わが国の各種都市圏における目的別交通量および代表交通手段別交通量の構成比を示すと図 1.1 および図 1.2 のようである．これらの図より，交通目的構成の都市圏による差はあまりないが，利用交通手段はその都市圏の交通施設条件により相当変わることがわかる．また，交通手段の利用割合は，都市の規模および性格によっても変わるといえる．

いま，都市交通の一般的特徴をまとめてみると，つぎのようである．
① 交通の発生集中密度が高い．
② 都市規模が大きくなるほど通過交通率は低くなり，都市内交通率が高くなる．
③ 交通の流れが都心に対し求心的である．
④ 朝夕，大量の通勤・通学交通が発生する．これは大都市ほどいちじるしい．
⑤ 交通距離が短い．
⑥ 業務交通が多く，その交通距離は非常に短い．
⑦ 自動車交通量が多い．

このような都市交通における問題点をまとめると，つぎのようである．
① 通勤・通学時の大量輸送機関の混雑と通勤の長時間化．
② 広域的な路面交通の混雑と渋滞．
③ 騒音，排気ガスによる交通公害と高い交通事故の危険性．
④ 都心部における駐車場不足．
⑤ 環状方向サービスの欠除．
⑥ 郊外住宅地の端末輸送に対する配慮の不足．
⑦ 交通機関相互の結節点の未整備．
⑧ バスの経営悪化とサービスの低下．
⑨ 交通サービス水準の地域的および階層的アンバランス．
⑩ 道路によるコミュニティーの分断．

これらの都市交通問題の原因は，つぎのようなものであると考えられる．
① 人口と経済活動の都市への過度集中．
② 騒音，排気ガスといった交通公害を発生する自動車の爆発的増加．
③ 乗用車は乗車人員が 1〜3 人（平均 1.3〜1.4 人）で，空間占拠型の輸送手段であること．
④ 都市構造と交通システムとの不整合（交通機関別分担率などにおいて）．
⑤ 交通機関相互あるいは土地利用と交通施設との間の調和および一体性に対する

4　第1章　交通システムと交通の実態

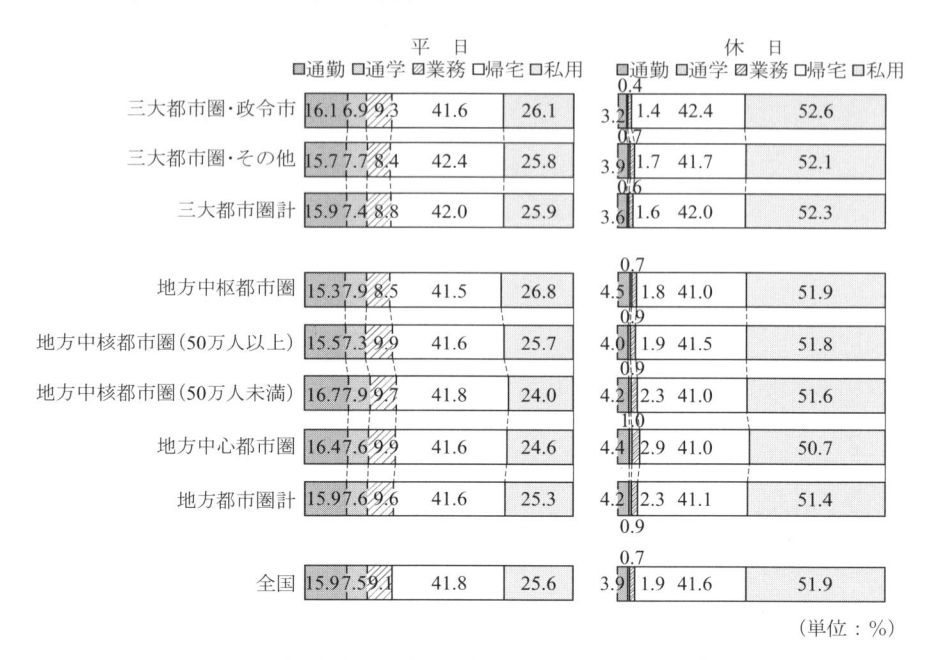

	平日	休日
	■通勤 □通学 ▨業務 □帰宅 □私用	■通勤 □通学 ▨業務 □帰宅 □私用
三大都市圏・政令市	16.1 6.9 9.3 41.6 26.1	0.4 3.2 1.4 42.4 52.6
三大都市圏・その他	15.7 7.7 8.4 42.4 25.8	0.7 3.9 1.7 41.7 52.1
三大都市圏計	15.9 7.4 8.8 42.0 25.9	0.6 3.6 1.6 42.0 52.3
地方中枢都市圏	15.3 7.9 8.5 41.5 26.8	0.7 4.5 1.8 41.0 51.9
地方中核都市圏（50万人以上）	15.5 7.3 9.9 41.6 25.7	0.9 4.0 1.9 41.5 51.8
地方中核都市圏（50万人未満）	16.7 7.9 9.7 41.8 24.0	0.9 4.2 2.3 41.0 51.6
地方中心都市圏	16.4 7.6 9.9 41.6 24.6	1.0 4.4 2.9 41.0 50.7
地方都市圏計	15.9 7.6 9.6 41.6 25.3	4.2 2.3 41.1 51.4
全国	15.9 7.5 9.1 41.8 25.6	0.9 3.9 1.9 41.6 51.9

(単位：%)

図 1.1　都市圏規模別の交通目的構成（1999年）[7]

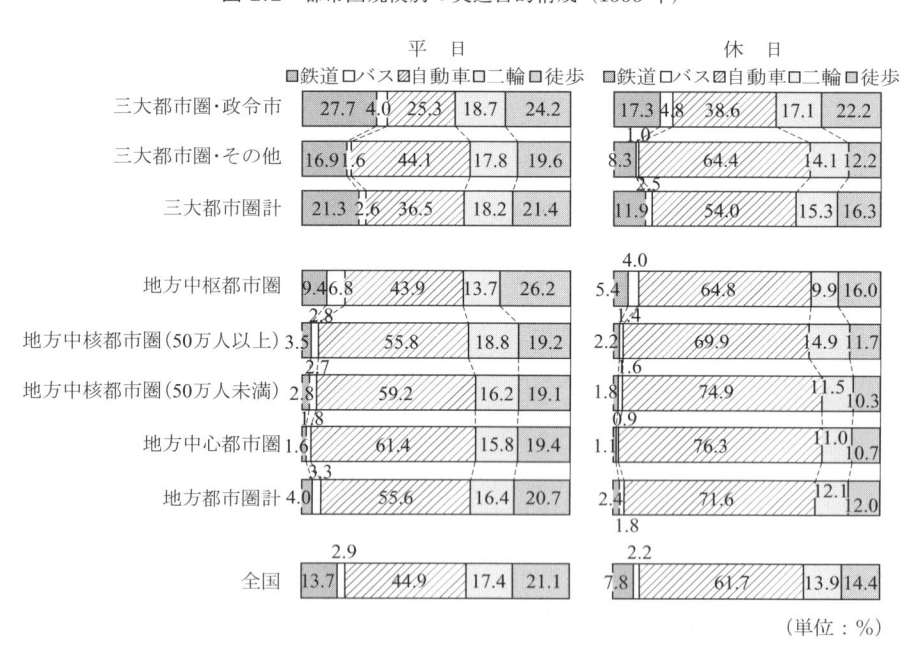

	平日	休日
	■鉄道 □バス ▨自動車 □二輪 □徒歩	■鉄道 □バス ▨自動車 □二輪 □徒歩
三大都市圏・政令市	27.7 4.0 25.3 18.7 24.2	17.3 4.8 38.6 17.1 22.2
三大都市圏・その他	16.9 1.6 44.1 17.8 19.6	8.3 1.0 64.4 14.1 12.2
三大都市圏計	21.3 2.6 36.5 18.2 21.4	11.9 2.5 54.0 15.3 16.3
地方中枢都市圏	9.4 6.8 43.9 13.7 26.2	5.4 4.0 64.8 9.9 16.0
地方中核都市圏（50万人以上）	3.5 2.8 55.8 18.8 19.2	2.2 1.4 69.9 14.9 11.7
地方中核都市圏（50万人未満）	2.8 2.7 59.2 16.2 19.1	1.8 1.6 74.9 11.5 10.3
地方中心都市圏	1.6 1.8 61.4 15.8 19.4	1.1 0.9 76.3 11.0 10.7
地方都市圏計	4.0 3.3 55.6 16.4 20.7	2.4 1.8 71.6 12.1 12.0
全国	13.7 2.9 44.9 17.4 21.1	7.8 2.2 61.7 13.9 14.4

(単位：%)

図 1.2　都市圏規模別の交通手段構成（1999年）[7]

配慮の欠除．
⑥　都市構造上輸送需要の片寄りが激しく，輸送効率が低下していること．
⑦　公共輸送機関において，その採算性に重点がおかれすぎていたこと．

(b) 国内交通の実態　わが国の国内の交通機関別輸送の推移を旅客と貨物に分けて示すと図 1.3～1.6 のようになる．

旅客輸送の推移を示す図 1.3, 1.4 をみると，1965 年以降総輸送量は 1970 年まで急激に増加し，1970～1985 年の間は伸び率は少し減少するが増加を続け，1985～1990 年の間急増し，1990 年以後は伸び率が低下し，今日に至っていることがわかる．

交通機関別の輸送量の推移をみると，自動車輸送量が総輸送量と同様の推移を示し，人キロでは 1970 年以降他機関の輸送量を越えて最大になっている．鉄道の輸送量は 1990 年ごろをピークとしてそれ以後はほぼ一定量となっている．海運は 1973 年をピークとしてそれ以後は減少に転じ，航空は 1979 年まで増加してきたが，それ以後は横ばい状態から微増している．図 1.5 によれば貨物の輸送トンキロは 1965 年から 1973 年までの間に 2 倍に増加し，オイルショック後 1975 年まで減少し，その後増加に転じ 1979 年まで増加を続け，1980 年から 1985 年まで減少し，その後増加するという経過をたどっている．内航海運の輸送トンキロは総輸送トンキロと同様の推移をたどっており，自動車輸送トンキロは 1965 年から 1972 年までに約 3 倍に増加し，その後 1975 年まで減少し，再び増加している．

鉄道の輸送トンキロは 1965 年から 1973 年ごろまで横ばい状況が続き，その後は減少傾向に転じ，1983 年には 1973 年の 1/2 以下になっている．

このような輸送実態の変化は，その源泉である社会経済活動の増加とそれを支える輸送機関の整備によって支えられている．近年の自動車輸送量の急激な増加を支えた自動車保有状況の推移をみると図 1.7 のようになっている．わが国においては 1965 年から 1985 年までの 20 年間に自家用乗用車保有量は約 13 倍に，総自動車保有量は約 5 倍にそれぞれ増加している．

(c) 国際交通の実態

①　**国際旅客交通**　国際間の交通を日本と外国との間の 2001 年における人の往来でみると 477.2 万人の外国人が来日し，1 621.6 万人の日本人が出国しており，20 年前の 1981 年と比較して前者が約 3 倍，後者が約 4 倍に増加している．

わが国に関連する国際総旅客輸送量は 1970 年の 384 万人から 1993 年の 3 600 万人へと，年平均 10.2% の飛躍的な伸びを示してきた．最近の数年間についてみれば，経済発展のいちじるしいアジアの新興工業国からの外国人旅客の伸びが大きいのに対して，日本人旅客の伸びは鈍化傾向にあり，総輸送人員の伸び率は鈍化している．

②　**国際貨物輸送**　国際海運貨物量は，高度成長期に原油，鉄鉱石などの原材料

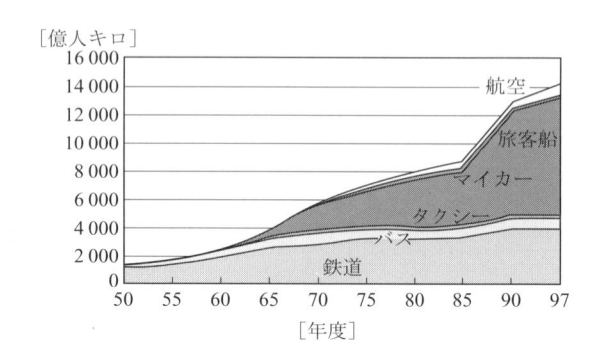

6　第1章　交通システムと交通の実態

図1.3　国内旅客輸送の推移（人キロ）（陸運統計要覧）から作成

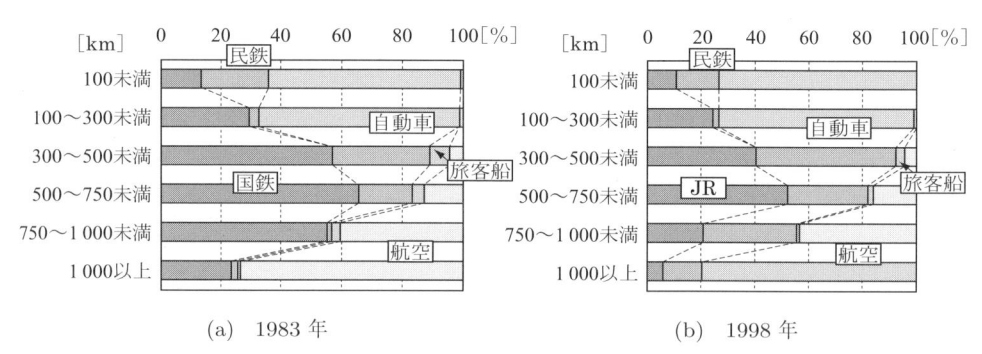

(a) 1983年

(b) 1998年

図1.4　距離帯別旅客輸送機関分担率の変化
（運輸省運輸政策局情報管理部「旅客地域流動調査」から作成）

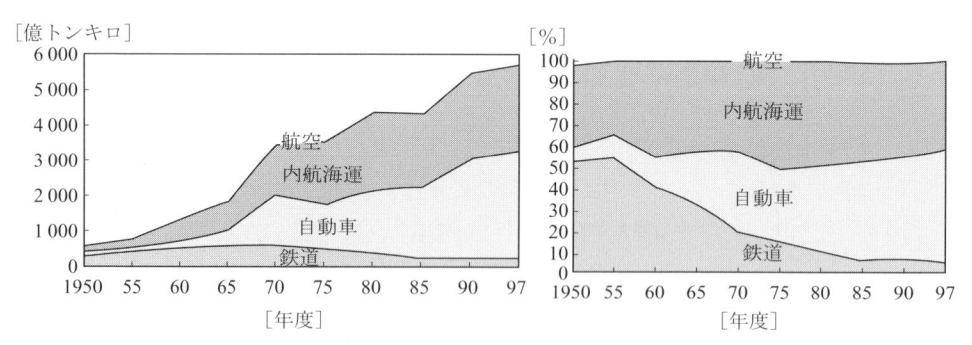

図1.5　国内貨物輸送量の推移（トンキロ）
（「陸運統計要覧」から作成）

図1.6　国内貨物輸送分担率の推移
（「陸運統計要覧」から作成）

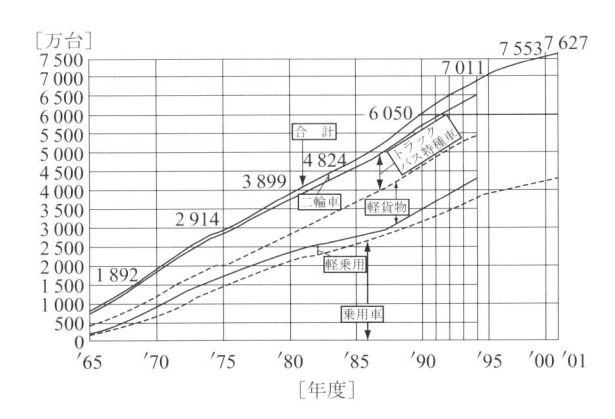

図 1.7 自動車保有台数の推移[3), 8)]

輸入の拡大により高い伸び率を示してきたが，1974年の第1次オイルショック以降はほぼ横ばいの傾向を示している．1979年の第2次オイルショック以降は製造業における省エネルギー，省資源化の傾向の進展で原材料の輸入が減少し，世界的な景気の後退により雑貨類の輸出入も停滞している．しかし，輸送の信頼性と高速性ですぐれているコンテナ貨物は順調に伸びている．また，産業構造の高度化に伴って運賃負担力の大きい貨物が増加し，国際航空貨物量が増大し続けている．

このような背景の下で，わが国の国際貨物輸送量は，総輸送トン数で1965年の2億トン強から1982年の6億トン強へと，年平均6.4％の伸びを示してきた．そして，1990年に6億トン，1995年に7億トン，2000年に7.4億トンとなっている．

③ 国際交通のすう勢　わが国の人と貨物の国際交通，特に航空輸送量の順調な増加は，高速の大型航空機の出現による航空運賃の相対的な低下と経済・社会活動の活発化によってもたらされたもので，国際間の人と貨物の航空輸送量は今後ますます増大すると考えられる．

国土交通省の2002年における長期予測結果によれば，2012年，2022年のわが国における国際航空旅客輸送人員は，2000年の1.7倍，2.4倍にそれぞれ増加し，国際航空貨物輸送トン数は2000年の1.6倍，2.2倍にそれぞれ増大すると予測されている．

今後は運賃負担力の高い高度技術あるいは高付加価値製品の輸送が増加するため，航空輸送への選好が高まり航空輸送貨物量が増加するものと予測されている．

■参考文献

1) 米谷栄二監修：交通工学（新訂版），国民科学社，1977.
2) 片平信貴：交通工学のあしあと，交通工学 Vol.21，No.3，1986.
3) 運輸省：昭和60年版および平成7年版運輸白書，大蔵省印刷局，1985，1995.

4) 森地茂：交通需要予測の方法，道路，1985-8.
5) 加藤晃，河上省吾：都市計画概論，第2版，共立出版，1986.
6) 総務省統計局・統計研修所論：日本の統計 2003，財務省印刷局，2003.
7) 国土交通省都市交通調査室，国土技術政策総合研究所都市施設研究室：平成 11 年全国パーソントリップ調査，都市における人の動き，2002.
8) 国土交通省：平成 15 年版国土交通白書，2003.

■演習問題
1. 都市交通問題とその原因を指摘しなさい．
2. 日常生活における交通の意義について考えなさい．
3. わが国のモータリゼーションと都市形成の関係について考えなさい．
4. 交通工学の定義を述べなさい．
5. わが国の交通工学の歴史について調べなさい．

第2章

交通体系の計画・運営手法

　ここでは，交通体系を都市交通体系と広域交通体系に分類し，それらの計画策定および運営を行うためには，どのような作業をどのような手順で行えばよいのかを明らかにする．

2.1 都市交通計画の策定法

(1) 都市交通計画の策定手順

　都市交通施設計画は，土地利用，都市施設との関連を十分考慮して策定されるべきであるが，都市交通施設体系の全体を扱う場合と，局地的あるいは個別的交通施設を扱う場合とに分けられる．前者を総合的都市交通計画，後者を都市交通施設計画という．
　総合的都市交通計画の策定手順は，まず計画の目標，対象地域およびそのゾーン分割，計画の目標年次をきめ，つぎに実態調査および現況解析によって交通需要の発生機構を把握し，続いて将来社会における政策ビジョンの決定，都市成長の予測などを行い，これらに基づいて交通需要を予測し，それを参考にして各種交通施設の計画代替案を作成する．そして最後にいくつかの計画案を評価し，評価基準に合格すれば計画を決定する．なお，これら各段階間で相互に調整を行う必要がある場合は，調整作業が行われることもある．これらの手順を示すと図2.1のようである．
　都市交通施設計画では，その対象とする施設，計画目標時点などから，図2.1の中の対象としない施設およびいくつかの指標は与件として考えるべきであるので，それらが与えられたとして，残りの作業のみを行えばよいことになる．

(2) 交通計画の策定作業

　都市交通計画の策定作業の内容は以下のとおりである．
　(a) 計画目標の設定　　交通計画に先だって，まず何をめざす計画であるかをきめる必要がある．計画の目標によって取り扱う対象地域および施設などが異なり，また目標年次設定も変えなければならないからである．通常，総合的都市交通計画では，各種交通施設の配置とその規模を決定することを目標とする．

10 　第 2 章　交通体系の計画・運営手法

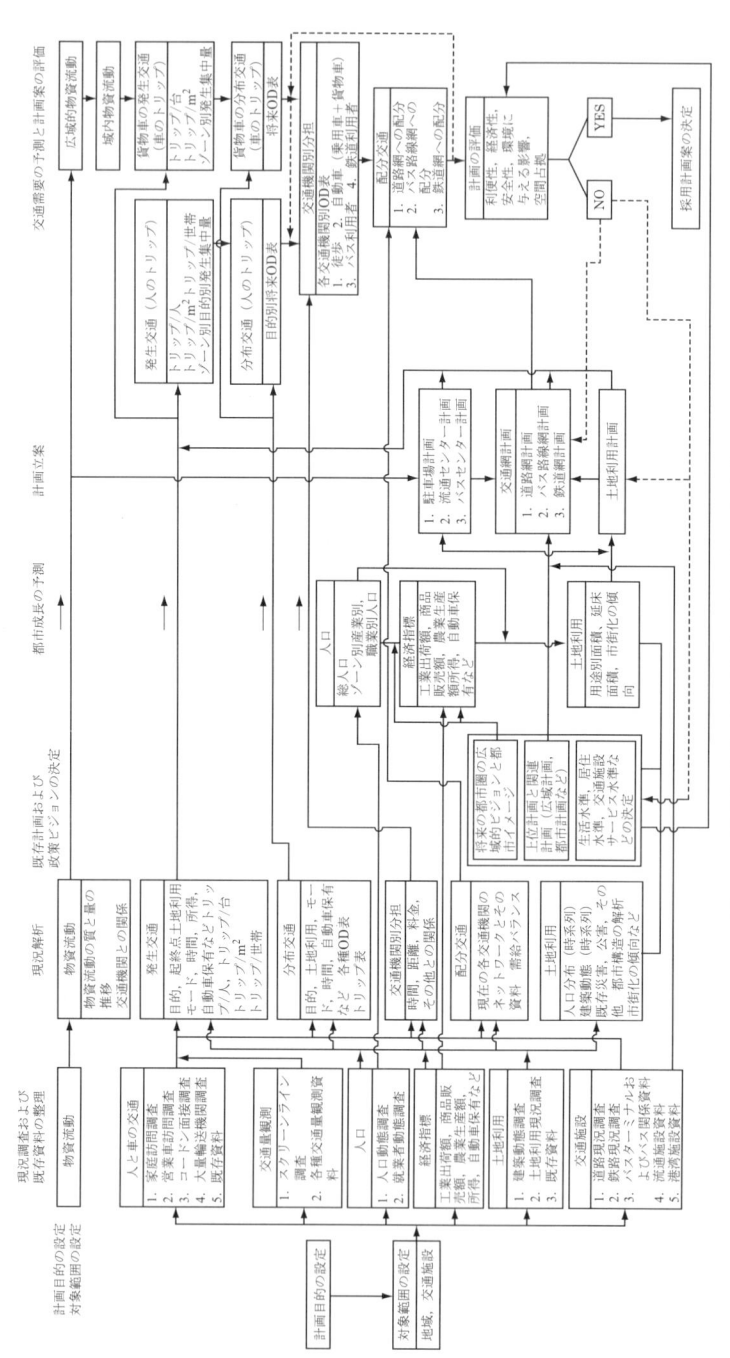

図 2.1　総合都市交通計画策定の基本手順（例）[1]

(b) 計画の対象地域の決定　一般に地域はその周辺部となんらかの関係をもっており，ある地域の交通計画を策定する場合にもその周辺部を考慮する必要がある．そこで計画対象地域の設定においては，取り上げたい地域および交通施設が比較的明確な影響を及ぼすかあるいは影響を受ける範囲を対象地域とすべきである．たとえば，総合的都市交通体系の確立をめざす計画では，一般に対象都市に居住，あるいは従業，通学している人びとの1日行動圏をその区域とすることが多い．

(c) 対象地域の分割　対象地域は，さらにいくつかのゾーンに分割し，各種の社会経済的事項の実態および将来予測を各ゾーン単位に明らかにし，このゾーンに基づいて交通計画を策定する．ゾーン分割に際しては，ゾーンの大きさを対象とする交通施設の網の目の大きさより小さくすること，ゾーン内の土地利用にあまり差がないこと，各種の社会・経済指標がそのゾーン単位で調査されていることなどに注意すべきである．一般には行政区域の最小単位を基本単位とし，これをいくつか統合したものを用いることが多い．将来，標準メッシュデータが整備されれば，これをゾーンの基本単位とすることも可能である．

(d) 目標年次の決定　目標年次としては，予測可能な時点として20年後を設定することが多いが，計画内容によっては5〜15年後を目標とする場合もある．また，20年後を目標年次とする場合も，5，10，15年後の中間年次の計画をも策定して中間年次で計画の適否を検査し，必要があれば計画を修正できるようにすべきである．

(e) 実態調査および既存資料の整理　交通計画を策定するためには，対象地域の都市活動および交通の実態を把握する必要があるので，人口，経済指標，土地利用，交通施設，交通量などの過去および現在の状態を調査し，整理する．

交通実態調査としては，各種交通施設の現況を調べる交通施設調査（道路，鉄道，バス路線，駐車場，ターミナルの調査など），交通施設の利用状況を調査する交通量調査（断面交通量，自動車起終点調査，パーソントリップ調査，物資流動調査など），交通速度調査，駐車実態調査，交通事故調査，交通意識調査などを行う．

(f) 交通現況の解析　この項目では，物資流動のメカニズムの解析，人の交通を生成交通（trip production），発生・集中交通（trip generation, trip attraction），分布交通（trip distribution），交通手段別分担（modal split），配分交通（route assignment）の段階に分解しての解析，都市構造の解析などを行う．

発生・集中交通は，ある地区の発生交通量および集中交通量であり，分布交通は，地区間の交通量で，交通手段別分担は各種交通手段別利用率で，配分交通は各種交通機関網の各区間交通量のことである．都市構造の解析では，都市が1都心か多核都市かなどといったことを検討する．

（g）**既存計画の調査および政策ビジョンの決定**　対象地域に関係する交通施設の既存計画や上位計画（広域的計画）を調査し，これらは交通計画策定の先決要件と考える．また，対象とする都市圏の開発マスタープランの内容や将来の生活水準および交通サービスの目標水準などを明らかにする．

（h）**都市成長の予測**　対象都市の将来像を定量的に予測するために，人口，経済指標，土地利用，都市構造などについて，現状分析の結果を用いて将来予測を行い，交通施設計画の大枠も可能なら設定する．

（i）**交通需要の予測**　都市成長の将来予測に基づいて，物資流動パターンや発生，集中原単位などの変化を予測し，生成交通量・発生・集中交通量・分布交通量，交通手段別交通量・配分交通量を予測する．

（j）**交通施設計画の代替案作成**　交通需要を参考にしながら，各種交通施設の新設，改善，廃止および運営方式の変更などからなる各種交通施設計画を代替案として数案策定する．

（k）**計画の評価**　交通需要を交通網に配分し，各種評価指標を用いて交通計画を評価し，代替案の改良などを行い最良案を決定する．

交通体系の評価指標を大別すると，利便性・安全性・経済性・環境に与える影響（環境アセスメント），地域住民の移動の自由性を確保する程度，輸送施設に要する空間量および経営的観点を含めた経済性などがあげられる．交通施設計画の評価においては，これらの各種評価指標間の相対的ウエイトをきめて総合評価を行う必要がある．

2.2　広域交通計画の策定法

広域交通計画とは二つ以上の都市圏を含む地域の交通計画で，わが国においては，県，地方，全国レベルの交通計画として策定される場合が多い．

広域交通計画の策定手順は原則的には都市交通計画のそれと同じであるが，対象とするゾーンが広域交通計画においては市および区以上の大きさであるのに対して都市交通計画においては，市および区を数分割したゾーンを用いるのが一般的である．

また，広域交通計画では，対象とする交通の距離が大きいので，採り上げる交通手段は遠距離用の幹線鉄道，幹線道路を利用する自動車，航空機や船舶などであり，都市交通計画で採り上げるオートバイや自転車，徒歩などの近距離交通用手段は一般に取り扱わない．したがって交通需要の予測においても，広域交通計画では遠距離交通を中心に予測するので，近距離，中距離交通中心の都市交通計画における場合とモデルの構造は大きく変わらないが，パラメータの値が異なるモデルを利用しなければならないことが多い．

2.3 交通運営・管理の手法

　交通運営・管理全般にわたる手法を詳細に取り上げることはできないので，ここでは交通施設の運営・管理に係わる基本的手法について概説する．

(1) 都市および地域の交通体系の運営・管理

　都市および地域の交通体系の運営・管理をどのように行うかは地域にとってきわめて重要なことであるが，現状ではこれを総括的に行う具体的組織をもつ地域はないといってよい．現実には，地域の交通体系は，公共輸送機関と自動車に代表される私的交通機関とで構成され，公共輸送機関はいくつかの企業によって運営・管理され，私的交通機関は各個人が運営・管理している．ただし，私的交通機関が利用する道路は中央および地方政府などの公的機関によって運営・管理されている．そして，公共および私的交通機関に対して車両およびその通路の保安および周辺への環境影響に関して国の基準が決められており，一定水準以上の施設や車両しか利用できないことになっている．

　したがって，それぞれの地域にとって最適の交通体系の実現とその運営・管理を行うための組織のあり方および交通体系の運営・管理の方法について今後検討する必要がある．

(2) 公共輸送機関の運営・管理－運輸連合方式

　公共輸送機関は一般に，それを所有する企業が独立に運営・管理しているが，ここではある地域の公共輸送機関を合理的に運営・管理する方式として，ドイツ・ハンブルク市で採用されている運輸連合方式について紹介する．

　この組織は，独立に運営されてきたいくつかの公共輸送機関が連合組織を形成することによって，より合理的な輸送サービスの供給を行うことをめざして，1965年に発足し，現在に至っている．

　(a) 運輸連合の目的　　運輸連合の基本的な目的は経済的でかつ最適な交通体系，すなわち各事業者のもつ輸送能力を最大限に発揮させ，かつ利用者の要求を満たす交通体系を形成することである．具体的には，地域全体にわたる共通の運賃体系と切符の採用，総合的な時刻表の作成，輸送需要への的確な対応を図ることなどをめざしている．実際にすべての交通機関に共通運賃体系と共通切符が採用され，また，春と秋に650ページの時刻表が14万部出版されている．この時刻表は交通機関の乗換えや料金がわかりやすく表示されている．

　ハンブルク運輸連合は，他のドイツ都市の運輸連合の原型となっている．

（b） **参加企業**　　運輸連合への参加企業は国鉄を含む7企業である．これらの各企業はそれぞれの輸送施設や車両をそれぞれ保有し，従業員を雇い，輸送サービスを供給する．すなわち，各企業は各自の時刻表と運行計画を作成し，輸送サービスを供給する．そして輸送事業の運営を管理し，料金を徴収し，各種施設を開発および建設する義務を有する．

（c） **対象地域と運営組織**　　ハンブルク運輸連合の輸送サービス領域はハンブルク市を中心とする30 km圏，3 000 km^2 をおおい，ハンブルク市の約4倍の面積を有している．この地域は144自治体を含み，244万人の居住人口と，110万人の従業者数を有している．ハンブルク運輸連合は民法によって企業として構成された会社で，構成企業の間では以下の3事項がとり決められている．

① 運輸連合と参加企業の義務を区別して定義し，連合におけるすべての権利と義務の規定．
② 収益の配分方法．
③ 運輸連合を組織，運営する方法の詳細．

（d） **運輸連合の職務と成果**　　ハンブルク運輸連合は以下の職務を遂行する．

① 各地区での公共輸送状況に生ずる傾向的および構造的変動を調査分析する．
② 基礎的研究調査を行う．
③ 輸送網，輸送系統，駅や結接点の計画．
④ 運行間隔，運行容量，路線の結合方式に関する全路線に対する基準を決定する．
⑤ 最大の利益率を確保するための車両運行の規制をする．
⑥ 各企業の輸送サービスの有機的連絡を図る．
⑦ 共同運賃体系と市場開発を行う．
⑧ 収入の配分を行う．
⑨ 市場調査と市場戦略－新しいサービス，情報収集，広報活動を行う．
⑩ 公共輸送企業のための管理委員会の援助を行う．

これらにより，ハンブルク運輸連合は以下のような成果をあげた．

① ハンブルク運輸連合の計画部門は，ハンブルク都市圏の地域開発や都市計画の重要な計画担当部局の一つになった．
② 行政区画や公共輸送機関の経営主体の違いを超越した輸送サービスや料金体系は，たいへんよい結果をもたらした．
③ 共通運賃体系は旅客がいろいろの公共輸送機関を自由に選択利用することを可能にした．
④ 高速鉄道はわかりやすい体系に組まれた．
⑤ 並行サービスによる競争は削減された．

⑥ 高速鉄道へのフィーダーバス網は充実され，連絡施設もつくられた．
⑦ 定期券購入者は 1975 年の 10 万人から 17 万人 (1980 年) に増加した．

運輸連合は料金収入の 1.5% を運営費として取り，残りを各企業に配分する．この方式は以下のようである．各企業への配分額は輸送コストに比例し，輸送コストは輸送施設費（軌道，駅など）と車両費と運行費とからなると考える．すなわち，

$$\text{収入配分額} = C_1 \cdot \text{軌道施設量} + C_2 \cdot \text{車両数} + C_3 \cdot \text{輸送容量} \cdot \text{km}$$

ここに，C_1, C_2, C_3 は定数

⑧ ハンブルク地区における公共交通機関網や時刻表は，複雑でわかりにくくなってきている．このような利用者の不便を解消し，利用するにあたって必要な情報を提供するために自動交通情報システムを開発した．これは，利用者の要求に応じて，最適の旅行プランを機械装置および電話で回答するシステムである．

(3) 道路交通の運営・管理

道路交通の運営・管理することを一般に交通管制とよび，これによって，道路交通の安全と円滑を維持するとともに，交通による周辺環境への悪影響の軽減を図ることを目的とする．

すなわち交通管制においては，交通実態や環境条件に応じて，交通信号機，可変情報板，テレビ・ラジオ放送による案内や誘導，可変標識や中央線変移システムなどによる速度規制・車線規制・流入流出規制など，時間帯や交通状況に応じた動的な交通規制や，交通情報提供などの広報活動，異常事態に対処するための交通整理活動などにより，事故の抑制，渋滞の解消，旅行時の遅れの軽減，排ガスや振動・騒音などの公害の回避，燃料の節約などを図ることを目的とする．

交通管制システムの構成は図 2.2 のようになっており，このシステムの運用方法に

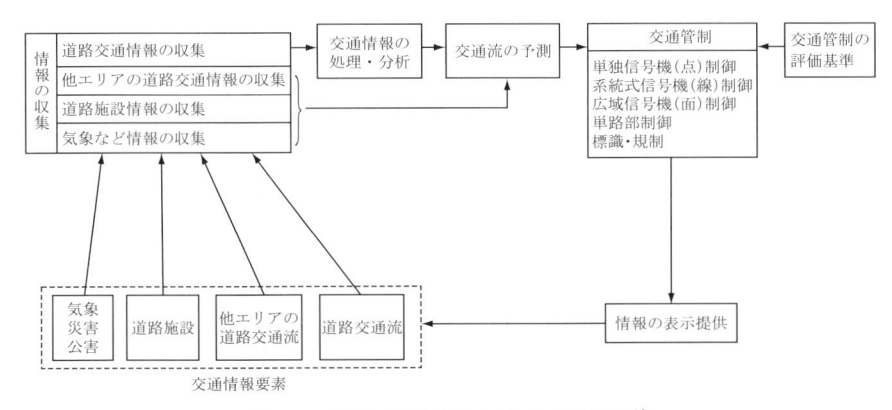

図 **2.2** 道路交通管制システムの流れ図[3]

ついては第13章で詳述する．

2.4 都市交通計画策定において考慮すべき事項[2)]

都市交通計画策定において考慮すべきことをまとめると以下のようになる．

（1） 交通計画策定時の都市規模を的確に推定すること

都市交通計画策定においては，その都市の将来の人口や経済活動の規模や人びとの価値観などを想定して，それを前提条件として交通施設計画を作成するが，この前提条件に対する慎重な検討が交通計画の歴史的評価を大きく左右することを十分認識すべきである．

**（2） 都市開発における交通施設に支えられた都市軸の採用と
道路の機能別段階構成の導入**

都市開発においては，都市軸を設定し，その軸にそって新市街地と交通網を整備し，さらに軸相互を交通網で結び有機的に結合された都市構造を造る方式を導入すべきであろう．この方式は，最小の交通投資で最も効果的な都市開発を可能にするという利点をもっている．

また，道路はその機能によって広域交通用の主要幹線道路，都市内主要地域間交通用の幹線道路，補助幹線道路，地区内交通用の区画道路に分類されているが，都市内においては都市開発と道路の機能別段階構成との整合がとれていない場合が多いので，この点を改善する必要がある．

（3） 都市規模，機能配置に適合した交通体系の採用

都市においては，長期的，社会的見地から最も適切な交通機関からなる交通体系を採用する必要がある．そして，交通体系は一度でき上がるとそれを根底からくつがえし，変更することはきわめてむずかしいこと，また，交通機関および交通体系によって形成される都市構造が異なってくることを考慮すべきである．

一般的には，既成市街地では鉄道やバスなどの公共輸送機関の整備を優先し，郊外部では公共輸送機関と自動車の両方をうまく活用するといった交通体系の合理的配置を図り，バス専用レーン，バスロケーションシステム，バス優先信号などを必要に応じて活用すべきである．

（4） 公共輸送機関と個人輸送機関の適正分担関係の樹立

都市交通体系は公共輸送機関と個人輸送機関から構成されるが，各都市においては，その都市化の歴史，都市機能配置，および将来の都市構造のあり方などを考慮して両輸送機関の適正分担関係を明らかにし，その実現をめざして具体的な対策を実施すべきである．

(5) 公共輸送サービス水準の設定方法と費用負担のあり方

都市における社会生活を営むために必要な公共輸送サービスの水準を，社会活動の実態と輸送の効用と費用などの各方面から検討し，シビルミニマムとして供給すべき輸送サービス水準を決定すべきである．そして，公共輸送サービスの費用負担については，利用者だけでなく一部の費用を公共的に負担する方式の導入を検討する必要がある．ただし，公共的に費用負担する範囲を明確にして，適正かつ公正な負担原則を確立する必要がある．一般に公共輸送機関を適正なサービス水準で運営するためには，公的補助が不可欠で，その補助政策は長期的に維持されるべきである．

(6) 運輸連合方式の導入－共通運賃制，相互乗入れ，異手段の相互連絡

大・中都市圏では運輸連合方式を導入し，公共交通サービスの合理的再編成と，地域の土地利用と交通施設の関係を考慮した地域計画を策定する必要がある．具体的改善策としては，共通運賃体系の採用，相互乗入れの拡充，基幹的輸送機関としての鉄道とフィーダー輸送機関としてのバスの適正輸送分担の実現，および相互連絡を考慮した運転ダイヤの作成などが考えられる．

(7) 都市交通の自動交通情報システムの開発導入

自動交通情報システムを導入し，ITSなどを積極的に活用して人びとに公共輸送機関サービスおよび道路交通に関する適切な情報を提供するようにすべきである．

(8) 交通サービス内容のPR

公共交通サービスの提供者や自治体は，新聞，ラジオ，テレビで公共輸送サービスの実態（輸送網，運行頻度，料金など）を一般市民に積極的に知らせ，公共輸送機関利用者の増加を図るべきである．特に，将来の顧客増につながる若年層への情報提供活動を重視すべきである．

(9) 都市交通におけるニーズの把握と交通計画の内容のPR

都市交通計画を策定する主体である自治体は，市民の交通に対するニーズを日頃から把握しておき，市民のニーズを先取して将来を見通した交通計画を策定し，その内容を市民にPRして，市民の賛成を得られるように努めなければならない．

(10) 交通施設の開発利益の公共交通サービスへの還元と沿線土地利用の適正化

公共輸送機関，特に鉄道の整備はその沿線に多大の経済効果をもたらすので，これをできるだけ把握し，税金その他の方法で吸収し，鉄道建設資金にまわす制度，方式を考案すべきである．また，鉄道駅周辺に各種施設（商業，業務，文化施設，集合住宅など）を積極的に誘導し，鉄道線路の沿線には騒音などの悪影響を小さくする倉庫，工場などの施設を立地させるなど，鉄道と沿線土地利用の整合を図ることも重要である．

(11) 都市圏の持続的発展のための交通需要管理

都市地域や地球規模での環境を持続的によい状態に維持していくためには，地域の社会・経済活動を適切に制御し，道路や鉄道に対する交通需要を移動可能性を阻害することなく，適切に管理することによって望ましい居住環境を実現すべきである．交通施設の混雑や大気汚染などの改善のために，交通を需要サイドから誘導する方策である交通需要管理を交通計画に組み込むべきである．

■参考文献
1) 加藤晃，河上省吾：都市計画概論，第2版，共立出版，1986.
2) 河上省吾：欧米の都市交通問題の対策例と交通計画への提言，日本都市学会年報，Vol.19，1986.
3) 栗本譲：地方都市街路における交通管制に関する研究，名古屋大学学位論文，1982.

■演習問題
1. 総合的都市交通計画の策定手順を要約して示しなさい．
2. 都市交通における運輸連合方式導入の利点について説明しなさい．
3. 交通体系の計画と都市形成との関係について説明しなさい．
4. 自分の住んでいる都市や地域における交通計画を考える際に考慮すべき事項を述べなさい．
5. わが国の中小都市での公共交通サービスの確保策について考えなさい．

第3章

交 通 調 査

　交通調査は交通施設の実態を調べる交通施設調査と交通量調査に分けられ，それぞれの内容は以下に示すとおりである．

3.1 交通施設調査

交通施設調査では以下のような項目について，実態を調査・整理する．
(1) 道路現況調査
　路線別に道路種別，道路機能分類，延長，幅員（または車線数），歩道の設置状況，縦断，曲率で特記すべき事項，交通容量，既定改良計画，交差点の状況，各種規制状況の調査および図面表示．
(2) 公共輸送機関調査
(a) 鉄道施設現況調査　　路線ごとに，線路数，起終点，延長，平均駅間隔，縦断，曲率で特記すべき事項，運転回数，輸送能力，経営主体，既定改良計画などの調査および図面表示．

(b) バス路線調査　　バス路線ごとに起終点，延長，平均停留所間隔，運転回数，輸送能力，経営主体，既定改良計画などの調査および図面表示．

(c) 港湾施設調査　　入港船舶，船客および出入貨物，泊地繋船岸施設，上屋および倉庫，貯留場施設，既定改良計画などの調査および図面表示．
(3) 駐車場調査
(a) 路上駐車　　交通規制状況，駐車可能延長，駐車可能台数，既定計画などの調査および図面表示．

(b) 路外駐車　　駐車場面積，構造，駐車可能台数，駐車料金，既定増強計画などの調査および図面表示．
(4) ターミナル調査
　駅前広場やバス，トラックターミナルについて面積，乗降人員，バス，トラック，タクシー，自家用自動車用駐停車バース数，既定改良計画などの調査および図面表示．

3.2 交通量調査

これは，交通施設の利用状況の調査であるが，利用実態のとらえ方によって数種の調査法がある．

(1) 断面交通量調査

鉄道や道路上の一断面を単位時間に通過する車両数および人員を調査するもので，道路についてみれば，自動車の車種別台数，自転車および歩行者数などを調べる．道路交通量については，午前7時から午後7時までの昼間12時間の交通量を調査することが多いが，昼夜率算定や環境対策などの管理のために必要な場合，24時間交通量を観測する．

(2) 地区出入交通量調査

ある特定地区内に出入する自動車，物資，人などの交通を調査するもので，一般にその地区を囲むコードンラインを設定し，これを横切る交通総量を測定する方法によって行う．

(3) 起終点調査（OD調査）（origin destination survey）

交通の起終点を中心に調査するもので，つぎのような種類がある．

(a) 自動車起終点調査 自動車を用いた交通の起点と終点を地域別，目的別，時刻別などに調査するものであり，一般に調査用紙を用いたアンケート調査によって行われる．わが国においては，3年ごとに建設省が道路交通情勢調査で，起終点調査を行ってきたが，1985年以後は5年ごとに，各ゾーンの発生・集中交通量および地区間の交通量を計測している．

① 調査目的 自動車起終点調査（自動車OD調査）は自動車交通の出発地（origin）と到着地（destination）の組み合わせで交通量を調査し，土地利用や都市の諸指標に応じた自動車交通発生のメカニズムの解析を行い，都市構造と交通需要との関係を明らかにするために行われる．

② 調査内容 本調査では，自動車トリップ（トリップとは，起点から終点までの一つの交通の流れをいう）の数と形態を知るために，以下の項目を調べる．

　㋑ 自動車（車籍地，車種，所有形態，保管場所）
　㋺ 業態（自家用・営業用の別，ハイヤー・タクシー・路線バス・貸切バス・路線トラック・区域トラックなどの別）
　㋩ 出発地・到着地（所在地，施設，土地利用，時刻）
　㊁ 運行（目的，回数，総走行キロ，実車キロ）
　㋭ 乗員，積荷（乗車人員，積載品目，積載量）

③ 調査方法　調査に際して，出発地，到着地（目的地）を統計的に処理するため，調査区域をいくつかのゾーンに分割する．このゾーンは OD 表の集計単位となる．ゾーンの大きさは調査の目的によって異なるが，一般の都市圏の OD 調査では，市区町村，町丁目などの行政区域を基本とするゾーンに分割する．ゾーン分割は得られるデータの精度と，調査費用との関係で，調査目的に合った適切なものとする必要がある．調査区域内の一部の自動車を標本として抽出し，その行動を調査し，その結果を拡大する標本調査法を用いる．抽出率はゾーン数と総トリップ数と必要とされる精度によってきまる．

調査データの収集方法は，下記のものがあるが，一般的には訪問調査法を基本として，あらかじめ調査票を配布し，回収時に面接でチェックする方法または路側面接法が用いられている．

　イ　訪問調査法（調査員が対象者本人に会って質問項目に対する答を得るもの）
　ロ　路側面接法（道路上で通行する車両を停車させ，質問聞きとりを行うもの）
　ハ　郵便回収法（調査票を郵送し，記入後郵便により回収するもの）
　ニ　追跡調査法（小地区において自動車のプレートナンバーを利用し，各調査地点
　　　の路上で，ナンバーを確認するもの）

④ 補足調査　自動車起終点調査では，調査区域内で所有されている自動車を対象としているため，調査区域外の分については調査不可能となる．このため，調査区域界（コードンライン，cordon line）を横切って流入する車両に対して，路側面接法で起終点を調べるコードンライン調査を併せて実施する．

⑤ 精度検定のための調査　また，自動車起終点調査では，標本抽出により行われるため実数への拡大および精度検討のため，調査区域内の河川・鉄道などをスクリーンライン（screen line）として設定し，これを横切る交通量を観測するスクリーンライン調査を併せて実施する．そして，アンケート調査結果から得られたスクリーンライン横断交通量と比較し，その精度を検討する．

表 3.1　OD 表

出発地＼目的地	1	2	……	j	……	n	発生量
1	T_{11}	T_{12}	……	T_{1j}	……	T_{1n}	G_1
⋮	⋮	⋮		⋮		⋮	⋮
i	T_{i1}	T_{i2}	……	T_{ij}	……	T_{in}	G_i
⋮	⋮	⋮		⋮		⋮	⋮
n	T_{n1}	T_{n2}	……	T_{nj}	……	T_{nn}	G_n
集中量	A_1	A_2		A_j		A_n	総交通量

自動車OD調査の結果をOD表としてとりまとめた様式を示せば，表3.1のようであり，わが国の地域別の自動車の1日の平均トリップ回数および平均走行距離は表3.2のようである．

表 3.2 地域別平均トリップ回数および平均走行キロ（自動車）

（単位：回/台日，キロ/台日）

ブロック名	年度	平均トリップ回数			平均走行距離		
		乗用	貨物	計	乗用	貨物	計
北海道	1994	3.4	3.6	3.5	44.5	75.7	53.3
	99	3.3	3.5	3.3	44.3	74.7	51.6
北東北	94	3.1	3.3	3.2	32.4	45.0	37.3
	99	2.9	3.1	2.9	31.9	52.0	38.0
南東北	94	3.1	3.4	3.2	31.9	45.6	36.8
	99	3.0	3.5	3.1	34.7	57.8	41.3
関東内陸	94	2.8	3.1	2.9	29.1	41.8	33.2
	99	2.8	3.3	2.9	34.1	52.7	39.0
関東臨海	94	3.3	3.5	3.4	34.8	53.0	40.0
	99	3.3	3.6	3.4	39.6	64.2	45.7
東海	94	3.1	3.5	3.2	29.9	46.5	35.1
	99	2.9	3.5	3.1	31.2	56.1	37.5
北陸	94	3.2	3.6	3.3	29.9	42.1	34.0
	99	3.0	3.6	3.2	32.7	54.7	38.4
近畿内陸	94	3.2	3.4	3.3	32.3	43.3	35.9
	99	3.1	3.3	3.1	32.5	40.6	37.2
近畿臨海	94	3.3	3.7	3.4	36.5	53.2	42.3
	99	3.1	3.5	3.2	36.2	55.0	41.8
山陰	94	3.1	3.4	3.2	31.5	39.4	34.6
	99	3.0	3.3	3.1	35.9	44.4	38.7
山陽	94	3.1	3.3	3.2	32.8	48.4	38.3
	99	2.8	3.2	2.9	37.4	54.7	42.4
四国	94	3.1	3.3	3.2	30.3	37.9	33.4
	99	3.0	3.4	3.1	32.1	45.7	36.6
北九州	94	3.2	3.3	3.2	31.4	42.8	35.5
	99	3.1	3.3	3.1	32.4	52.2	38.0
南九州	94	3.2	3.3	3.2	32.0	38.5	34.6
	99	3.0	3.3	3.1	35.2	47.7	39.4
沖縄	94	3.8	3.3	3.6	26.7	28.5	27.3
	99	3.4	3.6	3.4	31.6	39.2	33.7
全国計	94	3.2	3.4	3.2	32.6	46.9	37.4
	99	3.1	3.4	3.1	35.1	55.5	40.7

注）各年度道路交通センサスによる．運休車を除く．

(b) **パーソントリップ調査**（person trip survey）　交通の主体である人に着目し，個人属性，人の行った交通の目的，起終点，利用交通手段，交通発生・集中時刻，所要時間などをアンケート用紙によって調査する．この方法は人の交通特性，特に数種の交通手段間の選択特性の分析に適しているが，物資流動を的確に把握することがむずかしいという欠点をもっている．わが国においては，5歳以上の人を調査対象とし，主要都市で10年に1回の割合で実施している．

① 調査目的　人間（パーソン）の移動（トリップ）という交通の本質に立ち返った立場から，数種の交通機関や交通発生の施設が複雑に輻輳している地域において，各種の交通機関を含めた総合的な交通の実態を把握し，交通発生，交通手段および経路選択，などの機構を解析することを目的として実施される．

② 調査内容　調査内容は，個人の属性に関すること，保有自動車のこととトリップに関することで構成され，これらを世帯票，自動車票，個人票によって調査する．表3.3にパーソントリップ調査の調査内容を具体的に示している．

表 3.3　パーソントリップ調査の調査内容

世帯票	○個人属性 　性別，年齢，職業，運転免許の有無，自由に使える自動車の有無
自動車票	○保有自動車の特性 　世帯の自動車・二輪車数，車種，所有者
個人票	○トリップエンド特性 　出発・到着施設所在地，出発・到着時刻 ○トリップ特性 　目的種類，交通手段，手段別所要時間，自動車運転者，自動車乗車人数，駐車場所・駐車料金

調査表の作成にあたっては，自動車OD調査と同じく，記入しやすく誤記入のおそれがなく，また集計の容易なものとすべきである．

③ 調査方法　パーソントリップ調査は，都市の総合交通計画を策定するため，都市圏全域を調査区域とするのが通例である．交通面からみた都市圏としては，母都市への通勤・通学者5％圏が目安とされることが多い．ゾーニングでは，自動車OD調査と同様の事項に留意するほか，人の動きであることに留意し，鉄道網，バス路線網なども考慮し，交通機関別分担の現状把握と将来推計に適切なものとする必要がある．

調査の時期は，年間の平均的な季節，曜日すなわち，春，秋の週日を選定することが望ましい．調査対象者は，満5歳以上とし，住民基本台帳など全数が正確に把握されている台帳から世帯を抽出し，その構成員すべてを対象とする．抽出率は一定の精

度の統計処理が可能なように，ゾーン数，総人口などを考慮してきめるが，2～15％である．調査データの収集方法は，訪問調査法，路側面接法，郵便回収法などがあり，普通は調査票をあらかじめ配布し，調査員が訪問面接のうえ回収する方法がとられている．

④ 補足調査　調査区域内の人に対しては調査票により調査できるが，区域外の人に対しては調査が困難であるため，調査当日の域外流入をとらえるためコードンライン調査が必要である．ただし，コードンライン調査で，人をとらえて面接調査により必要事項を聞くことは事実上不可能に近いため，量の把握にとどめるか，または他の調査などから域外流入を推計してこれに代えることが多い．調査前日までに域内に流入した人に対しては，宿泊者調査により補足する必要がある．

⑤ 調査精度検討のための調査　調査対象地域を横断する鉄道や河川をスクリーンラインとして設定し，これを横切るトリップ数を調査し，アンケート調査結果の精度を検討する．

⑥ 調査の集計　集計項目は，ほぼ，自動車OD調査と同様であるが，パーソントリップ調査では，利用交通手段についての集計が追加される．利用交通手段については，1トリップの中で利用した各交通手段を一つの交通手段で代表する代表交通手段別集計と，各交通手段ごとに行う交通手段別アンリンクトリップ集計がある．また自動車の利用状況について集計を行う必要がある．代表交通手段の決定は，交通手段に優先順位をつけ，1トリップで複数の交通手段を利用する場合は，順位の最上位のもので代表する方式をとる．1トリップを利用交通手段ごとに分解した場合の各部分をアンリンクトリップという．項目別のおもな集計内容はつぎのとおりである．

　㋑　基礎資料に関する集計（性別・年齢階級別・職業別・産業別・ゾーン別人口集計）
　㋺　ODに関する集計（目的別・代表交通手段別ODトリップ数）
　㋩　トリップ数に関する集計（居住および発着ゾーン別・個人属性別トリップ数，発着ゾーン別・目的別・代表交通手段別トリップ数，着ゾーン別・交通手段別・アンリンクトリップ数，トリップタイム別トリップ数，目的相互間トリップ数，施設相互間トリップ数，時間帯別トリップ数）
　㋥　トリップエンドに関する集計（自動車保有非保有別・発ゾーン別・目的別・代表交通手段別トリップ発生量）
　㋭　その他（目的別・車種別乗車人員，着ゾーン別・目的別・車種別・駐車状態別駐車台数，コードンライン調査集計，スクリーンライン調査集計，回収率拡大係数集計）

わが国におけるパーソントリップ調査の一例を示すと，表3.4のようである．

3.2 交通量調査 25

表 3.4 パーソントリップ調査（調査実施都市圏と調査結果の概要例）3)

項目 都市圏	第1回 広島	第1回 東京	第1回 京阪神	第1回 中京	第1回 岡山県南	第2回 広島	第3回 東京	第3回 京阪神	第3回 中京	第4回 東京	第4回 京阪神	第4回 中京都市圏
調査年月	1967年12月～1968年5月	1968年9月～11月	1970年10月～11月	1971年9月～10月	1971年9月～12月	1987年10月	1988年10月～11月	1990年10月～12月	1991年10月～11月	1998年10月～12月	2000年10月～11月	2001年10月～11月
区域設定の考え方	結果として広島市への通勤・通学依存率が25%以上	東京を中心とするほぼ50km圏	京阪神3市に対するほぼ通勤・通学者の依存率が5%以上	名古屋、岐阜、四日市の3市への通勤・通学圏	岡山県南都市計画区域	広島市への通勤・通学依存率が5%以上を基本	東京を中心とする50km圏域（茨城県南部を含む）	中核母都市（京都市、大津市、大阪市、神戸市、奈良市、和歌山市）およびその周辺都市（大津市を含む）への通勤、通学者の割合が5%以上の地域	名古屋市を中心とするおおむね50km圏	東京23区への通勤・通学依存率が3%以上を基本	大津市、京都市、大阪市、神戸市、奈良市、和歌山市への通勤・通学依存率が5%以上または、1,000人以上を基本として設定	名古屋市、豊橋市、豊田市、岡崎市、刈谷市、岐阜市、大垣市、四日市市、多治見市への通勤・通学の依存率が5%以上を基本として設定
対象市町村	1市13町	1都3県	2府4県	3県	4市8町3村	3市6町	1都4県	71市79町3村	3県	1都4県	78市105町7村	47市83町4村
総人口[万人]	75	2 117	1 423	611	102	150	3 157	1 777	810	3 447	1 833	954
抽出率[%]	5	12	3	4	5	7	2.5	2.27	2.74	2.68	2.30	2.93
総トリップ[万トリップ/1日]	283	3 834	3 487	1 543	226	396	7 407	4 333	1 881	7 874	4 354	2 323
人口1人あたり平均トリップ数	2.72	2.48	2.69	2.75	2.55	2.82	2.42	2.57	2.45	2.40	2.51	2.57
外出人口1人あたり平均トリップ数	—	2.87	3.12	3.02	2.91	3.21	2.83	3.12	2.96	2.82	3.06	2.94
外出率[%]	—	86.5	86.1	91.2	87.7	87.8	85.4	82.4	82.8	85.3	82.2	87.3
自動車保有率[台/1000人]	138	139	174	248	229	349	402	350.6	520	446	408	626
産業別人口構成(1次:2次:3次)	5:37:58	7:40:43	4:43:53	8:47:45	13:40:47	3:31:66	4:33:63	2:34:64	3:43:54	2:30:68	2:32:66	4:39:57

(c) 物資流動調査　この調査は，事業所・商店などにおける物資発着量をアンケート方式によって調査し，物資流動の量・品目，起終点とその土地利用，利用交通手段などを把握するために行うものである．

① 調査目的　物資流動調査はパーソントリップ調査と対をなすもので，交通の根幹である物資の流動に着目して調査するものである．調査対象が物資の流動であるから貨物自動車などの交通の状況把握および将来推計を目的とするほか，ターミナル，流通センターなどの物流拠点の総合的な計画の基礎資料ともなるものである．

② 調査内容　物資流動調査は事業所訪問調査を主体として，ターミナル調査，交通施設調査，コードンライン調査，スクリーンライン調査が実施される．

そして，事業所訪問調査は，一般事業所訪問調査と運送業者訪問調査とに分けられる．調査項目はつぎのとおりである．

　イ　事業所の事業内容に関するもの（業種，従業員規模，出荷額，出荷量，自動車台数など）
　ロ　物資の動きに関するもの（品目別ODおよび重量，輸送手段など）
　ハ　貨物自動車の動きに関するもの（OD，輸送品目および重量など）
　ニ　その他（物流施設現況など）

ターミナル調査は，物流の拠点となる港湾，鉄道貨物駅，自動車ターミナル，空港において物資の取扱い量，物資流動の起終点などを調査する．

③ 調査方法　調査の圏域，ゾーニングについては，おおむねパーソントリップ調査に準じて行う．また，パーソントリップ調査と併せて，全交通量を把握する場合には，その二つの調査の整合に留意する必要がある．調査対象は調査区域内に存在する全事業所とし，ゾーン別・業態別・規模別に一定数を抽出する．抽出の基本となる台帳としては，事業所統計調査，産業分類別事業所名簿が用いられる．抽出率は，特殊な業種や大規模な事業所は全数，その他のものについては統計的処理のできる数を抽出する．実例による抽出率は，従業員100人以上の事業所は全数，それ以下のもので1～20％程度で，全平均では5～10％くらいである．調査データの収集は，事前に調査表を配布し，訪問面接のうえ回収する方法による．

④ 補足調査　パーソントリップ調査と同様に調査対象地域を囲むコードンラインを通過して流入する物資の流動を調査する．

⑤ 調査精度を検討するための調査　調査地域を横断するスクリーンラインを横切る物資流動量を調査し，アンケート調査結果の精度を検討する．

物資流動調査の例を示すと表3.5のようである．

(d) その他の調査　上記のほかに交通の速度を調査する旅行速度調査・区間速度調査・地点速度調査などがあり，さらに駐車の実態を台数・時間について調査する

表 3.5 物資流動調査（調査実施都市圏と調査結果の概要例）[3]

項目 \ 都市圏	広島	東京第1回	東京第2回	東京第3回	京阪神第3回	中京第3回	仙台第3回	北部九州第3回
調査年月	1970年	1972年	1982年	1994年	1995年	1996年	1997年	1998年
区域	広島市および周辺16町	南関東1部3県（東京50km圏）	東京，神奈川，埼玉，千葉及び茨城南部	東京（一部），神奈川，埼玉，千葉および茨城南部	大阪市を中心とする153市町村	名古屋市を中心とする半径60km，132市町村	仙台市を中心とする半径30km，20市町村	福岡市，北九州市を中心とする25市59町1村
夜間人口 [万人]	90	2 475	2 991	2 739	1 837	923	149	491
事業所数 [万件]	41	115	155	20	23	50	3.6	25
抽出率 [%]	10	2.7	2.9	3.5	2.4	1.0	15.0	事業所 3.9 従業者 2.4
従業者数 [万人]	41.6	1 129	1 387	367	478	492	39	234
事業所施設　敷地面積 [km²]	—	—	1 464	475	485	841	40	※1 120
延床面積 [km²]	—	—	588	117	288	354	19	54
物資量　全流動量 [万トン/日]	8.4	327	330	158	213	116	16	※2
発生量 [万トン/日]	5.9	202	216	126	142	84	10	0.67
集中量 [万トン/日]	5.8	287	287	125	142	95	10	0.73
夜間人口1人あたり全流動量 [kg/人]	94	132	110	58	115	126	107	—
1事業所あたり全流動量 [kg/個所]	2 050	2 853	2 127	7 900	9 121	1 676	4 425	—
従業者1人あたり全流動量 [kg/人]	202	289	237	431	444	236	403	—
敷地面積あたり全流動量 [トン/ha]	—	—	23	33	44	14	40	—
延床面積あたり全流動量 [トン/ha]	—	—	56	135	74	33	84	—
全発生量に占める製造業の比率 [%]	45.4	50.7	54.0	—	73.2	56.9	64.2	—
全流動量に占める工場間流動の比率 [%]	12.5	17.5	15.1	—	—	25.4	15.5	—
全発生量に占める中心部市の比率 [%]	58.2 (広島市)	37.6 (東京都区部)	19.7 (東京都区部)	—	32.8 (大阪市, 神戸市, 京都市)	12.4 (名古屋市)	65	63.3 (福岡市, 北九州市)
1事業所あたり敷地面積 [m²]	—	—	945	2 375	2 085	1 676	1 666	※1 1 509
1事業所あたり延床面積 [m²]	—	—	379	585	1 237	706	538	※1 402
発生物資主輸送手段分担率 [%]　自家用貨物車		28.6	44.6	36.6	36.1	31.2	19.4	—
営業用貨物車	67.5	38.2	33.3	48.6	54.8	57.3	55.2	—
鉄道	4.1	7.3	3.7	3.8	0.5	0.6	2.5	—
船舶	28.4	15.5	14.9	5.1	8.5	9.1	21.1	—
その他		10.5	3.5	5.9	0.1	1.8	1.7	—

注) 東京第3回調査は第2回調査とは大きく異なる．第3回調査では，
・対象区域：東京都内は中野区，世田谷区，杉並区および市都部のみ
・調査業種：製造業，卸売業，各種商品小売業，倉庫業，道路貨物運送業のみ

注) 中京第3回調査は，発着系事業所（道路貨物運送業，運輸に付帯するサービス業を除く）だけを対象
※1 対象地域：福岡市，北九州市のみ
※2 対象地域：福岡市都心部（中央区・博多区の一部）のみ

28　第3章　交通調査

表 3.6　旅客流動に関する交通統計調査の特徴の整理

	都市間流動			都市内流動		
	旅客地域流動調査 (旅客県間流動調査)	幹線旅客 純流動調査	全国道路交通情勢調査 自動車起終点調査	全国街路交通情勢調査 (都市OD調査)	パーソントリップ調査	大都市 交通センサス	国勢調査
最新調査 実施年度	2002年（毎年）	2000年（5年ごと）	1999年（5年ごと）	1999年 (センサスと同時期)	1998年（東京）	2000年（5年ごと）	2000年（5年ごと）
対象地域	全国	全国	全国	概ね50万人以下の都市圏	50万人以上の都市圏	首都圏、中京圏、近畿圏	全国
調査対象	旅客流動（年間）	幹線の旅客流動（1日、年間）	車の運行（1日）	人の流動または車の運行（1日）	人の流動（1日）	鉄道、バス利用の人の動き（1日）	人の流動など（1日）
総流動／純流動	総流動	純流動	総流動	総流動	純流動	総流動または純流動	純流動
抽出および調査方法	・各種調査を組み合わせて作成 ・鉄道：JR、民鉄各社の地域流動データ ・民鉄：集合バス等の輸送人員数を利用 ・自動車：自動車輸送統計 ・その他：郵送調査 ・旅客船調査、旅客船輸送実績報告（1995、秋） ・航空：航空輸送統計年報 流動調査の独自は実施	・各種調査を組み合わせて作成 ・航空旅客動態調査（1995、秋） ・幹線鉄道旅客流動調査（1995、秋）（運輸省） ・幹線旅客流動調査（1994、秋）（建設省） ・その他：自動車交通データを利用 ・幹線バス旅客流動調査（1995、秋） ・旅客船（フェリー）旅客流動調査（1995、秋）は独自に実施	・自家用車・自動車・貨物、自動車検査登録データから一定抽出された自動車 ・ハイヤー・タクシー：運行記録簿等を追加記入して回収 ・バス、訪問留置調査、路線バス：輸送実績報告より検証	・自家用乗用車・自動車検査登録データの約80%について、30万0台分の自動車検査登録データ1,401×1,000、発生量分布の精度15%を確保	・個人票と世帯票から、住民基本台帳より無作為抽出された世帯の5歳以上の構成員を含む全員 →訪問留置調査	・鉄道利用実態調査：各鉄道線内・バス実態調査：路線バス・乗車券購入者全員OD調査、路面電車OD調査 ・定期券販売実績調査	・全世帯の構成員全員→訪問留置調査
調査精度／サンプル数	・バス：181事業者 ・都道府県：跨がる全社 ・航空：51事業所（都道府県跨がる全社）	・航空：166千人（68%）・鉄道：85千人（90%）・バス：1,910千台（2.7%）・フェリー：15千人（48%）	・自家用乗用車：全流動の約80%について、1,543 ・ゾーン間の交通量の相対誤差20%を確保	・交通種別（5～6）・Cゾーン間（45）発生集中量の相対誤差20%を確保 ・相対誤差 95%	・目的種別（5）・パーソントリップ（1,543）・ゾーン間集中手段別の精度95%の相対誤差 20%を確保	・全数 ・鉄道：854千人 ・バス：都電：75千人 ・路面電車OD：99業者	・全数
標本率	輸送機関（上記参照）	輸送機関（上記参照）	2～3%	平日 10～20% 休日 5～10%	大都市圏 2～3%、地方都市圏 5～10%	定期券調査：5～6% 普通券調査：全数調査	（拡大はしない）
拡大方法	調査機関、調査ごと	調査機関、調査ごと	市区町村別、車種業態別に一台ベースで拡大	市区町村別、車種業態別に一台ベースで拡大	地域別、性・年齢層別に人ベースで拡大		
OD表の ゾーン単位	都道府県	都道府県	Bゾーン (市区町村を分割)	Cゾーン (市区町村を分割)	計画基本ゾーン (市区町村 1県3県：526ゾーン)	基本ゾーン (市区町村を分割)	市区町村
トリップ属性の特徴	・都道府県間の旅客流動（総流動）が輸送機関別に把握できる ・各業の業務的目的は把握できない ・時系列（1年間隔）で一貫したデータを把握できる	・幹線の旅客流動をしており、各業の業務的目的は把握できる ・業務的目的は把握できない ・流動は県境および3大都市圏、県内の旅客流動は調査対象外である	・車の動きを調査対象としており、相互目的別にOD別に把握できる ・旅客の属性は調査対象外である	・車の動きを調査対象としている・相互目的別に車種別、目的別ODを把握できる ・OD別に把握できる ・旅客の属性は調査対象外である	・自家用貨物車を対象としており、目的流動は把握できる ・営業用貨物車・営業用自動車の流動は把握できない ・自動車の動き全域から捕捉できる	・人の流動のみを対象としており、通勤通学目的のみ把握でき、業務などは把握できない ・公共交通手段のみを対象としており、自家用車を担当しておらず私的な大規模利用交通手段が3大都市圏に限られる。	・人の流動については通勤・通学目的のみ対象としており、業務などは把握できない・利用交通手段は把握できないが、場合（業）は大規模地点のみ調査である
時間帯	×	×	○	○	○	○	×
休日	×	×	○	○	×	×	×
関係省庁	国土交通省	国土交通省	国土交通省	国土交通省	国土交通省	国土交通省	総務省

（出典：土木学会交通データ小委員会資料より加筆修正）

3.2 交通量調査　29

表 3.7 貨物流動に関する交通統計調査の特徴の整理

	都市間流動					都市内流動
	全国貨物純流動調査	貨物地域流動調査	内航船舶輸送統計調査	航空貨物流動実態調査	全国道路交通情勢調査 自動車起終点調査	物資流動調査
最新調査年度実施頻度	2000年（5年ごと）	2002年（毎年）	毎月実施	2002年（2年ごと）	1999年（5年ごと）	1994年（東京）
対象地域	全国	全国	全国	全国	全国	大・地方中枢都市圏
調査対象	貨物流動（3日間、年間）	貨物流動（年間）	貨物流動（月間）	貨物流動（1日）	車の運行（1日）	物資の流動（1日）
総流動/純流動	純流動	総流動	純流動	純流動	総流動	純流動
抽出おまおよび調査方法	●事業所統計などから有意に抽出された事業所●3日間流動調査：品目、出荷件数、発地、出荷重量、利用輸送機関、高速道路利用状況、甲種利用、輸送所要時間、輸送費用など●年間輸送傾向調査：出入荷貨物品目、重量、輸送機関など	※各種調査を組み合わせて作成●鉄道：JR貨物の地域流動データ●自動車：自動車輸送統計●海運：港湾統計（甲種港湾）着貨物、他の港湾貨物を補完として作成	●総トン数20トン以上の船舶により貨物を輸送する事業者から無作為に抽出→郵送調査	●航空貨物を取り扱っている事業者のすべて→郵送調査	●自家用乗用車、貨物車、貸切バス：自動車登録データから無作為に抽出された事業所から訪問留置調査→訪問留置調査●ハイヤー・タクシー：運行記録簿に出発地などを追加記入して回収●路線バス：輸送実績報告書より転記	●事業所統計から無作為に抽出された事業所→訪問留置調査 事業所概要調査 貨物車運行調査 搬出物資調査 搬入物資調査
調査精度サンプル数	●3日間流動調査：67,000事業所●年間輸送傾向調査：67,000事業所	輸送機関、調査ごと	・255事業所	・80事業者	●自家用乗用車：全交通量の80%について、集約Bゾーン間（1,401×1,401）発生量分布の精度が信頼度95%で相対誤差率15%を確保	●一般地区調査：5,300事業所●東京区部は4区分（2.6%）●ターミナル地区調査：500
標本率	2〜3%			全数	2〜3%	大都市圏2〜3%、地方都市圏5〜10%
拡大方法	都道府県	輸送機関、調査ごと		都道府県	市区町村、事業態別に合ベースで拡大	
OD表のゾーン単位	都道府県	輸送機関、調査ごと		都道府県	Bゾーン（市区町村を分割）1都3県、569ゾーン	計画基本ゾーン（市区町村を分割）52ゾーン別・9業種別に拡大
トリップ属性の特徴	●貨物の真の発着地、流動量、産業別に把握できる。●各輸送機関分担は把握できない。●輸送経路の分担、補完関係が明確にできる。	●都道府県間の貨物流動（総流動）が把握できる。●時系列（1年刻）でデータを把握できる。		●営業所の集荷時間帯別件数、重量を把握できる。●対象貨物：発送貨物のみ●発送貨物の1日当たりに全てに全ての航空貨物。	●車の動きを対象としており、目的別流動量、OD別流動量、輸送量を車種別・OD別に把握できる。	●都市圏内の物資流動、貨物車の流動を把握できる。車の流動と物資の流動を業種別に分別。
特徴 時間帯	×	×	×		○	○
休日	×	×	×		×	×
関係省庁	国土交通省	国土交通省	国土交通省	国土交通省	国土交通省	国土交通省

（出典：土木学会交通データ小委員会資料より加筆修正）

駐車実態調査，交通事故の状況を調べる交通事故調査，交通に対する市民の意識を調査する交通意識調査などがある．

（e）**わが国における交通実態調査**　わが国における交通実態調査は，総務省，国土交通省，都道府県，市町村などによって行われており，それらの整理をすると表3.6, 3.7のようになっている．

これらの表における総流動は交通手段ごとの交通量を調査集計したもので，また純流動は利用交通手段にかかわらずOD交通量を調査集計したものである．

■参考文献

1) 加藤晃，河上省吾：都市計画概論第2版，共立出版，1986.
2) 交通工学研究会：第33, 34回交通工学講習会テキスト，交通計画，1984.
3) 都市計画協会：都市計画ハンドブック，2002.
4) 木谷信之：道路交通現況調査とその利用，道路，1985-8.
5) 有安敬：パーソントリップ調査と物資流動調査，道路，1985-8.
6) 建設省都市局都市交通調査室：全国都市パーソントリップ調査・新都市OD調査の実施について，交通工学 Vol.34 増刊号，1999.
7) 土木学会：道路交通需要予測の理論と適用，第I編 利用者均衡配分の適用に向けて，2003.

■演習問題

1. パーソントリップ調査の調査項目と調査方法について説明しなさい．
2. パーソントリップ調査によって明らかにされる交通実態はどのようなものか説明しなさい．
3. パーソントリップ調査の調査精度の検討方法について説明しなさい．
4. 大中都市圏の都市交通計画を策定するためには，どのような交通調査をする必要があるか述べなさい．
5. パーソントリップ調査における代表交通手段を用いる利点と欠点について考えなさい．

第4章　交通需要予測

　交通計画を策定するためには，まず交通需要の実態調査によって交通需要の発生機構を解明し，これをモデル化したものによって将来の交通需要を予測する．つぎに，これらの交通需要に対処するための各種交通施設計画の代替案を策定し，交通需要を交通網に流し，各種評価基準を用いて交通計画を評価し，代替案の改良などを行い，最良案を決定する．ここでは，交通計画策定作業の中心的位置を占める交通需要予測手法の発展の状況，そのうちでも特に予測プロセスと各段階で開発されているモデル（集計モデル）と非集計モデルについて述べ，その後に，現在の予測手法のかかえている問題点について触れる．

　交通需要の予測においては，人と物資の輸送需要の空間的，時間的分布とそれぞれの輸送手段の経路ごとの交通量を把握する必要がある．交通需要の予測手法はその取り扱う最小単位が個人ごとの交通か，ゾーンごとに集計された交通かによって二つに大別され，前者を非集計モデル，後者を集計モデルという．

　従来，集計モデルの開発が進められ，実用に供されてきたが，この方法は，ゾーンを最小単位とする交通現象のマクロモデルで，交通を生成－発生集中－分布－分担－配分という段階に分けて予測するいわゆる四段階推定法といわれるものである．この集計モデルでは，交通網の改変の効果予測は可能であるが，交通施設の運営方式の改変や料金・駐車政策・バスレーンの変更といった比較的小規模の交通政策の変更などの効果予測には十分効果を発揮できない．このような集計モデルの弱点を補うために個人の交通行動を効用最大化行動であると仮定し，それに影響する各種要因で交通行動を説明するモデルを開発したのが，非集計モデルである．ここでは，集計モデルを中心に述べ，非集計モデルについても触れる．

4.1　わが国における交通需要予測プロセスの歴史

　わが国において本格的な都市交通計画が策定されたのは1960年の「東京都市計画街路再検討」の計画であろう．ここでは，わが国における1955年以降の交通需要予測プロセスの歴史についてながめてみよう．1955年以降の交通需要予測プロセスの推移

第4章 交通需要予測

表 4.1 交通需要予測プロセスの推移

対象	年度，名称	交通需要予測プロセス
道路交通量の予測	1. 1960年以前 三段階推定法	経済指標→分布交通量→配分交通量
	2. 1961年以降〜65年 四段階推定法	経済指標→発生（集中）交通量→分布交通量→配分交通量
パーソントリップの予測	3. 1967年，パーソントリップ調査 段階的予測法1	経済指標→発生・集中交通量→分担交通量→分布交通量→配分交通量
	4. 1968年 段階的予測法2	経済指標→発生・集中交通量→分布交通量→分担交通量→配分交通量
	5. 1970年 段階的予測法3	経済指標→生成交通量→発生・集中交通量→分布交通量→分担交通量 →配分交通量
	6. 1978年 段階的予測法4 非集計交通手段選択モデル	経済指標→生成交通量 →発生・集中交通量→Captive層→分布交通量─────┐ 　　　　　　　　　　　└→Choice層→分布交通量→分担交通量─┤ 　　　　　　　　　　　　　　　　　　　　　　　　　配分交通量
	7. 1980年 段階的予測法5	経済指標→生成交通量→発生・集中交通量 　→分布交通量→分担交通量→配分交通量
	8. 1982年 交通均衡モデル	経済指標→生成交通量→発生・集中交通量→交通均衡モデル

をまとめると表 4.1 のようになる．

わが国において 1966 年までは，交通需要の予測は道路交通量と鉄道交通量というように交通手段別に予測する方法が採用されていた．道路交通量の予測方法としては，1960 年以前には表 4.1 に示すような経済指標から直接地区間交通量（分布交通量）を予測するいわゆる三段階推定法が行われていたが，1961 年〜1965 年ごろにかけて米国で開発されたいわゆる四段階推定法が導入された．

四段階推定法では経済指標から発生・集中交通量を求め，分布，配分という段階を経る方法であるが，この方法では予測作業においてコントロールトータルとして使用する発生・集中量の合計を初期の段階で把握できるので，予測精度の管理上で好つごうであるといえよう．

1967 年にわが国における最初の本格的パーソントリップ調査が広島都市圏で行われ，わが国においても米国に約 10 年遅れてパーソントリップを中心に都市の総合交通体系を検討するようになった．

このときも，まず米国において採用されていた表 4.1 のパーソントリップの段階的

予測法1が紹介された．なお，佐々木は段階的予測法をパーソントリップ法と名づけている．パーソントリップの段階的予測法の特徴は交通手段分担の段階が考慮されている点であるが，段階的予測法1では，発生・集中交通量を交通手段別に割り振るという分担率モデルとしてトリップエンドモデルを採用している．

つぎに1968年ごろに表4.1の段階的予測法2が用いられるようになった．これは段階的予測法1と違って交通手段の分担を分布交通量がわかった後に考える方法で，分担率モデルとしてトリップインターチェンジモデルを用いている．

さらに1970年ごろに広島都市圏の交通需要予測を行う際に段階的予測法3が採用されている．この方法では段階的予測法2に生成交通量の予測の段階を付加したもので，予測精度の向上をねらったものである．

以上の予測方法はいずれも，ゾーン単位に交通需要を予測する集計モデルであるが，1978年ごろからゾーンで集計した値では，細かい交通政策などの利用者への影響を把握できないという問題点や，多様な個人を集計して平均値で処理する集計モデルの精度の向上をめざして，交通の主体である個人の交通行動に注目した個人単位の非集計モデルが開発され，主として交通手段選択モデルに利用されるようになった．

さらに，1978年ごろに段階的予測法4が提案された．この方法は，交通の主体である個人は交通手段を選択可能な層となんらかの理由で利用する手段が固定している層とに分けられるので，これを発生・集中交通量の段階で分別し，交通手段を選択できない階層は分布交通量を求めた後に利用交通手段のネットワークに直接配分し，交通手段選択可能層は分担交通量，配分交通量の段階を経て交通需要を求める方式である．

さらに，1980年に，段階的予測法において分布，分担，配分の各段階で用いる地区間所要時間は一致しなければならないという点に着目して，フィードバックループを挿入した段階的予測法5が開発された．

1982年に，わが国においても交通網上の交通流は，Wardropの配分原理に基づく均衡状態によって与えられると考える交通均衡モデルが試みられるようになった．

4.2 集計・段階的交通需要予測モデル

交通需要の予測は，一般的に前述のように対象地域の交通発生に関連する各種の社会，経済指標の推定を行ったあとに，それらの指標を用いてまず対象地域全体における生成交通量を予測し，以下地区別の発生・集中交通量，地区間交通量（分布交通量），交通手段別交通量，経路別交通量（配分交通量）の予測の順に進められる．

各段階ごとにいくつかの方法が開発されているので，それらについて述べる．

(1) 生成交通量の予測モデル

対象地域全体におけるトリップの発生量を予測するための生成交通量予測モデルに

は，1 日の 1 人あたりトリップ量である生成量に密接な関連のある職業などの個人属性，トリップ目的などを考慮に入れたモデルが開発されている．モデルのタイプとしては発生・集中交通量の予測モデルと同様に，成長率法，原単位法，および関数モデル法の 3 者が用いられている．なお，対象地域全域における交通量を求めるためには，1 人あたりの生成交通量を用いないで，地域の過去の交通量あるいは経済指標などを用いて，伸び率，時系列分析および関数モデルとして求める方法もあるが，予測精度，予測方法の合理性などから生成原単位を用いる方法が望ましいといえよう．

生成原単位を用いるモデルは，原単位として人口 1 人あたり，あるいは 1 世帯あたりの発生交通量を求めるもので，地域の全生成交通量は，これらの値に全人口あるいは全世帯数を乗ずることによって求めることができる．この総交通量をコントロールトータル (control total) として，地区ごとの発生・集中交通量を予測するのが一般的な方法である．

このとき，個人あたりと世帯あたりのいずれの原単位を使用するのがよいかという問題があるが，世帯単位で発生すると考えられる主婦の買物行動などは世帯単位で扱うのがよいが，そのほかの交通のほとんどは個人の社会的行動であると考えられるので，全体としては，個人単位の原単位を用いるのが望ましいと考えられる．

将来の原単位の予測方法には，成長率法と関数モデル法があるが，おもに関数モデル法が用いられている．

一般に原単位は交通目的別に求められ，関数モデルの説明要因としては，個人の職業あるいは所属産業，車の保有状況，性別，年齢階層などの個人属性が考慮されることが多い．また，モデルの各係数値は将来も変わらないと考える方法と，各係数値の時間的変化を考慮する方法の二つがあるが，データの制約から前者が用いられることが多いようである．

中京都市圏における 1971 年と 81，91 年の性別・職業別交通目的別 1 人あたりトリップ生成量を示すと図 4.1 のようになっている．

(2) 発生・集中交通量の予測モデル

発生・集中交通量予測モデルは，各地区別の発生・集中交通量を予測するためのもので，生成交通量の予測という段階を経ずに予測する場合は，発生・集中交通量の絶対値を予測するが，対象地域の全交通量をまず生成交通量モデルによって予測する場合は，発生・集中交通量予測モデルによっては，各地区の発生・集中量の相対値を予測することになる．すなわち，全生成交通量を発生・集中交通量予測モデルによって各地区へ配分することになる．発生・集中交通量予測モデルには，成長率法，原単位法，関数モデル法がある．

成長率法は，現在の交通量が将来何倍になるかを直接的に求めようとするものであ

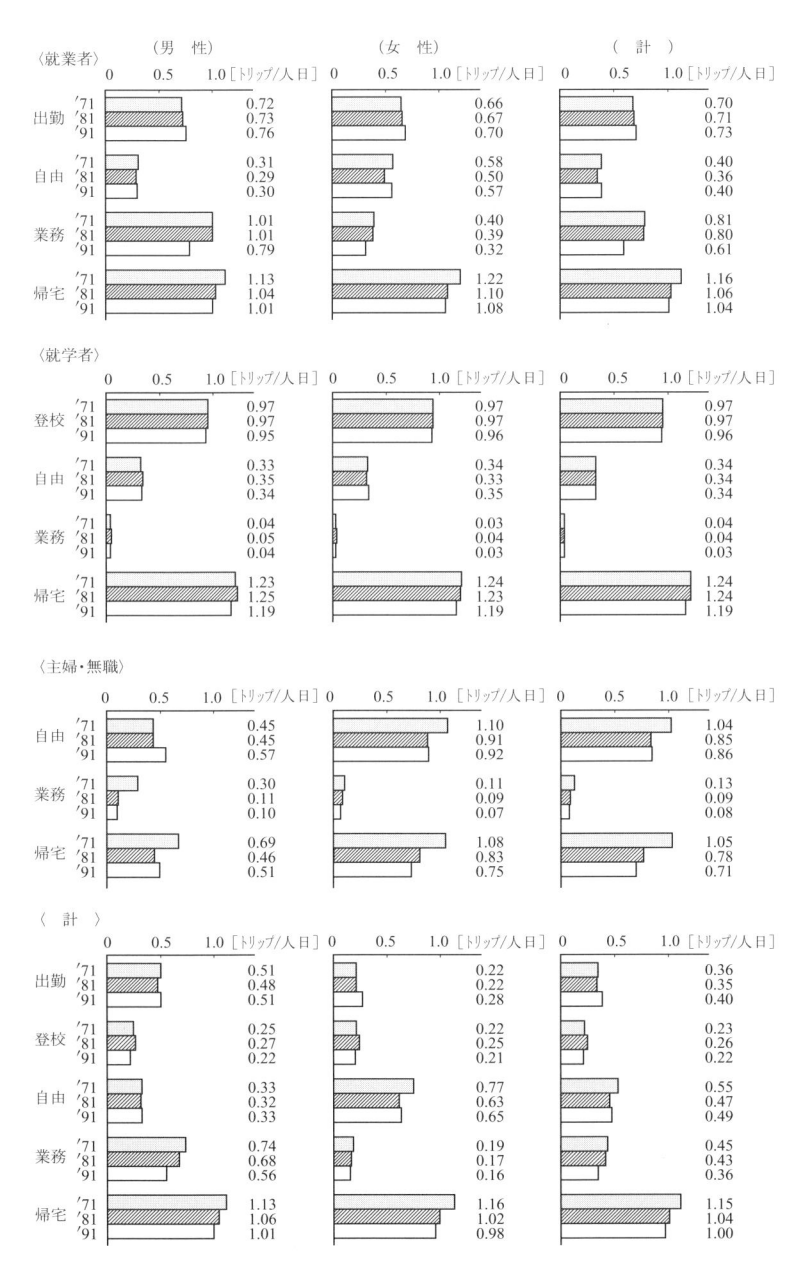

4.2 集計・段階的交通需要予測モデル

〈就業者〉	（男性）	（女性）	（計）
出勤 '71	0.72	0.66	0.70
出勤 '81	0.73	0.67	0.71
出勤 '91	0.76	0.70	0.73
自由 '71	0.31	0.58	0.40
自由 '81	0.29	0.50	0.36
自由 '91	0.30	0.57	0.40
業務 '71	1.01	0.40	0.81
業務 '81	1.01	0.39	0.80
業務 '91	0.79	0.32	0.61
帰宅 '71	1.13	1.22	1.16
帰宅 '81	1.04	1.10	1.06
帰宅 '91	1.01	1.08	1.04

〈就学者〉	（男性）	（女性）	（計）
登校 '71	0.97	0.97	0.97
登校 '81	0.97	0.97	0.97
登校 '91	0.95	0.96	0.96
自由 '71	0.33	0.34	0.34
自由 '81	0.35	0.33	0.34
自由 '91	0.34	0.35	0.34
業務 '71	0.04	0.03	0.04
業務 '81	0.05	0.04	0.04
業務 '91	0.04	0.03	0.03
帰宅 '71	1.23	1.24	1.24
帰宅 '81	1.25	1.23	1.24
帰宅 '91	1.19	1.19	1.19

〈主婦・無職〉	（男性）	（女性）	（計）
自由 '71	0.45	1.10	1.04
自由 '81	0.45	0.91	0.85
自由 '91	0.57	0.92	0.86
業務 '71	0.30	0.11	0.13
業務 '81	0.11	0.09	0.09
業務 '91	0.10	0.07	0.08
帰宅 '71	0.69	1.08	1.05
帰宅 '81	0.46	0.83	0.78
帰宅 '91	0.51	0.75	0.71

〈計〉	（男性）	（女性）	（計）
出勤 '71	0.51	0.22	0.36
出勤 '81	0.48	0.22	0.35
出勤 '91	0.51	0.28	0.40
登校 '71	0.25	0.22	0.23
登校 '81	0.27	0.25	0.26
登校 '91	0.22	0.21	0.22
自由 '71	0.33	0.77	0.55
自由 '81	0.32	0.63	0.47
自由 '91	0.33	0.65	0.49
業務 '71	0.74	0.19	0.45
業務 '81	0.68	0.17	0.43
業務 '91	0.56	0.16	0.36
帰宅 '71	1.13	1.16	1.15
帰宅 '81	1.06	1.02	1.04
帰宅 '91	1.01	0.98	1.00

（注）就業者の登校目的，就学者の出勤目的，主婦・無職の出勤・登校目的は割愛した

図 **4.1** 中京都市圏における性別・職業別・目的別1人あたりトリップ数

るのに対して，原単位法と関数モデル法は，原単位および係数値の将来における変化を考慮することはあるが，原則として，発生・集中交通量とその説明変数との関係を仮定し，説明変数の将来における変化が将来交通量の変化につながると考える方法である．

原単位法には，居住人口あるいは従業員1人あたり交通発生量を，過去の資料より推定するパーソン原単位法と用途別敷地面積あるいは床面積あたり交通発生量を求める面積原単位法の二つがある．

関数モデル法は，ある地域の発生・集中交通量をその地域の人口，就業者数，都市施設の種類別規模などの関数によって説明するモデルで，関数形としてはおもに1次関数が用いられる．これらの各モデルのうちで，予測精度と簡便性などの点からみると1次関数モデルが最もすぐれていると考えられる．

交通目的別の発生・集中量の予測モデルの説明変数としてよく用いられる指標を示すと表4.2のようであり，中京都市圏のパーソントリップ調査で作成された発生集中交通量予測モデルの例を示すと表4.3のようである．

表 4.2 発生集中量の説明変数として比較的よく用いられる指標

目的種類	発生交通量	集中交通量
1 通　勤	1 夜間人口 2 第二，三次産業常住地就業人口	1 第二次産業従業地就業人口 2 第三次　　〃 3 従業者数
2 通　学	1 夜間人口 2 居住地学生生徒数	1 夜間人口 2 就学者数
3 帰　宅	1 夜間人口　　　5 従業者数 2 昼間人口　　　6 学生数（就学地） 3 第二次産業従業地就業人口 4 第三次　　〃	1 夜間人口
4 業　務	1 夜間人口　　　5 従業者数 2 第一次産業従業地就業人口（居住地） 3 第二次　　〃 4 第三次　　〃	1 第二次産業従業地就業人口 2 第三次　　〃　　　5 夜間人口 3 第一次　　〃（居住地） 4 従業者数
5 私　用	1 夜間人口　　5　従業者数 2 昼間人口 3 第二次産業従業地就業人口 4 第三次　　〃	1 夜間人口　　　5 従業者数 2 昼間人口 3 第二次産業従業地就業人口 4 第三次　　〃
6 その他	1 夜間人口 2 従業者数 3 第三次産業従業地就業人口	1 夜間人口 2 第二次産業従業地就業人口 3 第三次　　〃 4 従業者数

(都市交通調査マニュアル，パーソントリップ調査による交通量の将来推計，建設省都市局都市交通調査室 1976.7, p.55)

表 4.3 中京都市圏における発生集中量予測モデル
(1973 年中京都市群パーソントリップ調査)

交通目的	発　生	トリップ数 構成比	集　中	トリップ数 構成比
帰　宅	$y = 1.0062x - 819$ x：昼間人口 $r = 0.9905$	6 354 685 41.7	$y = 1.0232x + 475$ x：夜間人口 $r = 0.9967$	6 441 576 42.3
出　勤	$y = 0.8223x + 112$ x：夜間人口 $r = 0.9877$	2 026 559 13.8	$y = 0.6667x - 2996$ x：総従業者 $r = 0.9648$	2 001 748 13.1
登　校	$y = 0.2159x - 489$ x：夜間人口 $r = 0.9944$	1 314 756 8.6	$y = 0.2250x - 1419$ x：夜間人口 $r = 0.9472$	1 301 139 8.5
業　務	$y = 0.6850x + 2500$ x：総従業者 $r = 0.9754$	2 480 509 16.3	$y = 0.7032x + 1302$ x：総従業者 $r = 0.9749$	2 450 456 16.1
日常的行動	$y = 0.3097x + 491$ x：昼間人口 $r = 0.9762$	2 000 702 13.1	$y = 0.3207x - 493$ x：昼間人口 $r = 0.9746$	1 995 875 13.1
非日常的行動	$y = 0.1705x - 120$ x：昼間人口 $r = 0.9741$	1 072 292 7.0	$y = 0.8138x + 69$ x：総従業者 $r = 0.9496$	1 054 731 6.9
全　目　的	$y = 2.3428x + 5226$ x：昼間人口 $r = 0.9940$	15 249 503 100.0	$y = 2.3431x + 5148$ x：昼間人口 $r = 0.9940$	15 245 520 100.0

r：相関係数

(3) 分布交通量の予測モデル

分布交通量の予測モデルは数多く開発されており，大別すると，基準年度の OD パターンを基礎として，入力である発生・集中交通量の成長率を用いて地区間交通量を求める成長率法（現在パターン法），万有引力の式の適用を基本とする重力モデルおよび確率論を用いる確率モデルの三つに分けることができよう．

(a) 成長率法（現在パターン法）　　これは，現在の OD 分布と将来の発生・集中交通量の成長率からゾーン間交通量を求める方法で，成長率の計算式の構造によって，平均成長率法，デトロイト法，フレーター法などがある．アメリカにおいて，分布交通量の予測モデルとしてまず平均成長率法が用いられ，1954 年にオハイオ州クリーブランドの交通量を予測するために T. J. Fratar によってフレーター法が開発され，1956 年に J. Carroll がデトロイト法を開発した．両モデルとも平均成長率法を改良することを目的として開発された．

平均成長率法は次式で表される．

$$T_{ij}' = \bar{T}_{ij} \cdot (F_i + F_j)/2 \tag{4.1}$$

ここに，T_{ij}：将来のゾーン i, j 間の交通量，G_i：将来のゾーン i の発生交通量，A_j：将来のゾーン j の集中交通量，記号に"－"および"′"をつけた場合，現在値および推定値を示す．$F_i = G_i/\bar{G}_i$, $F_j = A_j/\bar{A}_j$, n：ゾーン総数．

このとき，

$$\sum_{j=1}^{n} T_{ij}' = G_i, \quad \sum_{i=1}^{n} T_{ij}' = A_j, \quad (i,j = 1,2,\cdots,n) \tag{4.2}$$

が成立しない場合は，F_i, F_j を新たに $F_i = G_i \Big/ \sum_{j=1}^{n} T_{ij}'$, $Fj = Aj \Big/ \sum_{i=1}^{n} T_{ij}'$ とし，$\bar{T}_{ij} = T_{ij}'$ とおいて式 (4.1) により再び T_{ij}' を計算する．この計算を F_i, F_j が 1.00 にほぼ等しくなるまでくり返し，最終的に得られた T_{ij}' を T_{ij} の推定値とする．そして，デトロイト法およびフレーター法の基本式は次式 (4.3), (4.4) で与えられ，計算過程は

$$T_{ij}' = \bar{T}_{ij} \cdot F_i \cdot F_j/F \tag{4.3}$$

ここに，$F = \sum_{i=1}^{n} G_i \Big/ \sum_{i=1}^{n} \bar{G}_i$

$$T_{ij}' = \bar{T}_{ij} \cdot F_i \cdot F_j \cdot (L_i + L_j)/2 \tag{4.4}$$

ここに，$L_i = \sum_{j=1}^{n} \bar{T}_{ij} \Big/ \sum_{j=1}^{n} \bar{T}_{ij} F_j$, $L_j = \sum_{i=1}^{n} \bar{T}_{ij} \Big/ \sum_{i=1}^{n} \bar{T}_{ij} F_i \tag{4.5}$

平均成長率法と同じ方式を用いる．

なお，成長率法は重力モデルその他の予測モデルを用いる際に OD 交通量を発生・集中量に一致させるための収束計算法としても利用される．

(b) 重力モデル法 このモデルは，発生・集中交通量，ゾーン間所要時間で代表される交通抵抗の 3 者によってゾーン間交通量を求めようとする方法で，モデル式の構造によって，単純重力モデル，修正重力モデル，相互作用モデルなどがある．モデル式の例を示せば，つぎのようなものがある．

わが国において最も古くから用いられている単純重力モデルの式を示せば，つぎのようになる．

$$T_{ij} = \kappa G_i^{\alpha} A_j^{\beta} f(t_{ij}) \tag{4.6}$$

ここに，T_{ij}：ゾーン i, j 間の交通量，G_i：ゾーン i の発生交通量，A_j：ゾーン j の集中交通量，t_{ij}：ゾーン i, j 間の所要時間，$f(t_{ij})$：t_{ij} の関数，たとえば $t_{ij}^{-r}, \exp(-\delta t_{ij}), \kappa, \alpha,$

β, γ, δ：定数である．

なお，$\kappa, \alpha, \beta, \gamma, \delta$ などのパラメータの値は，一般にモデルを実績 OD 交通量に適用することによって決定するが，将来予測における適合性から $\alpha = \beta = 0.5$ と仮定したり，ゾーン分割に対する適用性から $\alpha = \beta = 1.0$ と仮定することもある．

このモデルで求める交通量 T_{ij} の和はあらかじめ与えられている発生・集中交通量に一致しないので，前述の成長率法を用いて一致させる必要がある．

このモデルがわが国の都市圏交通需要予測では最もよく使用されているが，西欧では現在ほとんど用いられていないようで，つぎに述べる修正重力モデルが利用されている．

修正重力モデルは，単純重力モデルで予測する結果が与えられた発生交通量に一致するように，式 (4.6) の κ の値をきめたもので次式で与えられる．

このタイプのモデルは 1955 年に米国の A. M. Voorhees が提案している．

$$T_{ij} = G_i \cdot \frac{K_{ij} A_j^{\beta} f(t_{ij})}{\sum_{k=1}^{n} K_{ik} A_k^{\beta} f(t_{ik})} \tag{4.7}$$

ここに，n：ゾーン総数，K_{ij}：ゾーン i, j 間の調整係数

このモデルでは，予測される交通量 T_{ij} をあらかじめ与えられている集中交通量 A_j に一致させるために，次式 (4.8) と式 (4.7) によって繰り返し計算を行う．

$$A_j^{m+1} = A_j^m \left[A_j^0 \bigg/ \sum_{i=1}^{n} T_{ij} \right]^{1/\beta}, \quad m = 0, 1, 2, \cdots \tag{4.8}$$

ここに，A_j^0：与えられた集中交通量 A_j

また，K_{ij} は式 (4.7) が既存データを最もよく説明するように決定する．

この修正重力モデルは，後の研究によって，トリップの発生する基本確率が重力モデル $T_{ij} = \kappa G_i^{\alpha} A_j^{\beta} f(t_{ij})$ で与えられると仮定したとき，発生・集中交通量に一致する最も起こりやすい交通量を与えることが明らかにされている．

（c）**確率モデル**　確率論を用いるモデルには，1956 年にシカゴ地域交通計画（CATS）において M. Schneider が提案した介在機会モデル，1961 年に Tomazinis がベンジャージーの交通計画において提案した競合機会モデル，さらに 1966 年に佐々木および A. G. Wilson の開発したエントロピー法などがある．

前 2 者では，あるゾーンから発生するトリップは，目的地への近づきやすさ（アクセシビリティ）によって順序づけられた目的地をある確率で選ぶと考えている．これらのモデルでは，時間距離そのものを直接用いるのでなく，ゾーンの順序づけに利用するので，時間距離の変化を敏感に表現することができず，また，一般に高い予測精

度を期待することはむずかしいという欠点をもっている.
　介在機会モデルは次式で表される.

$$T_{ij} = G_i\{\exp(-LV_{j-1}) - \exp(-LV_j)\},\ V_0 = 0,\ V_j = \sum_{k=1}^{j} A_k \quad (4.9)$$

ここに，L はパラメータで，各ゾーンにトリップが吸収される確率を表しており，平均トリップ長の実測値に一致するようにくり返し計算によって決める.

エントロピー法は，重力モデル型のトリップ生起確率を仮定する場合，前述の修正重力モデルとまったく一致する.

起終点が同一ゾーン内である内々トリップの予測は，内々トリップの平均距離を設定し，重力モデルその他を利用する方法，現在の内々トリップの全発生・集中交通量に占める比率を用いる方法，内々率を推計する特別なモデル式を用いる方法などによって行われる.

以上をまとめると，分布交通量の予測においては分布交通量の大きな変化がないと考えられる場合は成長率法を用い，それ以外の場合は修正重力モデルを用いるのが望ましいと考えられる．なお，地域間調整係数を用いる修正重力モデルは成長率法と重力モデルの両方の性質を備えているので特にすぐれているといえよう.

(4) 交通手段別交通量の予測モデル

　交通手段別交通量の予測モデルとしては，利用者の交通手段に対する選好特性をそれに関係する要因によって説明する交通機関選択モデルが利用されてきた．交通手段選択においては，複合交通手段や新種交通手段の選択問題をも取り扱う必要があるが，このような問題には単一交通手段の選択モデルをそのまま使用することはできない．そのため，交通手段の種別を問題にせず，そのサービス特性を機能面から把握し，競合関係にある複数手段のサービス特性値によって手段選択を説明するモデルである機能選択モデルの開発が試みられている.

　利用者が，交通目的，個人の特性，交通手段のサービス特性（容量を含む），ゾーンの特性などを考慮して利用手段を選択した結果を集計したものが交通手段分担交通量で，全交通量に占める比率を分担率とよんでいる.

　一般に，交通手段別交通量を予測するためには，分担率モデルによって分担率を予測し，これに発生・集中交通量あるいは，分布交通量を乗ずることによって手段別利用交通量を求めるという方法が用いられる.

　交通手段分担率モデルは，交通需要予測のどの段階で交通手段分担を考えるかによってトリップエンドモデルと OD ペアモデル（トリップインターチェンジモデル）に大別できる．前者は，各ゾーンの発生交通量を集中ゾーンに割りふる前に交通機関別に配分する方法で，後者は各ゾーン間の分布交通量を交通機関別に配分する方法である.

さらに，交通手段分担率あるいは選択率モデルは，つぎのように分類することができる．

(a) 交通手段選択特性による分担率予測体系の分類

① 1段階分担率モデル　交通手段利用者を固定的に利用手段のきまっている階層と選択可能者層とに分類するのでなく，一括して分担率を考えるモデル．

② 2段階分担率モデル　交通手段利用者を固定的に利用手段のきまっている階層と選択可能者層とに分離して，図4.2のようなプロセスで手段別交通量を予測する方法．この方法における固定層の利用手段決定はトリップエンドモデルと同様にODペア間の交通サービスの水準にまったく無関係に行われる．すなわち，この方法では，発生・集中交通量の段階で選択層と固定層に分類して手段利用を予測するものである．

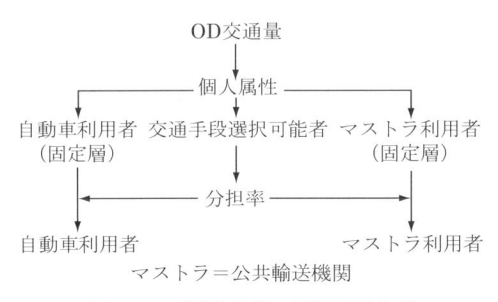

```
              OD交通量
                │
          ──── 個人属性 ────
          │       │       │
    自動車利用者 交通手段選択可能者 マストラ利用者
     (固定層)      │        (固定層)
          │       │        │
          ──── 分担率 ────
          │                │
     自動車利用者        マストラ利用者
```
マストラ＝公共輸送機関

図 4.2 2段階分担交通量予測体系

(b) 手段選択の基本単位による分類

① 集計モデル　ゾーンあるいはゾーンペア単位に集計した利用者の手段選択を説明するモデルである．

② 非集計モデル　各個人単位の交通手段選択確率を説明するためのモデルを作成し，個人の手段選択を集計して分担交通量を予測するモデルである．

(c) 手段選択プロセスによる分類

① 二者択一法　交通手段の選択を図4.3に示すように2分割をくり返して求める方法である．

② マルチモード法　各交通手段選択を選択率式を用いて一度に求めようとする方法であり，計算作業は簡単であるが，すべての手段選択を的確に説明する要因の抽出がむずかしいという欠点がある．

(d) トリップエンドモデル　トリップエンドモデルには，対象地域全体に一つのモデルを適用する全域モデルと，各ゾーンの特性を考慮してゾーンごとに交通手段選択率を考えるモデルの二つがあるが，おもに後者が使用された．1956年ごろに米国のシカゴその他で各地区の都心からの距離やトランジットと道路によるアクセシビリ

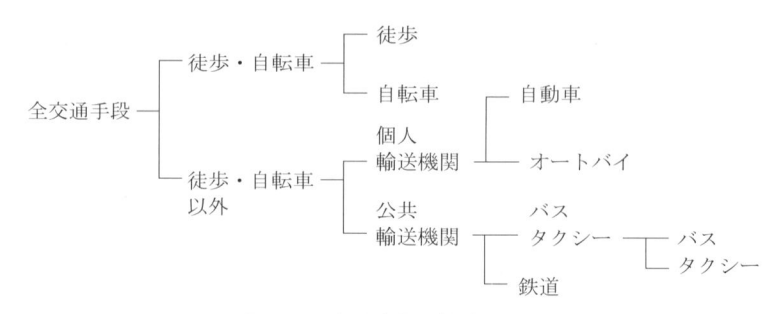

図 4.3 交通手段分割プロセス

ティの比とマストランシット利用率との関係を交通目的あるいは所得水準別に図表で示し，これによって分担率を予測する方法が用いられた．

トリップエンドモデルは OD 間の交通サービス水準や交通手段間の競合関係などを考慮することができないので，現在ではトリップインターチェンジモデル（OD ペアモデル）が一般に用いられる．

(e) OD ペアモデル 現在わが国で都市圏全域にわたる交通手段別交通量を予測するためには，集計型の 1 段階分担率モデルで，手段分割は，二者択一方式を用いるモデルが一般に用いられている．

このとき，対象地域の土地利用状況および OD ペア間の交通サービス水準などによって OD ペアを分類し（たとえば都心相互，都心－郊外，郊外相互など），各グループごとに分担率モデルを考えるという方法が利用されている．そして，分担率の計算方法によってモデルを分類すると，①分担（選択）率曲線法，②関数モデル法に分けられ，後者はさらに㋑線形モデル，㋺ロジットモデル，㋩プロビットモデルに分類できる．

① 分担率曲線法　これは，交通手段選択に影響する主要因と考えられるゾーン間距離，ゾーン間の交通手段による所要時間比および差と交通目的別手段別分担率との関係を図表示したもので，図 4.4 に示すようなものである．わが国においては，この方法が最もよく用いられてきた．

② 関数モデル法

㋑ 線形モデル　交通手段別分担率を手段分担に影響する各種要因の線形関数として表すモデルで，最も古くから用いられているものである．このモデルは分担率 P_i の満足しなければならない $0 \leq P_i \leq 1$ といった条件を満足する保証がないといった欠点をもっているため，以下のロジット（Logit）モデルやプロビット（Probit）モデルが開発された．

㋺ ロジットモデル　ロジットモデルは線形モデルの欠点を克服するために開発

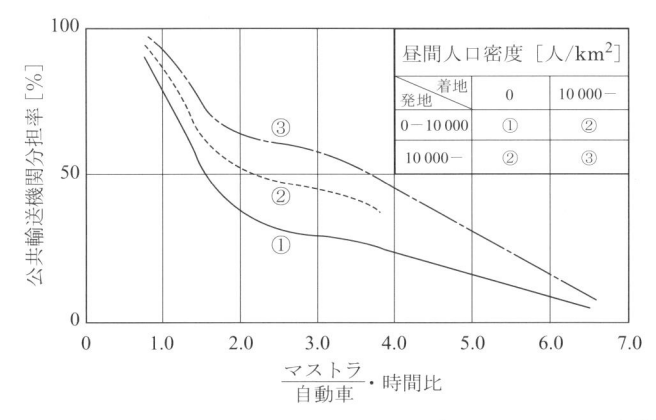

図 4.4 出勤目的交通の公共輸送機関分担率（1971年中京都市群）[21]

されたもので，集計モデルでは，あるODペアで交通手段の分担率 P_i は次式で表される．

$$P_i = \frac{\exp(U_i)}{\sum_{j=1}^{J} \exp(U_j)}, \quad U_i = \sum_k a_k X_{ik} \tag{4.10}$$

ここに，X_{ik}：交通手段 i における k 番目の説明要因の値（所要時間，費用など），a_k：パラメータ，J：交通手段の数．このモデルにおいては，$0 \leq P_i \leq 1$，$\sum_i P_i = 1$ であり，コンピュータで分担率，選択確率を計算でき，分担率曲線法に比べて予測作業がしやすいという利点もある．

(ハ) プロビットモデル　線形モデルの欠点を克服するために開発されたもう一つのモデルがプロビットモデルで，交通手段が二つある場合，交通手段 i を選択する確率 P_i は次式で与えられると考える．

$$P_i = \frac{1}{\sqrt{2\pi}} \int_{-\infty}^{Y_i} \exp(-t^2/2) dt \tag{4.11}$$

ここに，$Y_i = 2$ 交通手段の特性からなる線形関数値の差

この考え方のモデルは，2手段の選択には適用できるが，多手段の選択に適用するのはきわめてむずかしい．

ODペアモデルの中では，予測精度，計算作業，モデルの考え方の合理性などからみてロジットモデルが最もすぐれていると考えられる．

(5) 配分交通量の予測モデル

配分交通量の予測では，交通網を構成する各区間（これをリンクとよぶ）を通過す

る交通量を予測することを目的とする．

地域間の交通量が，その間にあるいくつかの輸送経路にどのように配分されるかを問題にするモデルを，経路選択あるいは交通量配分モデルとよんでいる．従来，人がどの経路を利用するかという問題に対して，大量輸送機関網では経路の交通抵抗を考慮した経路選択モデルが用いられ，自動車交通においては道路網の交通抵抗および交通量などを考慮に入れた交通量配分モデルが用いられてきた．

配分交通量を予測するためには，まず配分対象輸送網を決定し，輸送網各区間の所要時間特性および輸送容量などを調査し，つぎに最短経路配分というような配分原則に基づいて，ゾーン間の配分対象経路を決定する．このような作業を各ゾーン間について行い，各ゾーン間交通需要をそれぞれの配分対象経路へ配分し，各区間ごとに集計して，輸送網の各区間交通量を推定する．

（a）経路選択モデル これには，経路選定要因として，各経路の所要時間・運賃・乗り換え回数などを取り上げ，各要因の経路間での差および比と経路選択率との関係を，線形および指数関数重回帰モデルとして表現するモデル，これら各要因を変数とする判別関数により経路選択を決定するモデルなどがある．

この経路モデルは異なった交通手段によって経路が構成される場合も対象とし，交通機関と経路の選択を同時に行うものであり，手段分担と配分を分離して扱う一般のモデルより交通現象をより現実に則して表現しているといえる．しかし，このモデルでは 1, 2 の例外[14]) を除いて，経路の交通容量を考慮していないという欠点をもっている．

（b）交通量配分モデル このモデルは，自動車 OD 交通量が，与えられた道路網にいかに配分されるかという問題を取り扱う．交通量配分モデルは，各ゾーン間道路の交通容量を考慮しない需要配分法と，考慮する実際配分法とに大別できる．

① **需要配分法** これには経路の容量制約を考えないで，最短経路にゾーン間交通量を配分する all or nothing 法および容量制約を考えない配分率法がある．前者による配分交通量は，ゾーン間道路の容量が無限大の場合の交通需要を示していると考えられるが，一般には道路交通容量が存在するため実際の交通量とは異なったものになる．

この方法で用いる最短経路の探索法としては，CATS のための研究で開発された R. F. Moore のアルゴリズムが広く用いられてきたが，今日では 1959 年に発表されたより効率のよい Dijkstra 法が一般に用いられるようになった[15])．

これらの配分モデルは，各道路区間における潜在的交通需要を予測していると考えられるので，道路新設の必要性の検討などに利用することができよう．

② **実際配分法** ゾーン間道路の交通容量を考慮する配分モデルは，いずれも配

分された交通量が可能交通容量以下であるように配分する方法で，一般に配分交通量が増加するにしたがって走行速度が低下するという交通量と速度 (Q-V) の関係を考慮している．

このような道路網上の自動車交通流に関して，1952 年に J. G. Wardrop がつぎの二つの配分原則を提案した．

㋑　起終点間に存在する利用可能な経路のうち，実際に利用される経路については所要時間はみな等しく，利用されないどの経路のそれよりも小さい．

㋺　道路網中の総走行時間は最小である．

㋑は Wardrop の第 1 原理，user optimal flow, 等時間原理配分とよばれるもので，㋺は Wardrop の第 2 原理，system optimal flow, 総走行時間最小化配分とよばれるものである．

実際配分法は，非均衡型配分と，交通均衡型配分の二つのモデルに分けられる．

㋑　**非均衡型配分モデル**　これは，道路網上の自動車交通流に関する Wardrop の第 1 原理すなわち等時間原則に従う交通量を近似的に予測するもので，分割配分法と転換率法がある．

1) **分割配分法**　等時間原理配分を求める方法として，多くの方法の開発が試みられ，その代表的なものとして，OD 交通量を数分割し，分割交通量を all or nothing 法で，前回までの配分交通量を Q-V 曲線または交通量-所要時間関数に代入することによって各経路の所要時間を修正して配分し，これを全分割交通量について行う分割法がある．

しかし，この方法が多くの場合，等時間原則をほぼ満足する結果を与えることは期待できるが，つねに適切な配分交通量をもたらすという保証はない．そこで，等時間原則を満足する結果を必ず求められる方法が開発された．これらの代表例としては LeBlanc らの方法と IA 法（incremental assignment method）があげられる．両方法ともに，分割配分法で配分交通量の近似解を求め，この近似解を少しずつ修正するくり返し計算を解が収束するまで続けるという方法である．なお，Q-V 曲線の例を示すと，図 4.5 のようであり道路規格および幅員などによって Q-V 関係は異なる．

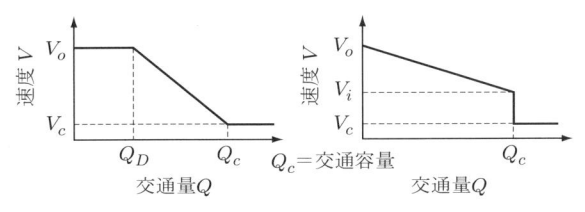

図 4.5　交通量-走行速度曲線（Q-V 式）の一般形

2) 転換率曲線法　　一般に OD 交通量は，最短経路のみを利用するのでなく，第 2，第 3 位の経路をも流れる．この状況を配分交通量の予測に反映する方法として，時間比によって OD 間の経路の選択率を推定し，複数の経路への配分をくり返して漸近的に解を求める方法が開発された．このような配分率の推定方法に，転換率曲線による方法がある．

1950 年代米国において，競合関係にある一般道路と高速道路の間での交通量配分が，交通量の高速道路への転換問題として研究されたのが，交通量配分問題の最初と考えられるが，このとき用いられた方法が転換率曲線法である．

転換率曲線は一般道路からの高速道路への転換交通量の比率を両道路の走行時間比，時間差などの関数として，実測結果に基づいて図あるいは数式によって表示したものである．

代表的な例として，デトロイト，カリフォルニアおよび AASHO（American Association of State Highway Officials, 米国政府道路担当官会議）などの転換率曲線がある．わが国においては，現在も高速道路の配分交通量を予測する場合に経路配分率を決定するために利用している．

この転換率曲線によって配分交通量を求める方法には，あらかじめ想定した平均走行時間によって転換率を求め，これに OD 交通量を乗ずることによって経路交通量を予測する方法や，分割配分法の各段階での経路配分率を転換率曲線によって決定する方法などがある．

㊁　交通均衡型配分モデル　　どの利用者もより安い費用の経路を見いだせないような交通パターンを Wardrop 均衡と定義し，非線形最適化問題を解くことによって，均衡解を求める Beckmann 均衡モデルと，交通均衡条件を変分不等式で表し，これを解く方法とが開発されている．

Beckmann 均衡モデルは次式で表される．

$$\left.\begin{aligned}
&\min\left[\sum_a \int_0^{x_a} t_a(w)dw - \sum_r \sum_s \int_0^{q_{rs}} D_{rs}^{-1}(w)dw\right]\\
&\text{条件式}\quad \sum_k f_k^{rs} = q_{rs}\\
&\phantom{\text{条件式}\quad} f_k^{rs} \geqq ,\quad q_{rs} \geqq 0\\
&\phantom{\text{条件式}\quad} x_a = \sum_r \sum_s \sum_k \delta_{a,k}^{rs} f_k^{rs}
\end{aligned}\right\} \quad (4.12)$$

ここに，$x_a =$ リンク a の交通量，$q_{rs} =$ ゾーン r,s 間の OD 交通量

$f_k^{rs} =$ ゾーン r,s 間の k 経路の交通量

$\delta_{a,k}{}^{rs}$ = ゾーン r, s 間の k 経路がリンク a 通るとき 1, そうでなければ 0

$D_{rs}{}^{-1}(q_{rs})$ = ゾーン r, s 間の OD 交通量の需要関数 $D_{rs}(C_{rs})$ の逆関数

C_{rs} = ゾーン r, s 間の旅行時間

$t_a(x_a)$ = リンク a の旅行時間, パフォーマンス関数

なお,代表的なリンクパフォーマンス関数としては,米国道路局で開発された BPR (Bureau of Public Road) 関数 $t_a(x_a) = t_a{}^0 \{1 + \alpha (x_a/C_a)^\beta\}$, ここに, $t_a{}^0$: リンク a の自由走行所要時間, C_a: リンク a の交通容量, が用いられる.

これらの配分交通量予測モデルの中では,従来,分割配分法が最もよく用いられてきたが,コンピュータの能力が進歩した現代では,論理性にすぐれた交通均衡配分モデルを用いるべきである.この交通均衡配分モデルの利点はつぎのようである.

i. 交通ネットワーク上で,運転者は最短経路を選択するという交通行動を前提として,リンクコスト関数を用いてネットワーク上での需要と供給が均衡する状況を理論的に求める利用者均衡配分モデルは論理的で説得力をもつ.

ii. 均衡解は理論解として求められるもので,前提条件が同じであれば,だれが計算してもつねに同じ結果となり,信頼性がある.非均衡型配分の一つである分割配分法では,OD 交通量の分割方法やどの OD ペアから配分するかという配分順序によって結果が異なる.

iii. 均衡理論は交通量配分問題だけでなく,発生・集中・分布・分担問題までも含む交通均衡モデルに拡張でき,さらに,土地利用・交通問題への拡張も可能であり,広範な発展性をもつ.

4.3 非集計交通需要予測モデル

(1) 非集計モデルの概要

非集計モデルは,ミクロ経済学における期待効用最大化理論に基づく消費者行動理論を交通行動分析に適用したものである.このモデルでは,個人や世帯といった交通の意志決定単位の選択行動をゾーンごとに集計するのではなく,そのままモデル構築のデータとして用い,意志決定単位の選択行動を明示的にモデル化できるところに特徴がある.

交通行動を意志決定単位である個人の選択過程と考え,個人は効用最大の選択肢を選ぶものとする.選択過程の構造としては,単一過程と多段階過程の二つが考えられ,対象とする交通行動の内容に応じて使い分けられている.

現状では,非集計モデルは交通手段選択に最も多く用いられており,ある程度の成

果が得られているが，目的地や経路選択においては適用が検討されている段階である．
　そして，各選択肢の効用は選択肢のもつ特性と個人の社会的特性によって規定される確定的部分（効用関数）と確率的に変動する部分との和で構成されるとし，この確率変動部分の分布としてガンベル分布および正規分布を仮定することによってロジットモデル（Logit model）およびプロビットモデル（Probit model）がそれぞれ導かれる．このとき，効用関数のパラメータの値は最尤推定法すなわち個人の選択結果の同時出現確率を最大にするように決定される．
　なお，交通計画においては，一般に対象地域全体あるいはゾーン間とかゾーン単位で集計された交通需要を必要とするため，非集計モデルで推計された個人の行動をゾーンあるいはゾーン間単位で集計しなければならない．この集計化手法としていくつかの方法が開発されているが，決定的な方法は明らかになっていない．
　非集計モデルは，集計モデルに比較して少数のサンプルでモデル構築が可能であり，モデルの地域間，時間などに関する普遍性が高く，個人行動に影響する要因を数多く導入できるため，細かい交通政策の利用者への影響を把握できるという利点をもっていること，すなわち多様な個人を集計して平均値で処理する集計モデルの精度の向上を期待できるといった利点がある．

（2）　非集計モデルの特徴

　このモデルは，人びとがいくつかある交通手段や経路などに対して感ずる効用のうちで，最大の効用を有すると考える手段・経路を選択するという，確率効用関数を用いた期待効用最大化理論によって人びとの選択行動を説明するものである．
　非集計モデルは，交通手段選択問題だけでなく，交通発生とその時刻の決定問題，目的地選択，経路選択問題などに適用可能である．
　そして非集計モデルの特徴としては，つぎのような点があげられる．

①　個人の交通行動を明示的にモデル化しているため，論理性を有し，各説明変数に対する感度分析結果も一般に行動をよく説明している．また，交通行動をトリップチェインとして取り扱うことができる．
②　集計モデルに比して少数のサンプルでモデル構築が可能である．
③　集計モデルはゾーニングによりパラメータが異なり，また地域特性が十分反映できないため，他の地域への移転性に欠けるが，非集計モデルは他地域，他時点への移転性が高いことが実証されている．
④　個人行動に影響する要因を数多く導入できるため，交通管理計画や新交通システム導入計画をはじめ，種々の政策の短期的評価に対応できる．
⑤　非集計モデルの予測結果を交通施設計画に用いるためには集計化する必要がある．

(3) 非集計モデルの基本的構造

ここでは経路選択を例にとって説明する．

ある地区 ij 間に二つの経路がある場合，ij 間をトリップする人びとは，それぞれの経路の交通特性（所要時間，費用その他）$x_{ij}{}^k$ を各人の価値観によって評価し，それぞれの経路に対して $U_k(x_{ij}{}^k, s)$, $k = 1, 2$ の効用を感じていると考える．

ここに，k は経路を示し，s は価値観に関係する個人属性（性別・所得など）を表すものとする．

このとき，次式 (4.13) を仮定する．

$$U_k(x_{ij}{}^k, s) = V_k(x_{ij}{}^k, s) + \eta_k \tag{4.13}$$

ここに，$V_k(x_{ij}{}^k, s)$ は，$x_{ij}{}^k, s$ の関数で η_k は相互に独立な確率分布に従うものとする．

(4) ロジットモデル

いま η_k がパラメータ (α, λ) をもつガンベル分布式 (4.14) に従うものとする．

$$P_r[\eta_k \leqq \eta] = \exp[-\exp\{-\lambda(\eta - \alpha)\}] = \int_{-\infty}^{\eta} \psi(\eta_k) d\eta_k \tag{4.14}$$

ここで，λ は分布のばらつきを表すスケールパラメータ，α は分布の位置を表すロケーションパラメータである．そして，ガンベル分布の最頻値は α，平均値は $\alpha + \gamma/\lambda$（γ はオイラ定数 $\fallingdotseq 0.577$），分散は $\pi^2/6\lambda^2$ である．なお，一般には，$\lambda = 1$ と仮定している．

このとき，人びとは最も効用の大きい経路を利用すると仮定すると，個人 h が経路 1 を利用する確率 $P_{hij}{}^1$ は，つぎのようにして求めることができる．

$$P_{hij}{}^1 = P_r[V_1(x_{ij}{}^1, s) + \eta_1 > V_2(x_{ij}{}^2, s) + \eta_2] = P_r[V_1 - V_2 > \eta_2 - \eta_1]$$

$$= \iint_{V_1 - V_2 > \eta_2 - \eta_1} \psi(\eta_1)\psi(\eta_2) d\eta_1 d\eta_2 = \frac{e^{V_1}}{e^{V_1} + e^{V_2}} \tag{4.15}$$

ここに，$V_1 = V_1(x_{ij}{}^1, s)$, $V_2 = V_2(x_{ij}{}^2, s)$

なお，一般に $V_k(x_{ij}{}^k, s)$ は次式のように仮定される．

$$V_k(x_{ij}{}^k, S_h) = \sum_n a_n X_{hijn}{}^k \tag{4.16}$$

ここに，$X_{hijn}{}^k =$ 各個人の選択肢 k に対する n 番目の説明要因の値（サービス特性と個人属性）

そして，経路数が K 本ある場合も同様な仮定を導入すると，ゾーン ij 間の経路 k を利用する確率 $P_{ij}{}^k$ は次式で与えられることが知られている．

$$P_{hij}{}^k = \frac{e^{V_k}}{\sum_{l=1}^{K} e^{V_l}} \tag{4.17}$$

これらの式 (4.15)，および式 (4.17) がそれぞれ二項ロジットモデルおよび，多項ロジットモデルといわれるものである．

ロジットモデルでは，式 (4.13) の η_k が選択肢間で独立でなければ，IIA (independence from irrelevant alterenatives) 特性すなわち「無関係な選択肢からの選択確率の独立性」によって不合理な結果をもたらすので注意すべきである．

(5) モデルのパラメータのきめ方

非集計モデルでは，用いるデータが個人単位の手段選択結果であるため，最小二乗法を用いることはできず，一般に最尤推定法が用いられる．

いま，個人 h の交通手段選択結果がわかっているとき，個人 h が手段 k を選択した場合 $g_{hk}=1$ とし，その他の場合 $g_{hl}=0$ とすると，式 (4.17) で選択確率を表す場合の尤度関数 L はつぎのようになる．

$$L = \prod_{h=1}^{H} \prod_{k=1}^{K} (P_{hij}{}^k)^{g_{hk}} \tag{4.18}$$

最尤推定法は式 (4.16) の a_n を式 (4.18) の L を最大にするように定める方法である．この方法では，式 (4.18) の対数 $L^* = \ln L$ を最大にする a_n を求めればよいので，L^* をパラメータ a_n で偏微分すると次式を得る．

$$\frac{\partial L^*}{\partial a_n} = \sum_{h=1}^{H} \sum_{k=1}^{K} [g_{hk} - P_{hij}{}^k] X_{hijn}{}^k = 0 \tag{4.19}$$

したがって，式 (4.19) を満足する a_n を求めればよいことがわかる．

このようにして推定された a_n の値の適合性の検定には，t 検定が利用され，全体の適合状況の検定は的中率および尤度比 ρ^2 が用いられる．

(6) 集計化の方法

非集計モデルでは各個人の属性および交通サービス特性が与えられれば，個人の行動を予測することはできるが，実際の交通計画では，都市圏全体やある地区全体といった集計レベルでの交通行動すなわち交通量を知る必要がある．

このために，非集計モデルを用いて集計レベルでの交通量を予測することを集計化とよんでいる．この集計化の方法には，① 総あたり法，② 平均値法，③ テーラーシリーズ法，④ 分類法などがあるが，一般には総あたり法を用いることが多い．

(7) ロジットモデルの適用例

ここでは，名古屋市地下鉄 3 号線および名鉄豊田線沿線の住民の公共輸送機関と自

動車の選択行動を，次式で表す場合の係数値を最尤推定法で決定し，それぞれの統計的有意性を検定した例を示す．

$$P_{hij}{}^k = \frac{1}{1 + \exp(V_{kl})}$$

ここに，

$$V_{kl} = a_0 + \sum_{n=1}^{N} a_n (X_{hijn}{}^k - X_{hijn}{}^l) \tag{4.20}$$

計算結果は表 4.4 に示すとおりである．

表 4.4 ロジットモデルの計算結果

	パラメータの値（t 値）
定　　数　　項	-2.22　（4.23）
自由になる車の有無	1.91　（4.22）
所　要　時　間　差（車－マストラ）	-0.0397　（6.00）
時　間　変　動　量　差（車－マストラ）	-0.0385　（3.25）
出　発　時　運　転　間　隔	0.0382　（2.68）
ρ^2	0.271
的中率（全体）	78.1 [%]
的中率（マストラ）	57.9
的中率（車）	88.1
サ　ン　プ　ル　数	407
平均マストラ選択確率	37.8 [%]

（注）マストラ＝公共輸送機関

このモデルの作成においては，10 個の交通サービス変数と 8 個の個人属性変数を用いるモデルから出発し，パラメータの符号が合理性をもたないものや t 値が 5 ％有意に達しないものを一つずつ取り除いていくという手順を用いて，最終的に表 4.4 のモデルを決定した．

■参考文献

1) 新谷洋二，黒川洸：都市交通計画の方法に関する考察，交通工学 Vol. 2, No. 1, pp. 3-12, 1967.
2) 佐佐木綱：都市交通計画，国民科学社，1974.
3) 建設省都市局都市交通調査室：将来交通計画の概要，1975.
4) Hutchinson, B. G.: Principles of Urban Transport Systems Planning, McGraw-Hill, 1974.
5) 河上省吾，住田公資：分布・分担・配分過程を結合した交通量予測モデル，土木学会論

文報告集 306 号, 1981.
6) 建設省都市局都市交通調査室：パーソントリップ調査による交通量の将来推計, 1976.
7) 佐々木恒一, 小林八一：道路交通量の推定, 交通日本社, 1962.
8) Martin, B. V., Memmott, F. W. and Bone, A. J.: Principles and Techniques of Predicting Future Demand for Urban Area Transportation, MIT Press, 1966.
9) オーバーガード著, 佐佐木綱訳：都市運輸計画における交通量推定, 都市交通研究所, 1969.
10) 河上省吾：修正重力モデルの確率論的意義とエントロピーモデル, 土木学会論文報告集 272 号, 1978.
11) 河上省吾：OD 交通量の細分化のためのモデルと重力モデルの確率論的意義, 日本道路会議論文集, 1975.
12) 土木学会関西支部：道路・交通工学における最近の諸問題, 1966.
13) 杉恵頼寧：非集計多項ロジットモデルによる短期交通政策の評価, 交通工学, Vol. 16, No. 6, 1981.
14) Kawakami, S : A Model of Travel Route Choice for Commuters, Proc. of JSCE, No. 209, 1973.
15) 土木学会：交通需要予測ハンドブック 第 2 章, 技報堂出版, 1981.
16) 井上博司：道路網における等時間原則による交通量配分に関する基礎的研究, 京都大学学位論文, 1975.
17) 米谷栄二, 渡辺新三, 毛利正光：交通工学, 国民科学社, 1965.
18) 飯田恭敬：道路網交通流に関する基礎的研究, 京都大学学位論文, 1972.
19) 芦沢哲蔵：都市交通計画のたて方（V）都市交通の将来予測その 1, 交通工学 Vol. 17, No. 3, 1982.
20) 交通工学研究会：第 33 回, 34 回交通工学講習会テキスト, 交通計画, 1984.
21) 加藤晃, 河上省吾：都市計画概論, 共立出版, 1986.
22) 土木学会：交通ネットワークの均衡分析－最新の理論と解法－, 1998.

■演習問題
1. 集計段階的交通量予測プロセスを説明し, この方法の利点と問題点を指摘しなさい.
2. 発生集中交通量の予測法について説明しなさい.
3. 地区間交通量の予測のための実用的なモデルについて説明しなさい.
4. 実用的な交通手段別交通量予測モデルについて説明しなさい.
5. 望ましい交通量配分予測モデルを示し, その理由を述べなさい.
6. 非集計交通需要予測モデルの利点と欠点について説明しなさい.

第5章

交通網の計画

5.1 交通計画代替案の構成法

　対象地域における社会・経済活動と，それらに関する計画課題に基づく交通需要が与えられたとき，それを処理するための交通網計画を策定することになる．交通網計画においては，採用する交通手段構成，ネットワーク構成などにより，計画内容は異なり，非常に多くの代替案が考えられ，あらゆる場合を含んだ包括的な交通網計画を考えることは，交通手段や交通網構成の違いを数式などによって表現できないため，非現実的で，ほぼ不可能といえる．

　そこで，交通計画策定に際しては，対象地域の計画課題に適合する交通手段構成やネットワーク構成などの数ケースを設定し，それらを組み合わせた交通計画案のうち，妥当と考えられるもの数案を交通計画代替案として取り上げる．そして，これらの代替案を総合的に評価し，最適と考えられる案を最適交通計画として採用する．

(1) 交通計画代替案の作成手順

　交通計画代替案の作成手順を示すと図5.1のようになる．まず，対象地域における

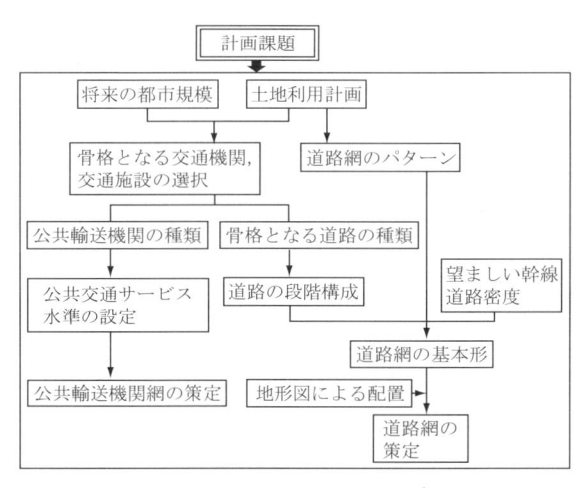

図 **5.1** 交通網の策定手順[1]

交通計画課題を明確にし，想定される将来の都市規模および土地利用計画に適合する交通手段および交通施設を選択する．そして，採用する公共交通機関を決定し，そのサービス水準および網構成をきめる．同時に道路網パターンおよび規格別道路を適切に組み合わせた道路網構成を決定する．

交通網は結接点であるノードと結接点間を結ぶリンクとによって構成されるが，リンクに採用する交通手段およびその規模によって，またノードを構成する交通手段の組み合わせおよび構成法によって交通網の機能が異なってくる．また，網構造そのものの変化によっても交通網の機能は異なる．したがって異なる交通機能をもつ交通網は交通計画代替案と考えられるので，交通網代替案はきわめて多く考えられることがわかる．

しかし，交通計画策定においては，考え得るすべての代替案を詳細に検討評価することは，その作業量からみて不可能である．そこで，一般には，対象地域の地形や既存の交通施設などの既定の諸条件を考慮することによって細部あるいは大略のパターンなどを順次決定し，代替案の個数をできるだけ少なくする．このとき，できるだけ特色の異なる代替案を作成するのが望ましい．

（2）都市規模による交通手段の選択

都市において採用する交通手段は，一般にその都市の人口規模，人口密度，地形，既存の交通体系などの諸条件を考慮して決定される．ここで，都市を大都市圏，地方中枢都市，地方中核都市，地方中心都市，地方中小都市に分類し，それぞれの都市における交通対策の基本的考え方，道路網構成，公共輸送機関網について標準的な内容を列挙すると表 5.1 のようになる．

いずれの都市においても，公共交通機関と個人輸送手段である自動車との分担関係をどのようにするかが重要な交通政策の視点となる．一般に大都市になるほど公共輸送機関の役割を大きくし，都市高速鉄道や新交通システムを整備する必要性が大きくなる．同時に地方中枢都市以上の大都市では道路網においても都市高速道路を整備し，効率的な道路網を構成すべきである．

そして，中小都市では，道路網中心の交通体系を整備し，バスと自動車で交通需要を処理する方策を考える．

（3）道路網密度とパターンの選択

都市内の道路は交通施設としての機能のほかに，通風・採光などの生活環境上の空間，災害時の避難路，防災空間，上下水道，通信施設，地下鉄などの都市施設の収容，街区の構成および都市景観の創造などの機能をもっている．

したがって，都市内においては，市街地の土地利用に応じた適切な規格，構造の道路を適当な密度で配置する必要がある．市街地面積あたりの道路の密度や配置のパター

表 5.1 都市分類と都市交通施設[1]

都市分類		人口[万人]	都市交通を処理するための計画策定上の基本的考え方	考慮すべき都市交通機関および施設			備考(都市圏域の例)
				道路	公共輸送機関	その他の施設	
大都市圏		300～	交通機関別分担(モーダルスプリット)を特に考慮のうえ，都市高速鉄道，都市高速道路および道路を全体網として配置する	都市高速道路網 主要幹線道路 幹線道路 }網	都市高速鉄道網 バス網	自動車駐車場 交通広場 バスターミナル トラックターミナル	南関東 京阪神 中京
地方都市	地方中枢都市	100～300	交通機関別分担(モーダルスプリット)を考慮のうえ，都市高速鉄道，都市高速道路を主要方向に配置し道路網を構成する	都市高速道路網 主要幹線道路 幹線道路 }網	都市高速鉄道網 バス網	同　上	札幌，福岡，仙台，北九州，広島
	地方中核都市(I)	50～100	交通機関別分担(モーダルスプリット)を考慮のうえ，都市高速鉄道等を配置し道路網を構成する	(都市高速道路) 主要幹線道路 幹線道路 }網	都市高速鉄道 バス網	同　上	新潟，浜松，長崎，岡山，鹿児島 など
	地方中核都市(II)	20～50	道路網による	主要幹線道路 幹線道路 }網	バス網	自動車駐車場 交通広場 バスターミナル (トラックターミナル)	盛岡，水戸，福井，徳島，宮崎 など
	地方中心都市	5～20	同　上	幹線道路 補助幹線道路 }網	同　上	交通広場 (バスターミナル)	北見，弘前，飯田，岩国，今治，八代 など
	地方中心都市	3～5	同　上	同　上	バス	交通広場	網走，飯山，大月 など

(注) 1. 各都市圏の在来鉄道の活用を前提とする．
　　 2. 都市高速鉄道にモノレール，新交通システムを含む．

ンが土地利用形態に適合しない場合には，交通混雑や防災あるいは居住環境上の問題が生じたり，期待どおりの土地利用の進展がみられないといったことになる．

わが国における土地利用別の道路密度の標準的な値を示すと，表5.2のようになっている．

表 5.2 道路密度の検討事例[1]

① 建設省「道路整備の長期構想」における市街地幹線道路の整備目標水準
住 居 地 域　4 km/km^2（うち補助幹線道路 2 km/km^2）
商 業 地 域　6 km/km^2（　　〃　　）
準工業地域　2 km/km^2（　　〃　　）
工 業 地 域　1 km/km^2（　　〃　　）
（単位：市街地面積あたり幹線道路延長）
② 東京都「都市計画道路再検討作業」における都市計画道路の配置間隔の基準
高密度住居地帯　500〜700 m
中密度住居地帯　700〜900 m
低密度住居地帯　1 000〜13 000 m
都 心 業 務 地 帯　400〜700 m
住商工混合地帯　500〜1 000 m
③ 土地区画整理事業地区における都市計画道路配置密度
（「都市計画のたて方」より）
既成市街地内事業地区　5.4 km/km^2
既成市街地周辺部事業地区　3.9 km/km^2
新 市 街 地 事 業 地 区　3.7 km/km^2
（単位：市街地面積あたり都市計画道路延長）

（注）道路延長には補助幹線道路の延長を含む．

道路網を構成する際に，都市全域の幹線道路網あるいは都市内の局所的道路網のいずれにおいても，経験的に得られたいくつかの網構成にパターン化して考えるのが普通である．これらの道路網構成は，放射環状型，格子型，梯子型，斜線型，複合型に分類でき，都市の幹線道路網の場合はそれぞれつぎのような特徴をもっている．

（a）**放射環状型**　大都市に多くみられ，歴史的にみると放射道路が先に整備され，都市の外延的発展につれて環状道路が整備された型で，同心円的発展のため都心部に交通が集中する．副都心の育成などにより，都心部の交通需要を分散させる必要がある．

（b）**格子型**　いわゆる碁盤目型で古代から存在し，計画的に開発された現代の大都市の中心部に多くみられる．都市の規模が大きくなると放射環状型と比較して交差点が多くなる傾向にあるが，簡明でわかりやすく，街区が矩形となり宅地その他の用途に利用しやすいという利点がある．

（c）梯子型　　格子型の変形で地形などの関係から都市の発展が制約されるような場合，つまり細長い都市形状となる場合にみられる．工業都市などの単機能都市に適する．梯子部に鉄道などを併設し，両側に海や山などの緑地を配置する都市にすれば，すぐれた交通利便性と居住環境を備えた理想的都市を実現できる利点がある．
（d）斜線型　　格子型に短絡する斜めの街路が組み合わされた型であるが，交差点が複雑な型になり，交通処理が困難になること，不整形の街区ができることなどに欠点がある．
（e）合成型　　放射環状型，格子型などの合成された型で，実際の都市で数多くみられる．また，大都市の場合，都心地区においては格子型，周辺部においては放射環状型という複合型が多くみられる．
（4）公共輸送機関網の基本パターン

公共輸送機関は一般に，ある程度以上の旅客がまとまって，ほぼ定期的に発生する場合に，特定の路線を設定して運行する．このような公共輸送機関の路線をそのサービス特性によって分類すると，都心部（CBD, central business district）内などの小さい地域での旅客の輸送を行う循環輸送システム，大量の旅客をまとめて高速に輸送するいわゆる幹線部分と旅客の発生地から幹線へ旅客を運んでくる支線，すなわちフィーダー輸送システムからなっている．これらの典型例を図示すると図5.2のように表すことができる．そして，循環輸送，フィーダー輸送，幹線輸送において用いるべき交通網構成，駅間隔，車両，運行間隔，などについて標準的な内容をまとめると表5.3のようになる．

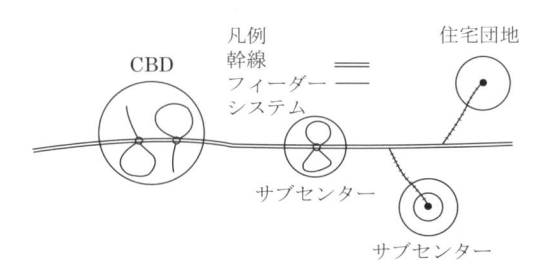

図 5.2　公共輸送網の基本パターン

5.2　交通サービスの供給水準

交通計画策定時に，鉄道，バスなどによって構成される公共輸送機関網と道路網をどの程度のサービス水準すなわち密度まで整備すればよいかが問題となる．道路密度については，5.1節で述べたように土地利用別に望ましい道路の間隔が経験的に明確

表 5.3 輸送網の機能分類とその特性[2]

	循環輸送システム	フィーダーシステム	幹　線
交　通　網	ループ，短距離のネットワーク	数 km の直線，曲線	5 km 以上の直線または曲線
駅　間　隔	0.40〜0.80 km	0.40〜0.80 km	0.80〜5.0 km
輸送サービス	定時またはデマンド運行	定時またはデマンド運行	定時運行
車　両　数	1両または数両	1両または数両	数両
車両の大きさ	小	中	大
輸　送　容　量	小	中	大
運　行　間　隔	3〜15 分間	3〜15 分間	5〜15 分間
サービス対象地域	高密度地域または小センター	高密度地域，大きなセンターあるいは低密度郊外地域	2 000 人/km^2 以上の地域

になっているので，この値を用いればよい．以下に公共輸送機関網の供給すべきサービス水準のきめ方について述べる．

(1) 公共輸送サービスの供給水準

一般に交通体系は，公共輸送機関と個人輸送機関から構成されるが，各地域においては，その地域の都市化の歴史，都市機能配置，および将来の都市構造のあり方などを考慮して，両輸送機関の適正分担関係および接続方式を明らかにし，その実現をめざして具体的な対策を実施すべきである．そして，地域における社会生活を営むために必要な公共輸送サービスの水準を社会活動の実態と輸送の効用と費用などの各方面から検討し，シビルミニマムとして供給すべき輸送サービス水準を決定すべきである．

たとえば，地域内のどこでも 15 分間歩けば，15 分間隔以内で運転されている公共輸送機関を利用できるようにするといった，公共交通サービス水準を設定することになる．なお，公共輸送サービスの費用負担については，わが国では高齢者用福祉パスを除いて利用者が負担することを原則としているが，今後は，諸外国で採用されている，一部の費用を公共的に負担する方式の導入が検討されるべきである．

(2) 輸送需要特性と輸送サービス

公共輸送機関には地下鉄，モノレール，新交通システム，LRT (light rail transit)，路面電車，バスなどがあり，輸送特性である速度，輸送単位，輸送容量，輸送距離，運行ひん度などを異にしている．これらのうちバス以外は軌道をもつ輸送機関で，その路線を自由に変更することはむずかしい．いずれの輸送機関も，輸送速度や容量を一度決定すると変えるのはむずかしい．しかし，バス輸送においては，輸送需要の空間分布の変動にある程度追随できるデマンドバス方式が考えられている．

デマンドバスは，利用者からの輸送需要の申込みが電話または専用装置でコントロールセンターに通知され，コントロールセンターは運行中のバスのルート変更あるいは必要なら新しい車両を配車することで，分散している輸送需要に効率よく対応する運行方式のバスである．さらに，個人的輸送手段である乗用車に近いタクシーおよび，米国などで利用されている小型バスともいえるバン型の車に乗り合い乗車を認めるバンプールや乗用車に便乗するカープールなどの輸送方式も考えられる．

交通計画においては，対象地域の交通需要の特性に応じて，これらのうちから最も適切な公共輸送機関を採用する必要がある．

5.3 交通施設の容量と経済性

交通施設として採用すべき交通手段を決定する際には各種の輸送特性を考慮する必要があるが，それらのうちでも特にその交通処理能力すなわち容量と同時に必要な費用つまり経済性を重視する必要がある．道路については，その規格，構造，幅員などによって容量と費用が異なってくるので，それぞれの地域に最も適した構造を採用すべきである．

また，公共輸送機関には多くの種類があり，容量と費用が異なっているので，交通需要の特性，量によって採用する交通機関の範囲をしぼり，つぎに経済性も考慮して，採用すべき手段を決定する．道路を含めた各種交通施設の容量と建設費を示すと表5.4のようになっている．この表の容量と建設費を参考にし，実際の地域の交通需要および地形などの実態に適合した交通網を構成すべきであるといえる．

5.4 交通施設の環境影響

交通施設の環境影響としては，鉄道や道路などによる沿道における騒音，振動，大気汚染，日照障害，地域分断，電波障害などがある．ここでは，交通施設のうち鉄道の環境影響について述べる．道路の環境影響については第14章に述べる．

（1）鉄道の環境影響

（a）沿道地域の環境影響　　鉄道は騒音，振動，電波障害，地域分断などの被害を沿道地域に及ぼす可能性があり，特に新幹線鉄道のこれらの被害が問題となっている．新幹線鉄道には騒音の環境基準と振動の勧告値が設定されている．

（b）騒音・振動に係わる環境基準　　新幹線鉄道の音源対策の努力目標は80 dBで，騒音に係わる環境基準は表5.5のようになっている．また，新幹線列車の走行に伴う振動の環境保全目標値は70 dB以下と設定されている．

表 5.4 各種交通機関の輸送容量および建設費等の特性[3)]

交通手段		速度[km/h]	輸送容量[人/h]	建設費[億円/km]	駅間隔[m]	摘要
徒　　　歩		4	12 000	—	—	3 列間隔 1m
自　転　車		12	4 000	—	—	2 列間隔 6m
オートバイ	市内道路	18	750	—	—	1 車 1 人乗 1 時間
	専用自動車道	36	1 800	—	—	
乗用車	市内道路	18	1 050	—	—	1 車 1.4 人乗
	専用自動車道	36	2 520	—	—	1 時間 750 台 1 時間 1 800 台
バス	市　　内	12	10 000		400 〜 600	80 人乗 30 秒間隔
	郊　　外	22	10 000		1 000 〜 2 000	80 人乗　〃
	基幹バス	20 〜 25	4 000 〜 7 000	2 〜 3	640	建設費は専用レーンの整備費と車両費
ガイドウェイバス		20 〜 30	4 000 〜 7 000	55.3	500 〜 800	
トロリーバス		12	10 000		400 〜 600	80 人乗 30 秒間隔
路面電車		12	12 000		500 〜 800	100 人乗 30 秒間隔
LRT		20 〜 50	18 000	10 〜 20	500 〜 800	
新交通システム（中量）		20 〜 40	5 000 〜 15 000	30 〜 60	500 〜 700	
高速鉄道	地下鉄	30 〜 50	4 〜 6 万	200 〜 300	800 〜 1 600	建設費は軌道，駅，車両などの費用を含む
	郊　　外	40 〜 55	5 万	100 〜 150	2 000 〜 4 000	
（注）		混雑時の平均速度，表定速度	幅員約 3m の通路の容量	2000 年における推定値		

表 5.5 新幹線鉄道騒音に係わる環境基準
(a) 新幹線鉄道騒音に係わる環境基準値

地域の類型	基準値（単位：dB）
I	70 以下
II	75 以下

（備考）
1. I を当てはめる地域はもっぱら住居の用に供される地域とし，II を当てはめる地域は I 以外の地域であって通常の生活を保全する必要がある地域とする．
2. 測定は，計量法（平成 4 年法律第 51 号）第 71 条の条件に合格した騒音計を用いて行うものとする．
3. 環境基準の適用時間は，午前 6 時から午後 12 時までの間とする．

(b) 新幹線鉄道騒音に係わる環境基準の達成目標期間

新幹線鉄道の沿線区域の区分		達成目標期間		
		既設新幹線鉄道に係る期間	工事中新幹線鉄道に係る期間	新設新幹線鉄道に係る期間
a	80 dB 以上の区域	3 年以内	開業時にただちに	開業時にただちに
b	75 dB を超え 80 dB 未満の区域 イ	7 年以内	開業時から 3 年以内	
	ロ	10 年以内		
c	70 dB を超え 75 dB 以下の区域	10 年以内	開業時から 5 年以内	

(c) 新幹線鉄道騒音・振動の対策　新幹線鉄道の騒音・振動の対策体系は図 5.3 のようにまとめることができる．

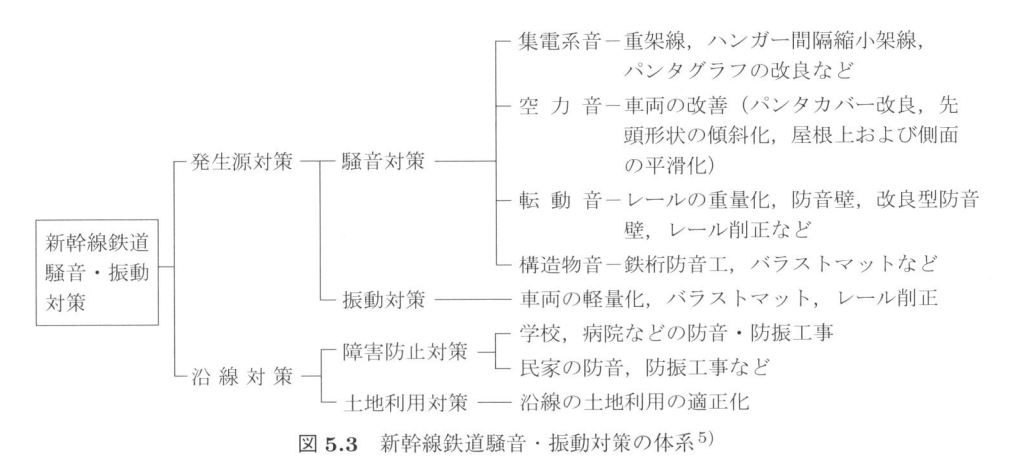

```
                                ┌ 集電系音 - 重架線，ハンガー間隔縮小架線，
                                │          パンタグラフの改良など
                                ├ 空 力 音 - 車両の改善（パンタカバー改良，先
                                │          頭形状の傾斜化，屋根上および側面
         ┌発生源対策 ─ 騒音対策 ┤          の平滑化）
         │                      ├ 転 動 音 - レールの重量化，防音壁，改良型防音
新幹線鉄道│                      │          壁，レール削正など
騒音・振動┤                      └ 構造物音 - 鉄桁防音工，バラストマットなど
対策     │            振動対策 ── 車両の軽量化，バラストマット，レール削正
         │            ┌ 障害防止対策 ┬ 学校，病院などの防音・防振工事
         └沿 線 対 策 ┤              └ 民家の防音，防振工事など
                      └ 土地利用対策 ── 沿線の土地利用の適正化
```

図 5.3　新幹線鉄道騒音・振動対策の体系[5]

■参考文献
1) 交通工学研究会：交通工学ハンドブック，交通計画，技報堂，1984.
2) Jason C. Yu : Transportation Engineering, Elsevier, 1982.
3) 加藤晃，河上省吾：都市計画概論，第 2 版，共立出版，1986.
4) 加藤三郎：鉄道公害問題の現況と課題，騒音制御，Vol.5, No.1, 1981-2.
5) 愛知県：平成 14 年版環境白書，愛知県，2002.

■演習問題

1. 交通計画策定地域の交通網代替案の作成法について説明しなさい．
2. 人口100〜300万人の都市圏における交通計画の基本的考え方および考慮すべき交通機関および施設について説明しなさい．
3. 公共輸送機関網の基本パターンについて説明しなさい．
4. 旅客輸送需要が与えられた場合，その特性によってどのような公共輸送サービスを提供すべきかを考えなさい．
5. 都市の土地利用別の道路計画の策定方法について考えなさい．
6. 都市における物資流動のための交通施設のあり方について考えなさい．

第6章

交通体系の評価法

6.1 交通体系の評価法の変遷

　わが国において1956年ごろまでは，交通計画における交通需要の予測は，自動車および鉄道といった交通手段別に行われており，交通手段ごとに計画を作成してそれらを重ね合わせるという集合的交通計画が中心で，各種交通手段を有機的に連絡させ，効率のよい交通体系をつくるという総合交通体系という考えはあまりなかった．

　そして，交通体系の評価は需要量を処理すること，所要時間を短縮することを中心に行われていた．

　1967年パーソントリップ調査の実施とともに，交通の主体である人の移動を各種交通手段を結合して効率よく処理するための，総合交通体系という考え方が生まれてきた．

　このころから交通手段の選択，特に自動車と公共輸送機関の間の選択に関する検討が活発に行われるようになり，所要時間以外の所要費用や交通手段の快適性や機動性，その他の要因，すなわち交通の質を交通計画の評価において考えなければならないことに注目するようになった．

　しかし，1973年のオイルショックのころまでは，都市への人口および経済活動の集中や，自動車保有台数の急激な増加などに伴う交通需要の急激な増加に対処するために，混雑解消を中心とした質より量の交通施設整備が行われてきた．

　1973年以降は人口移動の鈍化，経済の安定成長などによって交通需要量の増加がゆるやかになり，交通に対するニーズの多様化，環境面の重視といった交通に関する価値観の変化にともなって交通計画の評価指標としても容量や時間だけでなく，エネルギー消費効率，環境影響，安全性，快適性などの交通の質に関する要素を考慮するようになってきた．

　ここでは，このような変遷をたどってきた交通計画の評価方法について，評価主体別評価項目と各種評価の指標の評価の方法を中心に述べる．

6.2 交通計画の評価プロセス

交通は人びとが社会生活を営むために必要不可欠のものであり，各種都市施設が十分にその機能を発揮するための手段である．

そして，交通施設は，利用者に適切な交通サービスを効率よく，かつ公平に提供し，周辺の土地利用や都市構造を望ましい方向へ誘導するとともに周辺環境に悪影響を与えないように計画，整備され，また運営されなければならない．

交通計画の評価は，交通計画がその目標をどの程度達成しているかを，それに係わりのある人びとの立場から明らかにすることである．

交通計画の評価においては，図 6.1 に示すようにまず計画目標をいくつかの独立な評価項目に分解し，各評価項目におけるそれぞれの立場からの客観的評価を可能とするために具体的な評価指標（尺度）を設定してそれぞれの評価値を求める．

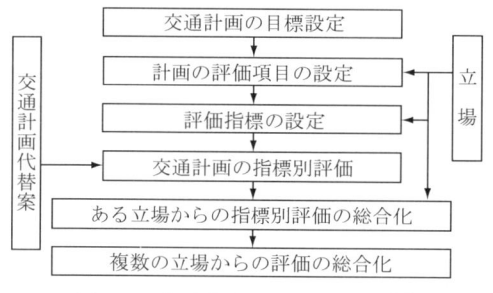

図 6.1 交通計画の評価プロセス[13]

評価指標は，交通計画の目標に基づいて計画代替案を適切に評価できるように，計画目標のあらゆる側面を説明でき，かつ評価項目間に重複がないように選定する必要がある．

つぎに交通計画を総合的に評価するためには，異なる評価指標の評価値を共通の尺度に変換し総合化する必要がある．

さらに，交通計画の評価は，交通施設に対する係わり方，すなわち評価主体の立場によって異なるので，運営者，利用者，沿線住民，地域社会・自治体，国家などといったそれぞれの立場からの評価を何らかの方法によって総合して最終的な判定を行わなければならない．

6.3 交通計画の評価主体と評価項目

ここでは，交通計画の評価主体を利用者，運営者，周辺住民，地域社会・自治体，国

家に分類し，それぞれの評価の視点について述べる．

（1） 利用者

交通施設のサービスを受ける主体で，各種交通機関の乗客および自動車や自転車の利用者や荷主などである．

利用者の観点からみた評価項目としては，交通の迅速性，低廉性，利便性，確実性，安全性，快適性，移動の自由性を確保する程度などがあげられる．

従来は迅速性，低廉性に評価の重点がおかれていたが，最近はそれ以外の確実性，快適性，移動の自由性などといった質的評価項目も考慮される傾向が強くなっている．

（2） 運営者

交通施設の建設や運営を行う公共機関や民間企業などである．

運営者の観点からみた評価項目としては，収益性（建設・維持管理費，補償費，運賃収入，運営経費），事業の施工難易度，運営の柔軟性（施設の拡張・縮小の自在性）などがあげられる．

（3） 周辺住民

交通施設の周辺に住み，交通施設の建設や交通サービスの変化による環境上の影響を直接受ける人びとである．

周辺住民の観点からみた評価項目としては，環境影響項目として騒音，振動，大気汚染，交通事故の危険性，日照，景観，電波障害，コミュニティ分断などがあり，このほかに交通利便性，地価に対する影響などがある．

（4） 地域社会・自治体

交通施設の整備による各種活動の立地条件の変化という形で，ある程度の時間遅れを伴って間接的な影響を受ける人びとや企業で，上記の周辺住民は除く．

地域社会の観点からみた評価項目としては，企業立地条件の変化，生産所得の変化，市場圏の拡大，観光開発，地価の変化，各種財やサービスへの需要効果などがあげられる．

（5） 国　家

(1)～(4)の内容を総合的にみる立場で，これらの主体は経済発展や地域格差の是正，税収などの観点から交通計画を評価する．

6.4　交通計画の評価主体別の評価方法

ここでは交通計画の評価主体別の評価方法について述べる．

（1） 利用者の観点からの評価方法

利用者の観点からの交通計画の評価を行う方法としては，低廉性，速達性などの各

評価項目の評価指標をそれぞれきめて，各指標の評価値を求め，それらを総合化する方法（後述の評価関数法など）も考えられるが，ここでは，経済学で用いられる消費者余剰の概念を利用した，交通サービスの利用者による総合的評価を把握するための方法を紹介する．

一般に，2地点間の交通は，交通による効用，便益が，交通に要する費用や時間その他の犠牲量（これを一般化費用とよぶことにする）を上回る場合に発生すると考えられる．

あるゾーン間の交通についてみると，図6.2のような交通需要関数を想定することができ，一般化費用がC_0の場合の利用者の便益は，次式(6.1)で求められる消費者余剰で表すことができると考えられる．

$$CS(C_0) = \int_0^{T_0} G(T)dT - C_0 T_0 \tag{6.1}$$

ここに，$G(\cdot)$：需要関数$D(\cdot)$の逆関数，T_0：交通量

この消費者余剰は，交通の総便益から交通に要する一般化費用の総和を引いたもので，利用者が実際に得る便益を表していると考えられる．したがって，交通計画の評価に際しては，この消費者余剰の値によって優劣を判定する．

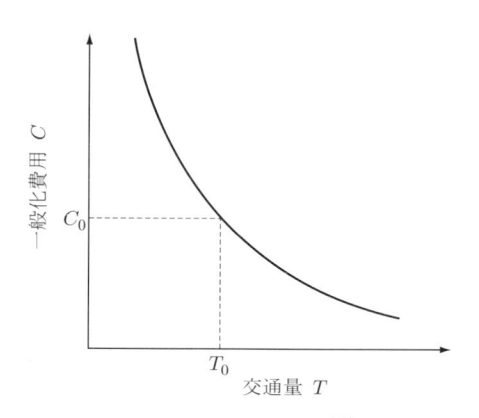

図 **6.2** 交通需要関数[13]

しかし，この方法を用いるためには，費用，所要時間，安全性，利便性，確実性などを総合的に評価して一般化費用を求める必要があり，また2地点間の交通機関のサービスを総合的に評価した需要関数を求めなければならないが，正確な需要関数を決定することはきわめて困難なことである．

なお，利用者の各交通手段に対する需要関数の一種として，交通手段の選択モデルを作成することがよくあるが，最近は，人々の個人属性や交通手段利用の習慣性など

もモデルに導入し，これらが交通手段の評価にどの程度影響しているかを明らかにすることができるようになってきている．

(2) 運営者の観点からの評価方法

運営者の評価項目のうち，最も重要視されている収入と支出額からきまる収益性は定量的に評価できるが，その他の項目の評価は定性的にしか行うことができないので，これらを総合化する場合には後述の意識調査を用いる方法などを使用する必要がある．

ここでは，収益性の評価方法を紹介する．

交通計画によって発生する収入と支出には，一般に時間的なずれがあるため，これを割引率によって調整する必要がある．

収益性の評価は，施設の耐用期間の収入と支出をすべて現在価値に変換する方法と毎年の平均価格に変換する方法とによって行われる．

交通計画を実施するための費用として支出されるものは，用地費，建設費，維持運営費などであり，収入として考えられるものは，運賃その他の営業収入がおもなものであるが，時間短縮効果の貨幣換算額，地価上昇や税収額などを考慮する場合もある．

運営者は主として投資効率という観点から交通計画を評価し，収入と支出額から，内部収益率，収入支出比，収支差，投資額の回収期間などによって計画の良否を判定する．

(3) 周辺住民の観点からの評価方法

周辺住民の観点から交通施設計画を評価する場合，環境影響項目のマイナス効果と交通利便性や地価などの上昇といったプラス効果を総合的に評価する必要があるが，従来は前者の環境影響を事前に評価するための環境アセスメント手法がおもに用いられてきた．

この環境アセスメント手法は，各項目別の影響を予測・評価するための方法と，各項目の評価を総合して代替案の総合評価を行うための方法に分類できる．

前者には計画案の実施による影響をできるだけ広範囲に考慮して，評価情報を影響内容と帰属主体まで含めて多面的に整理するステートメント法，チェックリスト法，マトリックス法などがあり，後者には効用関数を用いる社会的費用法，評価関数法などがある．

ここではわが国で用いられている環境影響評価法と評価関数法を中心に紹介する．

(a) 環境影響評価 環境影響評価（環境アセスメント，environmental assessment）は，交通施設の建設事業を実施する前に，その事業が周辺環境に及ぼす影響について十分調査・予測・評価を行うとともに，その結果を公表して地域住民などの意見も聴いて十分な公害防止などの対策を講じようとするものであり，環境汚染の未然防止のための重要かつ有効な手段である．

わが国における環境影響評価については，1984年8月に環境影響評価の実施要綱が閣議決定され，その中で環境影響評価の統一した手法が定められた．そして，現在は1997年6月に公布された環境影響評価法に基づいて行われている．

国のきめた環境影響評価制度における対象事業は，規模が大きく，環境にいちじるしい影響を及ぼすおそれのあるもので，国が実施するか免許などで関与する道路，鉄道，飛行場，発電所，ごみ焼却施設，埋立・干拓および面的な開発事業等20の事業となっている．また環境影響評価は，対象事業を実施しようとする事業者が行うこととされている．

交通施設等の環境影響評価は，図6.3のような手順で行う．

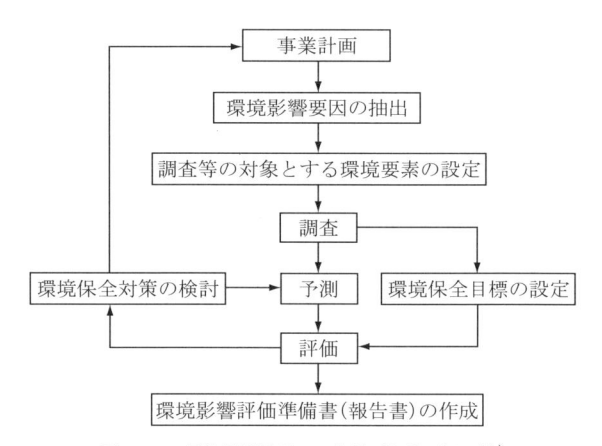

```
         ┌──────────────→ 事業計画
         │                    ↓
         │              環境影響要因の抽出
         │                    ↓
         │          調査等の対象とする環境要素の設定
         │                    ↓
         │                   調査
         │                    ↓
    環境保全対策の検討 → 予測 ← 環境保全目標の設定
         │                    ↓
         └──────────────    評価
                              ↓
               環境影響評価準備書（報告書）の作成
```

図 **6.3**　環境影響評価の実施手順概念図[11]

調査などの項目は，環境の要素として大気の汚染・水質の汚濁・土壌の汚染・騒音・振動・地盤の沈下，悪臭の七つの公害の防止にかかわる項目と，地下水，日照阻害，地形・地質，動物・植物および生態系・景観・野外レクリエーションの五つの自然環境の保全にかかわる項目および廃棄物，温室効果ガスなどであるが，必要に応じて地域分断，安全性，電波障害などを対象とすることもある．調査などを行う際の基本的な考え方は，公害の防止に係わる項目や地下水・日照阻害については極力定量的な予測を行うとともに，評価にあたっては環境基準などがその評価基準として用いられること，また自然環境の保全に係わる項目については，調査地域において重要と考えられる自然環境について，それぞれの重要さの程度に応じた保全水準を考慮し，これに基づいて評価を行うこととされている．

(b) 評価関数法　評価関数法では，住民の交通計画に対する総合評価値は，式(6.2)に示すように各評価項目の評価値の重み付き線形和によって表されると考える．

$$U = \sum_{i}^{n} w_i \cdot u_i(s_i) \tag{6.2}$$

ここに，U：総合評価値

$u_i(s_i)$：評価項目 i の水準 s_i に対する評価関数

w_i：評価項目 i の総合評価に占める相対的重要度

このとき，評価項目 i の水準 s_i に対する評価関数の求め方および相対的重要度 w_i の求め方において，いくつかの方法が開発されている．

① 評価関数の決定法　評価関数 $u_i(\cdot)$ の決定法には，専門家などに物理量と評価点の関係を直接質問する方法や，期待効用概念に基づく質問法を用いる方法と，複数の住民の意識反応を満足度あるいは不満度などの形で調査し，これに回帰分析を適用する方法などがある．

② 評価項目の相対的重要度の決定法　評価項目間の相対的重要度 w_i の決定法には，人びとの実際の選好行動結果のデータを収集し，多変量解析手法を適用する方法と，直接個人や集団の価値意識をアンケート調査によって聞く方法とがあるが，後者の方法が一般に用いられている．

価値意識を直接質問する方法にも，専門家に期待効用概念に基づく質問をして w_i を求める方法や多くの人々に直接評点法，一対比較法，順位法，トレードオフ法などを利用した質問をして w_i をきめる方法などが開発されている．

なお，順位法およびトレードオフ法は一対比較法を修正したもので，基本的な考え方は大きく変わらない．

以下にこれらの方法のうちで，最もすぐれていると考えられる一対比較法を用いて現状の交通施設の評価に関する w_i を決定する方法について述べる．

この場合には，まず対象地域を交通施設の各評価項目の水準がほぼ等しいゾーンに分割する．そして，住民および利用者に対して交通施設の評価に関するアンケート調査を行う．この際の質問は三つの部分からなり，第1に交通施設の利便性，安全性，快適性，経済性，環境に与える影響などに関する評価を聞き，第2に各評価項目間の比較をしてもらう．第3に回答者の社会経済特性についてたずねる．

そして，第1の部分の回答に基づいて各評価項目ごとの評価を行う．たとえば，回答者の満足度から $u_i(s_i)$ を決定することができる．質問の第2の部分では，人びとが毎日利用し体験している交通施設の各評価項目間の比較に関する質問をする．

人びとに各評価項目間でいずれが望ましい状態か，あるいはいずれをより改善してほしいかをたずねる．あるいは，人びとにとって望ましさまたはその逆の観点から各項目に順位をつけてもらう．この質問を分析することによって，実際の交通施設に関するある評価項目の評価が他の項目の評価より，良いあるいは悪いと判断している人

びとの比率を知ることができる．

いま，人びとのある評価項目の評価値 $E_i = w_i u_i(s_i)$ が正規分布すると仮定する．そして，項目 i の評価が項目 l のそれより良いと評価する人びとの比率を P とすると，$P_r\{E_i > E_l\} = P$ と考えることができる．

いま E_i, E_l の分布が平均値 μ_i, μ_l，分散 $\sigma_i{}^2, \sigma_l{}^2$ をもった正規分布と仮定できれば，図 6.4 のようになり，図 6.4 の記号を用いると次式を得る．

$$\mu_i - \mu_l = C_{il} \tag{6.3}$$

ここに，C_{il} は評価項目 i, l の評価値の平均値の心理尺度上の差を表す．

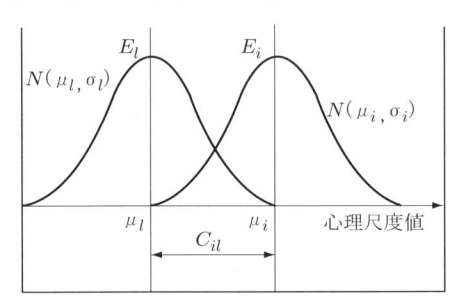

図 6.4 評価値 E_i の分布[13]

また，$E_i - E_l$ の分布は $N(\mu_i - \mu_l, \sigma_i{}^2 + \sigma_l{}^2)$ となるので，次式によって C_{il} の値を決定することができる．

$$\int_0^\infty \frac{1}{\sqrt{2\pi(\sigma_i{}^2 + \sigma_l{}^2)}} \exp\left\{\frac{-(x - C_{il})^2}{2(\sigma_i{}^2 + \sigma_l{}^2)}\right\} dx = \int_{-q}^\infty \frac{1}{\sqrt{2\pi}} \exp\left(\frac{-t^2}{2}\right) dt$$
$$= P \tag{6.4}$$

ここに，

$$q = \frac{C_{il}}{\sqrt{\sigma_i{}^2 + \sigma_l{}^2}} \tag{6.5}$$

式 (6.4) から C_{il} をきめるためには σ_i と σ_l がわかっていなければならない．

もし一般に $\sigma_i \fallingdotseq \sigma_l$ であるならば σ_i の値は不明でも，ここでは C_{il} の絶対値でなく相対値さえ得られればよいので，たとえば $\sigma_i = 1$ として C_{il} を求めればすべての C_{il} を $\sqrt{2}\sigma_i$ 単位として求めたことになる．

名古屋市の幹線街路周辺の調査結果によれば，評価値 E_i が等分散の正規分布をするという仮定はほぼ満足されていることがわかっている．

したがって，式 (6.3) から次式 (6.6) を得ることができる．

$$w_i u_i(s_i) - w_l u_l(s_l) = C_{il} \tag{6.6}$$

各ゾーンにおけるアンケート調査結果を式 (6.6) に適用し，最小二乗法を用いると w_i を求めることができる．

式 (6.6) において，各項目の評価の心理尺度値は各項目の効用 $u_i(s_i)$ と相対的重要度 w_i の積で表されているので，これらの式から得られる w_i の値は，交通施設を評価する人びとが体験している各項目の水準 $u_i(s_i)$ とは独立なものであると考えることができる．このことは本方法の適用例によってある程度裏づけられている．

（c）環境影響の貨幣換算法 環境影響を貨幣換算する方法の一つは，式 (6.2) における U を個人あるいは家計の効用関数と定義し，その構成要因の一つに所得を加えて上記 (b) と同様の分析を行い，最終的に求められた所得の相対的重要度 w_I で他の w_i を除した値 w_i/w_I が各要因（評価項目）の貨幣換算係数であることを利用して，環境影響その他の貨幣換算額を求めるものである．

以下に，住民意識調査に基づく交通施設による環境影響費用の推定法の一例を示す．

① 効用関数　世帯グループ k に関しての，一般消費活動と環境状態を総合的に考慮したときの効用関数は次式で表現されるものとする．

$$U_k = \sum_i w_i^k \cdot u_i^k + w_I^k \cdot I^k, \quad u_i^k = u_i^k(s_i^k) \tag{6.7}$$

ここに，U_k：総合的効用，$u_i^k, u_i^k(\cdot)$：環境影響項目 i の項目別効用値，項目別効用関数，I^k：所得，s_i^k：項目 i の客観的被害レベル，w_i^k：項目 i の限界効用，w_I^k：所得の限界効用

② 推定手順　式 (6.7) の両辺を w_I^k で除すと式 (6.8) の形になる．

$$U_k' = \sum_i w_i'^k \cdot u_i^k + I^k \tag{6.8}$$

すなわち，左辺の U_k' は貨幣尺度で表された総合的効用となり，右辺の $w_i'^k$ は環境項目 i の項目別効用値 u_i^k を貨幣換算するための係数となる．この係数を貨幣換算係数とよぶことにする．

本方法では，貨幣換算係数の推定のために，まず環境影響項目別の効用関数を求めておき，つぎにその結果から項目別効用値を用いて貨幣換算係数を推定するという手順をとる．

ここで項目別効用関数としては，アンケート調査から得られる各項目ごとの実態レベル別の不満率 F_i（環境影響の現状に関する 5 段階の満足度評価の質問において「不満」または「やや不満」と回答した人の割合）あるいは不満率を基にして得られる心理尺度 s_i をつらねたものを用いる．

つぎに，世帯 k の貨幣換算係数 $w_i'^k$ がその世帯と同一の属性を有する世帯についての平均的なものと，その世帯に固有の変動項とから構成されると考えれば，式 (6.9) の形となり，これを式 (6.8) に代入すれば式 (6.10) が得られる．

$$w_i'^k = \bar{w}_i^k + \varepsilon_i^k \tag{6.9}$$

$$U_k' = \sum_i \bar{w}_i^k \cdot u_i(\cdot) + I^k + \varepsilon^k \tag{6.10}$$

ここに，$\bar{w}_i^k$：世帯グループ k に共通の項目 i の貨幣換算係数の確定項，ε_i^k，ε^k：世帯に固有の貨幣換算係数の変動項，同じく効用の変動項

③ 仮想的住宅に対する価値意識に基づく貨幣換算係数の推定方法　これは，仮想的な住宅 A，B の選好に関する一対比較質問を基に貨幣換算係数を推定する方法である．

質問では，ある環境項目 i についてその環境レベル差が一定のままで家賃差が順次変化する，あるいは逆に家賃差が一定のままで環境レベル差が順次変化するよう住宅 A，B を設定し，各段階でいずれか好ましいほうを選択してもらう．

式 (6.10) より，住宅 A，B の効用は次式で表される（ただし，以降では効用を不効用の度合いで定義する．）．

$$\left. \begin{aligned} U_k^A &= \sum_i \bar{w}_i^k \cdot u_i(s_i^A) - (I^k - C^A) + \varepsilon_A^k \\ U_k^B &= \sum_i \bar{w}_i^k \cdot u_i(s_i^B) - (I^k - C^B) + \varepsilon_B^k \end{aligned} \right\} \tag{6.11}$$

ここに，C：家賃

住宅 A と B の効用差は，次式 (6.12) で与えられる．

$$\delta U_{AB}^k = \bar{w}_j^k \cdot (u_j^A - u_j^B) + (C^A - C^B) + \varepsilon_{Aj}^k - \varepsilon_{Bj}^k = \delta \bar{U}_{AB}^k + \varepsilon_{AB}^k \tag{6.12}$$

ここに，j は A，B 間でそのレベルが異なる項目を指す．

ここで，$\delta U_{AB}^k < 0$ なら，世帯 k は住宅 A を選択すると考えられるので，ε_{Aj}^k，ε_{Bj}^k が互いに独立で分散一定のガンベル分布をすると仮定すれば，その確率は次式で与えられる．

$$P_A^k = \frac{1}{1 + \exp\{\lambda \cdot \delta \bar{U}_{AB}^k\}} \tag{6.13}$$

ここに，λ：ガンベル分布の分散パラメータ

ゆえに，ここで既知としている $u_j^A - u_j^B$ と $C^A - C^B$，および各世帯の選択実績データを用いれば，最尤推定法によって式 (6.12) のパラメータ $\bar{w}_j^k$ の推定値を得るこ

とができる．

このほかの環境の貨幣評価法として，環境値を向上するために支払ってもよいと考える支払意思額や，悪化した環境に対して補償してもらうための補償額を直接被験者に質問する仮想的市場評価法（contingent valuation method, CVM）がある．

（4）地域社会，自治体の観点からの評価方法

地域社会，自治体の立場からの評価項目は前述のように，交通施設の建設，運営が地域の産業活動や社会活動に与える影響に関するものである．

このような評価指標に関する評価方法としては，各評価指標について個別的に影響を計測したものを集計するインパクトスタディ，土地利用効果を中心に計測する土地利用モデル，地域における経済活動に関する影響を総合的に把握する産業連関モデルおよび計量経済モデルによる方法などがある．

インパクトスタディでは交通施設の建設，運営に関して生じる経済的・社会的・環境的な諸影響を項目別にとりあげて計測するので，個々の影響が具体的にどの程度発生するかを明らかにできる．

この方法では，交通施設計画の実施による項目別影響を個別的に計測するので，個々の影響の帰属を明らかにできるという特徴をもつが，波及的な間接効果の測定が困難なことより，主として即時的な直接効果を重視しやすく，また項目別の効果の集計の段階で重複計算を行う可能性がある．

地域における経済的影響を総合的に把握する方法は，交通施設計画の実施による事業効果および利用効果を，その波及的な効果を含めて総合的に計測するための方法である．

この方法は，地域間産業連関分析法や，厚生経済学に基づく一般均衡理論モデルなどにより，一つの財やサービスの生産あるいは消費が，他の財やサービスの生産・消費に及ぼす波及的な効果を定量的に把握し，交通施設計画の実施による輸送条件の変化が地域における経済的指標に及ぼす影響を評価する．

これによって，地域経済の特性を明らかにでき，さらに地域や産業の相互間の財貨の流動パターンを把握できる．

交通計画の評価は上述の方法を用いて，交通計画を実施した場合と実施しない場合の各項目別評価値および総合評価値を比較することによって行う．

6.5　交通計画の総合評価法

交通計画の総合評価を行うためには，いろいろの立場からの評価を総合化する必要がある．この異なる立場からの評価の総合化のための決定的な方法は開発されていないが，現在以下のような方法が用いられている．

(1) 費用便益分析

これは，交通施設の利用者，運営者，周辺住民，地域社会，自治体，国家などのそれぞれの評価主体ごとの費用と便益をそれぞれ総和して，両者の差・比などによって交通計画の総合的評価を行う方法である．この方法では貨幣換算の容易な評価項目を中心に取り扱うことになる．

(2) 費用便益分析へ社会・環境評価を組み込む方法

これには，交通計画に関係する社会・環境項目の評価を貨幣換算して費用便益分析に組み込む方法と，社会・環境評価面である水準を確保することを制約条件にして，費用便益分析を行う方法とがあるが，後者は次項 (3) の方法に近いものである．

(3) 費用便益分析と環境アセスメントを併用する方法

これは，貨幣換算の容易な評価項目によって費用便益分析を行うと同時に，社会・環境項目に関する評価をいわゆる環境アセスメントとして行い，その過程の中に住民参加を組み込むなどして政治的決定過程も含めて交通計画代替案を評価し，採択案を決定する方法である．

この方法が，現在の交通計画の評価に最も広く採用されているといえる．

なお，収集された多面的な評価情報を意志決定者にわかりやすく提供する方法としてマトリックスやグラフなどの形に整理する方法が開発されている．

(4) 費用便益分析と社会・環境評価から代替案の序列化を行う方法

これは，費用便益や社会・環境に関する評価情報を収集・整理して評価主体ごとに交通計画代替案の順位づけを行い，総合評価は意志決定者に任せる方法である．

この方法においても総合評価による決定を行うためには，前項 (3) の場合と同様に住民の投票などといった政治的決定過程を用いなければならないといえよう．

(5) 複数の主体別評価の総合化のあり方

上述のように，各主体別評価の総合化の方法としては，現在主体別評価情報を整理し，それに基づいて外国で採用されている住民投票などのような政治的決定過程にゆだねる方法が多く採用されているが，一つのめざすべき方向は，各主体の交通計画に対する満足度の総和の最大化と各主体間の満足度格差総和の最小化との調和を考慮しつつ，満足度総和の最大化をもたらす交通計画代替案が最適であると評価することといえる．

そして，すべての主体のどの階層の満足度も一定の水準以上であることも望ましい評価基準の一つである．

■参考文献

1) 戸田常一：交通施設計画の総合評価とその応用に関する研究, 京都大学学位論文,

1980.
2) 御巫清泰，森杉寿芳：新体系土木工学49 社会資本と公共投資，技報堂出版，pp. 201-174, 1981.
3) 河上省吾：都市内交通施設計画の評価手法による一試案，第1回土木計画学研究発表会講演集，土木学会，pp. 210-216, 1979.
4) N. Aoshima and S. Kawakami: Weighting of Factors in Environmental Evaluation, Journal of the Urban Planning and Development Division. ASCE. Vol. 105, No. UP 2, pp. 119-128, 1979.
5) S. Kawakami: A Method of evaluating urban transportation planning, Traffic, transportation and urban planning, George Godwin, London, pp. 183-190, 1981.
6) 河上省吾：交通計画の評価及びバスレーンの設置基準に関する一考察，第3回土木計画学研究発表会講演集，pp. 72-77, 1981.
7) 河上省吾，広畠康裕，山内正照，風岡嘉光：交通施設による環境影響費用の計測に関する研究，第17回日本都市計画学会学術研究発表会論文集，pp. 379-384, 1982.
8) 河上省吾，広畠康裕，熊谷栄吉：交通関連居住環境に対する住民の評価構造の分析，第18回日本都市計画学会学術研究発表会論文集，pp. 475-480, 1983.
9) 河上省吾，広畠康裕：利用者の主観的評価を考慮した非集計交通手段選択モデル，土木学会論文集，No. 353/IV-2, pp. 83-92, 1985.
10) S. Kawakami, Y. Hirobata and Y. Kazaoka: Empirical Study on the Estimation of Environmental Damage Costs by Traffic Facilities Using Questionnaire for Residents, 9 th Pacific Regional Science Conference, 1985.
11) 瀬田信哉：環境アセスメントの現状と将来の方向，環境庁，土木学会誌，1986年9月号 pp. 6-8, 1986.
12) 加藤三郎：鉄道公害問題の現況と課題，環境庁，騒音制御，Vol. 5, No. 1, pp. 3-5, 1981.
13) 河上省吾：交通計画の新しい評価方法，国際交通安全学会誌，Vol. 11, No. 4, pp. 26-32, 1985.

■演習問題
1. 交通計画の評価プロセスについて説明しなさい．
2. 交通計画の評価主体別評価項目を列挙しなさい．
3. 交通計画の利用者の観点からの評価方法を説明しなさい．
4. 交通計画の運営者の観点からの評価方法を説明しなさい．
5. 環境影響評価の実施手順を説明しなさい．
6. 交通計画の総合評価法について，実用されている方法とそのあり方について説明しなさい．

第7章

公共輸送システムの計画

　ここでは，都市内の公共輸送システムを取り上げ，都市高速鉄道，バス輸送，新交通システムなどの各交通機関の計画およびこれらを組み合わせた総合交通体系の計画について述べる．

7.1 都市高速鉄道

　都市高速鉄道は，都市交通体系の幹線輸送施設として利用され，1時間1車線輸送能力は24 000～50 000人で，時速25～55 km/hであるが，その建設費はきわめて高く，場所と構造形式によって変わるが地下鉄1 kmあたりの建設費は150～250億円であり，施設の経済的効率性から，ある程度以上の規模の都市でなければ建設することはできない．

(1) 都市高速鉄道と市街地形成

　交通施設の配置と都市形成との間には，密接かつ複雑な相互関係があるが，都市高速鉄道はその結接点に商業および業務施設を集中させる機能をもち，都市高速鉄道網の構成が都心の中心化，発展に大きな影響をもつ．さらに，都市高速鉄道は都市機能の分散を図る機能を有する．したがって，都市高速鉄道網計画においては，これらの諸機能を考慮して，望ましい都市形態に誘導するよう留意しなければならない．

　また，都市高速鉄道は，沿線開発によって都市周辺部にフィンガー状の住宅市街地をつくりだしてきた．この機能を積極的に利用するのが，鉄道建設と住宅団地開発を組み合わせたニュータウン開発方式である．

(2) 都市高速鉄道網の構成

　都市高速鉄道網を構成する場合に考慮すべき基本的事項をまとめると，以下のようである．

　① 都心を貫通すること．
　② 住宅地と都心との最短経路を選ぶこと．
　③ 幹線街路を通過すること．
　④ 副都心・衛星都心を通過すること．

⑤ 都心から放射状に配置すること．
⑥ 乗り換え地点を多くするとともに，なるべく1回の乗り換えで目的地に到達できるようにすること．
⑦ 両端で幹線あるいは郊外鉄道に連絡すること．
⑧ 将来の都市の発展に対応すること．

これらの各項目は，いずれも都市高速鉄道が輸送需要に対応し，旅客の便宜を図ることと，望ましい都市形成を図ることを目的としている．

都市高速鉄道網は，地形ならびに都市の発展形態によって左右されるが，これまでに考案された模型的な鉄道網の代表例を示せば，図 7.1 のようである．

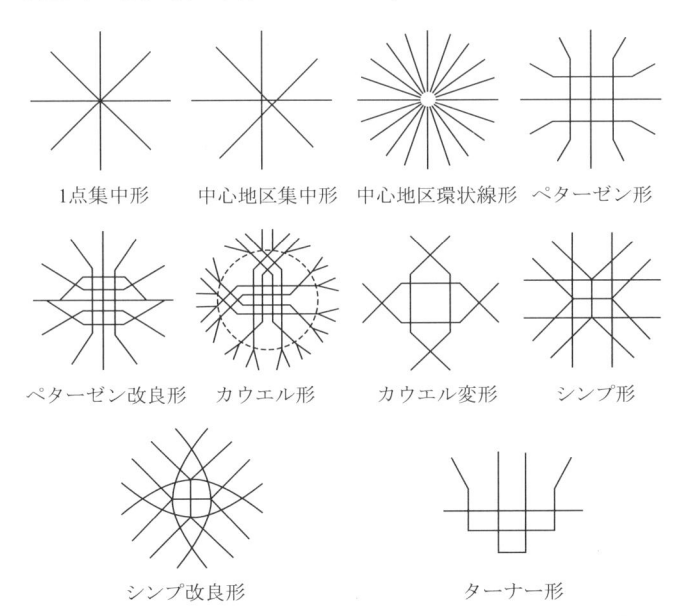

図 7.1　都市高速鉄道網の形式（武居著「都市計画」より）[1]

（3）　都市高速鉄道の構造

鉄道の軌道構造としては高架式，堀割式，地下式があるが，この順に建設費は高くなり，一般に郊外部で高架式を採用し，市街地で堀割式および地下式を採用する．

また車両構造は，矩形断面が多いが，トンネルの形状との関係で上部が円形のものもある．そして，車内の座席の配置形式としては，ロングシート方式とクロスシート方式がある．

7.2 バス輸送

(1) 路面交通機関の必要性

都市における路面公共交通機関は，バスおよび路面電車であり，広義の公共交通機関にはタクシーが加えられる．第5章で述べたように，都市高速鉄道は比較的長距離の線的な大量交通需要の輸送に適するが，鉄道がその機能を十分に発揮するためにはその駅と周辺地域との間の端末公共交通機関を必要とする．また，都心部では，交通需要が集中しているため，面的な循環輸送サービスを必要とする．

このように鉄道端末輸送にみられるような短距離輸送および都心部の面的輸送サービスのための公共交通機関としては路面交通機関が適しており，現在バスが利用されている．また，市街地および郊外部で，都市高速鉄道が効率的観点から設置できないような交通需要しかないような地域における公共交通機関としても，路面交通機関であるバスが最も適しているといえよう．このように，都市内においてはそれぞれの都市施設がその機能を発揮し，都市活動を行うためには，路面交通機関による輸送サービスを必要とすることがわかる．

(2) バス輸送網構成

バス路線網の計画においては，その路線が，都市高速鉄道の端末輸送機関（フィーダーサービス，feeder service）である場合は，鉄道駅を中心に放射状の網構成などによって，鉄道沿線の鉄道駅への交通需要に対処すべきである．また，都心部での面的輸送のためには，比較的密な格子状などのネットワークの路線網を構成すべきであろう．さらに，郊外部などの交通需要の比較的少ない地域の交通機関としての路線網では，交通需要に適合したネットワークを構成すべきであるが，バス停留所の駅勢圏の半径は 500〜800 m と考えられるので，あらかじめ設定された都市内での交通サービス水準（たとえば，都市内のどこでも15分間歩けば，15分間隔以内で運転されている，鉄道あるいはバスを利用できることなど）を満足するような路線網を構成すべきである．

多くのバス路線の集中する地点では，旅客の他路線，他輸送機関への乗り換えの便を図ると同時に，バスの運行操車の便宜のためバスターミナルを設置する．都市内の自動車交通の増加による交通渋滞により，バス輸送がその機能を発揮できないような場合には，道路容量を検討したうえで街路の1車線をバス専用レーンとして利用することを考えるべきである．特にバスによる公共輸送サービスを確保するためには，バス専用レーンのネットワーク化を図る必要がある．また，バスが路側の停留所へ停車する際，後続の自動車交通に与える影響を少なくするために，路側を切り込むバスベ

イも考慮すべきである．バス専用レーンによるバス輸送の一つが名古屋市で実施されている基幹バスで，バス専用レーンを路側あるいは道路中央部に設置し，運転間隔1.5分ぐらいまでの高密度輸送を行う幹線的バス輸送システムである．

(3) トランジットモール

都心部や住宅地において公共交通機関の利便性向上，自動車乗り入れ規制のために，バス専用レーン上の路線バスや路面電車と歩行者のみの通行を許す歩行者道路をトランジットモールとよぶ．このような公共交通サービスのある歩行者用道路は，都心部の買い物客の利便性向上と自動車交通流入による環境悪化を防ぎ，都心部の再生を図るために導入されることが多い．

7.3 新交通システム

新交通システムは，既存交通体系を補完し，従来の交通体系でカバーしきれていない交通需要に対する輸送サービスを行うために，技術革新により開発されたシステムで，交通事故・交通公害などのマイナス要因が少なく，かつ自動化による運行の効率化が図られ，施設の建設・管理費が安い交通機関である．

これらのシステムを，対象とする交通需要の量・質および走行路の形態によって分類し，それぞれの基本概念，特色，適用範囲などを示すと表7.1にようになる．これらは，短距離輸送，中距離輸送用が中心で，数十人および数人乗りの車両を用いる中量，少量輸送および，ベルトによる連続的輸送システムなどからなる．これらの新交通システムのうちでは，中量新交通システムとモノレールが多く実用化されており，デマンドバスも一部で用いられている．また，空港内では動く歩道が多く用いられている．

7.4 総合交通体系

ある地域における交通需要はその空間的分布，交通目的，発生時刻などの交通特性分布などにおいてきわめて多様化しており，このような交通需要を効率的に処理するためには交通需要主体の好みと各種交通機関のもつ速度，容量，便利，快適，正確，安全，低廉などの諸特性を合理的に対応させた複合交通機関からなる総合交通体系を構成する必要がある．総合交通体系の構成においては，交通機関間の望ましい分担関係の確立，交通需要の誘導・調節，国土計画・都市計画などとの整合性，経済性，効率性，安全性，環境保全，運賃・料金体系，輸送サービス利用の公平性などの観点から望ましいシステムのあり方を明確にする必要がある．

総合交通体系の計画においては，道路を利用する各種自動車・二輪車類や，鉄道をはじめとする各種公共輸送機関の中からその地域に適合する交通手段を選択・採用し，

表 7.1 新交通システムの分類[2)]

区分		基本概念	特色,利点	適用範囲
連続輸送システム	動く歩道形式	動く歩道またはエスカレータタイプのものを高速化したシステムまたはそれにカプセルを乗せた形式のシステム	① 連続輸送で待ち時間が少ないため,短距離トリップではアクセス時間を考慮すると最も速い ② 連続輸送により大量輸送が可能である	○短距離大量連続輸送に適する ○幹線交通手段のサービス向上のための補完手段 〔適用場所〕 ○路線の異なる高速鉄道駅間,高密度再開発地区など ○大規模空港におけるターミナルと公共輸送機関駅または大規模駐車場間など
	カプセル形式			
軌道輸送システム	中量軌道輸送システム	数十人の乗合制車両が専用軌道をコンピュータコントロールで走行するシステム	① 車両の小型軽量化により建設費を安価にする ② コンピュータの活用により省力化を図り,完全自動化・無人化が可能になる.また労働力の不足に対処できる ③ 輸送需要の変動に対応したフリークェントサービス運行が可能である ④ 電力駆動により排気ガスおよびゴムタイヤ使用により騒音などの公害を防止する	○輸送密度が高い路面電車またはバスに代替する ○在来鉄道と路面バスの中間の需要に対応 〔適用場所〕 ニュータウン 地方中核都市 大都市環状ルート
	個別軌道輸送システム	数人乗りの個別車両が方眼ネットワーク専用軌道をコンピュータコントロールで走行するシステム	① 自動車のもつ利便性などの質の高いサービスを提供する ② 個々の車両の完全制御を行う ③ 電力駆動により排気ガスおよびゴムタイヤ使用により騒音などの公害を防止する	○既存都市へ導入する場合は,経済性の確保がむずかしく,当面新都市型の交通機関として位置づけられよう
無軌道輸送システム	呼び出しバスシステム	ある一定地域内で乗客のデマンドに対応して走行するバスシステム	① 自動車のドアツードアに近いサービスを提供する ② 既存交通手段の改良型で,大規模な都市構造の変革,投資を必要としない ③ 需要に対応した運行をすることが可能である	○在来鉄道に対するフィーダーサービスおよび地域内サービスで利用可能 〔適用場所〕 過疎地域 ニュータウンなど
	シティーカーシステム	コンピュータの自動車管理システムを導入し,小型自動車を公共的に利用させようとするレンタカーシステム	① 都市構造の大幅な変革,固定施設に巨額な資金を必要としない,自動車交通の混雑問題に対処する ② 一定地域内で運行すれば,交通空間の効率的利用が可能 ③ 自動車に近いサービスを提供する	○都心部の業務交通のような面的交通に適する 〔適用場所〕 都心部 実例:電気自動車の共同利用
複合輸送システム	—	自動車の現在の一般道路走行機能と専用通行帯における自動車運転機能の両者をもたせるシステム(デュアルモードシステム)	① 乗り換えなしの一貫輸送,ドアツードア性の確保 ② 専用通行路では,制御された運行により交通容量の増加,事故・公害などの減少	〔適用場所〕 当面は2地点間の輸送が考えられる たとえば都心部と郊外間 実例:ガイドウェイバス

それらを適切に組み合わせることによって交通施設の有機的連携を図り，現在と将来の社会に的確に対応できる合理的な交通体系を構成すべきである．

ここでは，公共輸送機関の総合交通体系の構成方法およびその中で重要な役割をもつターミナル施設について述べる．

(1) 公共交通機関の段階構成

交通需要は空間的に分布しており，また年月の推移とともに同一地域の交通需要も増減するので，採用する公共交通施設を交通需要の量の増加にともなって，一般バス，基幹バス，中量新交通システム，鉄道，と段階的に変えてゆくことによって合理的な交通体系を構成する必要がある．

(2) ライド・アンド・ライド・システム

バス路線と鉄道網をうまく結合して，都市交通体系を構成する方法の一つとして，大阪市の総合交通体系を構成する基本的考え方として導入されたライド・アンド・ライド・システムがある．このシステムは，対象都市域を数十個のゾーンに分割し，各ゾーンにおいてはゾーン内の要所を弾力的にくまなく巡回するゾーンバスを運行する．これらのゾーン相互間については，各ゾーンの拠点ターミナルを結ぶ地下鉄・幹線バスや，新交通システムなどの幹線的な公共交通網で結合して全市域に有機的・総合的な交通システムをつくろうとするものである．

このシステムのねらいは，交通渋滞や駐車難などの都心部における自動車の不便さに比較して，より迅速で便利な公共交通システムを提供し，それにより公共交通機関を乗り継ぐことによって市域のどこへでも，快適・迅速に行くことのできる交通形態を実現することである．このためには，ゾーン間の幹線交通を受けもつ地下鉄・幹線バス・新交通システムのネットワークの整備をはじめ，各ゾーンにおいてゾーンバスのきめ細い運行サービスを確保するほか，拠点ターミナルの整備と乗り継ぎに伴う料金制度の検討が必要である．

(3) パーク・アンド・ライド，キス・アンド・ライド

公共交通体系の一部に乗用車を組み込む方式，すなわち乗用車と鉄道を乗り継ぐ交通システムとして，パーク・アンド・ライドとキス・アンド・ライドの2方式がある．Park-and-ride（P&Rと略す）とは，自宅から最寄りの鉄道駅まで自分で自家用車を運転し，鉄道駅周辺に車を駐車して鉄道に乗り継ぎ，都心へ向かう交通の形態である．

またKiss-and-ride（K&Rと略す）は，最寄りの鉄道まで自家用車で誰かに送ってもらって鉄道に乗り継ぎ，都心へ向かうことをいう．大都市の郊外に住む人びとが都心の事業所まで自家用車で通勤するには，途中の道路における交通渋滞や，都心における駐車難などのため，非常に不便である．

そこで，P&RとK&Rはいずれも自宅から最寄りの駅までは自家用車に乗り，そ

こからは大量高速の鉄道の利点を活かしたいわゆる"結合輸送"の一種である．P&R方式を導入するためには，鉄道駅周辺に駐車場を確保する必要がある．自動車の都心部への流入の抑制のためにはこれらの方式の活用が望ましいといえる．

なお，公共交通体系の機能を十分発揮させるためには，前述の運輸連合方式などを導入することによって，適切な運営・管理を行い，自家用車を中心とする私的交通機関に十分対抗できるような輸送サービスを提供する必要がある．

（4） ターミナル施設

（a） ターミナル施設の機能　　鉄道・道路・航路・航空路において路線の端末機能および途中での乗り換え，積み換えを行う機能をもつ施設をターミナル施設と称する．したがって，ターミナル施設には鉄道駅・バスおよびトラックターミナル・港湾・空港などがある．

ターミナルは，走行してきた輸送機関についていえば一つの到達地点であり，輸送される旅客，貨物についていえば，乗り換え・積み換えの行われる施設であるので，ターミナル施設は，輸送機関の進入・離脱・停止を，安全・迅速・円滑に行わせ，かつ旅客・貨物の乗り換え・待合せ・荷役・荷さばき・保管などを安全・迅速・円滑に行う機能を備える必要がある．また，ターミナルにおいては，輸送機関を停止させるための施設を何単位設置するかを，輸送機関の利用頻度と施設に要する費用，周辺の土地利用などを考慮して決定すべきである．

さらに，ターミナルに，旅客輸送ターミナルの場合はホテルや会議施設および工業団地，住宅団地などを併設したり，貨物輸送ターミナルには工業団地，流通企業団地などを併設している場合がある．

（b） 鉄道駅前広場　　駅前広場は，鉄道駅の前面に接して設けられる広場で，鉄道交通と道路交通の接続を効率的にするために設置されるものである．駅前広場を経由して輸送されるのは人と物であるが，街路計画上問題となるのは人の交通を中心とした駅前広場である．駅前広場の機能は，駅前における自動車・バス・二輪車，歩行者などの各種交通の錯綜を防ぎ，鉄道と道路交通の接続を円滑にし，交通の利便性を向上させることと，都市の玄関として，代表的な都市景観を形成し，都市の象徴的な広場を構成することである．駅前広場を，主要街路の接続の仕方と駅舎の関係から分類するとつぎのようになる．それぞれの場合を図 7.2 に示す．

① 直交型　　街路が駅舎前面へ直角に接続する型で，小規模な駅前広場に比較的多く見られる．

② 平行型　　街路が駅舎前面と平行に接続する型で，交通処理は円滑であるが，街路に通過交通が多い場合，平行型 II 型は適当でない．

③ 複合型　　直交型と平行型との複合型で，大規模な駅前広場に多く，通過交通

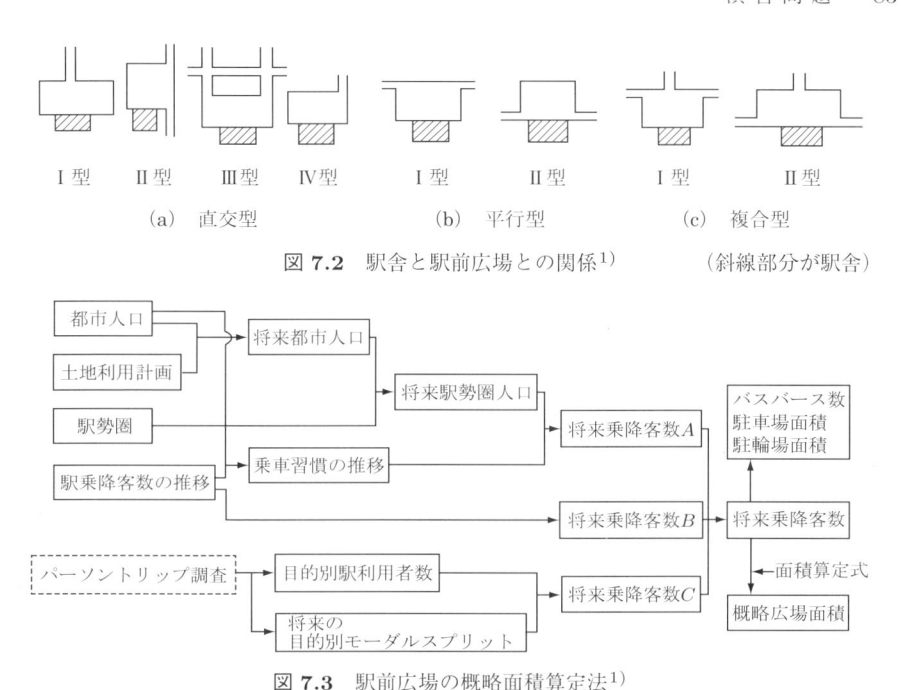

図 7.2 駅舎と駅前広場との関係[1]　　（斜線部分が駅舎）

(a) 直交型　I型　II型　III型　IV型
(b) 平行型　I型　II型
(c) 複合型　I型　II型

図 7.3 駅前広場の概略面積算定法[1]

が入ると交通処理が困難となる．

駅前広場の設計手順は図 7.3 に示すとおりで，交通需要の予測に基づき，経験式により概略面積を算定し，バスバース，駐車場，駐輪場，歩行者，車の通路などの各種施設の必要面積の算定とそれらの配置設計を行う．

■参考文献
1) 加藤晃，河上省吾：都市計画概論，第 2 版，共立出版，1986.
2) 馬場直俊：新交通システムの制度と現状，交通工学増刊号，1985.
3) 交通工学研究会：交通工学に関する調査・研究報告概要集，1981.

■演習問題
1. 都市高速鉄道の都市交通体系と都市計画における役割について説明しなさい．
2. 都市交通体系におけるバス輸送の果たす役割について説明しなさい．
3. 都市における総合交通体系の構築において，考えなければならないことを列挙しなさい．
4. 都市におけるターミナル施設の立地場所の選定方法について考えなさい．
5. 公共交通施設における乗り継ぎ利便性を向上させるための方策について述べなさい．

第8章

道 路 交 通

8.1 道路交通の構成要素

道路交通は人間（運転者），車両（自動車）および道路（道路環境）の3要素から構成される，いわば人間—機械—環境系の典型的システムである．人間はこの道路交通システムの中心的役割を果たしており，道路およびそれを取り巻く環境から，さまざまな刺激や情報を受けながら車両の操作を行う．しかしながら，人間—機械—環境系の中で人間は最も信頼性が低いといわれ，たとえば交通事故の責任の多くは運転者である人間に帰される．このような道路交通の主体としての人間の特性は，医学，生理学，心理学などの分野の研究の協力を得なければならない．

つぎに車両特に自動車は，その寸法，構造および走行性能が道路構造設計に直接関係するほか，人間によって操作されて動くわけであるから，機械工学や電子工学に加え，人間工学的研究の協力が必要となる．

一方，道路環境は，地形，天候などの自然条件と，道路の幾何構造，線形，交通状況，交通規制や制御などの人為的条件に分けられる．最近は道路交通の環境に与える影響が大きくなって社会問題化してくると，道路環境をさらに広い範囲の環境としてとらえていく必要がある．たとえば，自動車交通による大気汚染，騒音，振動などの交通公害問題は，道路環境を生活環境の一部としてみることの必要性を示しており，また自動車が地球温暖化効果ガスである二酸化炭素の主要な排出源であることに注目すれば，地球環境的視野で道路交通を考える必要性がある．

一方，自動車の普及に伴う公共交通の衰退は，地域の交通を総合的に体系づけることの必要性を示しており，都市計画や交通計画，さらには社会学や経済学の協力を必要とする．さらに，近年の情報通信技術の急速な発展と普及は，従来の道路交通を大きく変えようとしており，人と車と道路を一つのシステムととらえ，知能化しようとする ITS (Intelligent Transport Systems) の技術体系が順次実用化されてきており，情報通信技術が道路交通を構成する第4番目の要素と位置づけられるようになってきている．以上のように交通工学は多くの関連分野の協力に基づく総合工学と位置づけられる（図 8.1）．

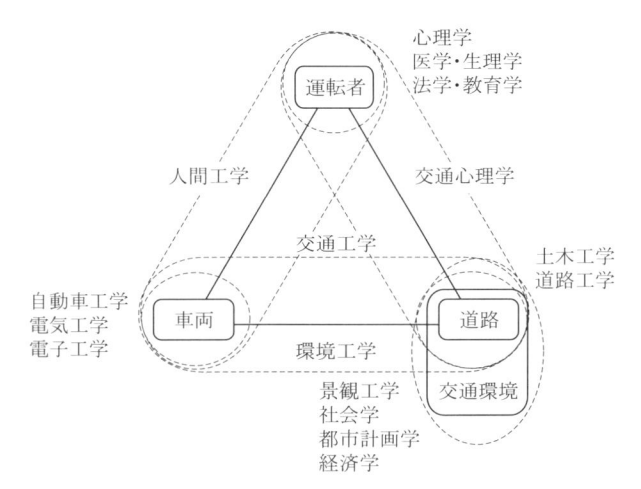

図 8.1 道路交通と関連する学問分野

8.2 自動車の普及

わが国では国民所得水準の向上に伴って，1960年代から自動車の普及が急速に進んだ．その後の自動車保有台数の伸びはすさまじく，特に1960年代から1970年代にかけては，毎年ほぼ20%前後の増加率をみせた．最近では自動車の普及がほぼ一巡したことから，保有台数の伸び率も鈍化してきている．2002年12月末のわが国の二輪車を除く自動車の保有台数は7399万台であり，全世界の自動車保有台数の約1割を占める自動車大国となっている．

わが国の自動車（四輪車）保有台数の推移を車種別にみると表8.1に示すとおりであり，乗用車が全保有台数の過半数を上回った1970年以降，マイカーを中心とした本格的なモータリゼーションの時代を迎え，いまや乗用車の全保有台数に占める割合は

表 8.1 自動車保有台数の推移

（各年3月末現在）

年度	自動車保有台数							乗用車1台あたり人口 [人/台]
	乗用車類			貨物車類			計	
	乗用車	バス	小 計	貨物車	特種(殊)車	小 計		
1930	40 819	17 522	58 341	33 394	587	33 981	92 332	1 579
1940	52 110	22 394	74 504	127 981	4 102	132 083	206 587	1 380
1950	48 309	19 958	68 267	277 008	12 653	289 661	357 928	1 741
1960	493 470	57 740	551 210	1 673 033	74 252	1 747 285	2 289 495	191
1970	9 104 593	190 066	9 294 695	8 518 592	351 661	8 870 253	18 164 912	11.5
1980	23 646 119	229 429	23 875 548	13 245 891	794 025	14 039 916	37 915 464	5.0
1990	32 937 813	242 295	33 180 108	20 943 844	1 154 624	22 098 468	55 278 576	3.8
2000	51 222 129	235 725	51 457 854	18 424 997	1 706 840	20 131 831	71 589 691	2.5

（国土交通省総合政策局の統計資料より作成）

およそ72％に達している．自動車の普及率を主要先進国と比較すると表8.2に示すとおりである．このうち自動車（四輪車）保有台数の多い米国，日本，ドイツ，およびイタリアの4か国で世界全体のおよそ50％を保有している．

　一方，わが国の自動車の運転免許保有者は，2002年12月末現在7653万人に達した．これは運転免許適齢人口（18歳以上人口）の約70％に相当する．これを年齢別にみたのが図8.2である．

表 8.2　主要国の自動車保有台数と普及率

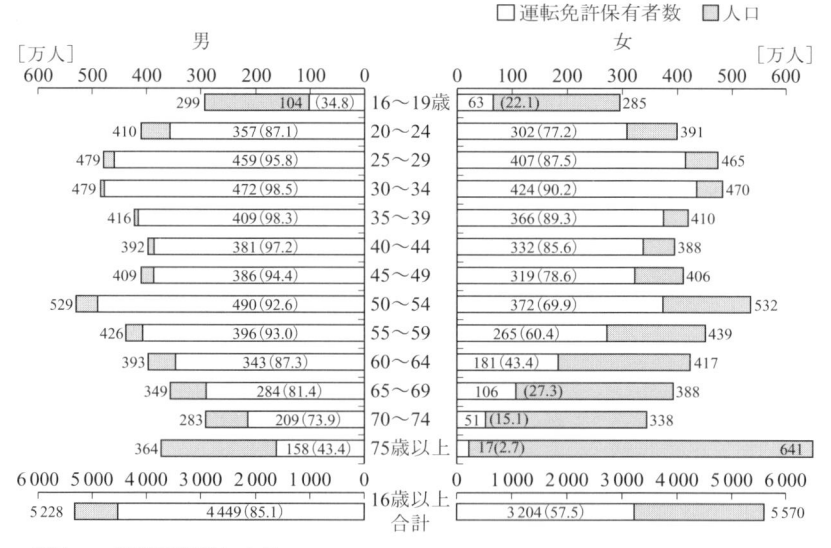

国名	保有台数（2000年末，千台）		乗用車のシェア[%]	乗用車普及率[人/台]	自動車普及率[人/台]
	乗用車	全車			
日本	52 437	72 649	72.2	2.4	1.7
アメリカ	133 621	221 474	60.3	2.1	1.2
イギリス	27 960	31 423	89.0	2.1	1.9
ドイツ	43 773	47 306	92.5	1.9	1.7
フランス	28 060	33 813	83.0	2.1	1.7
イタリア	32 584	36 165	98.4	1.8	1.6

年齢	男 人口	男 運転免許保有者数（%）	女 運転免許保有者数（%）	女 人口
16～19歳	299	104 (34.8)	63 (22.1)	285
20～24	410	357 (87.1)	302 (77.2)	391
25～29	479	459 (95.8)	407 (87.5)	465
30～34	479	472 (98.5)	424 (90.2)	470
35～39	416	409 (98.3)	366 (89.3)	410
40～44	392	381 (97.2)	332 (85.6)	388
45～49	409	386 (94.4)	319 (78.6)	406
50～54	529	490 (92.6)	372 (69.9)	532
55～59	426	396 (93.0)	265 (60.4)	439
60～64	393	343 (87.3)	181 (43.4)	417
65～69	349	284 (81.4)	106 (27.3)	388
70～74	283	209 (73.9)	51 (15.1)	338
75歳以上	364	158 (43.4)	17 (2.7)	641
16歳以上 合計	5 228	4 449 (85.1)	3 204 (57.5)	5 570

（注）1．警察庁資料による．
　　　2．人口は，2002年10月1日現在総務省推計人口による．ただし，単位未満は四捨五入しているため，合計と内訳が一致しないことがある．
　　　3．（　）は，当該年齢層人口に占める運転免許保有者数の割合（％）である．

図 8.2　年齢別・男女別運転免許保有状況（2002年12月末現在）

8.3 道路交通の現状

モータリゼーションの進展は国民生活，経済活動に大きな変化をもたらした．いま国内の旅行輸送および貨物輸送における交通機関別輸送量とその分担率の推移をみると，図8.3および図8.4に示すとおりである．自動車による輸送分担率は着実に増加を続けており，2000年度には旅客においては輸送人員では74.2%，輸送人キロで67.0%，また貨物においては輸送トン数で90.6%，輸送トンキロで54.2%を占めている．

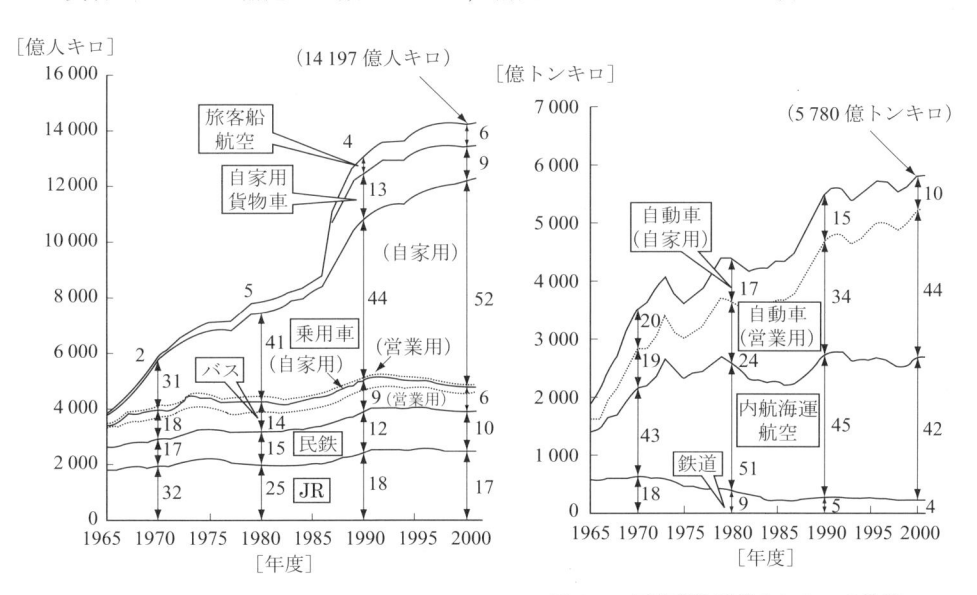

図8.3　国内旅客輸送人キロの推移
(注) 1986年以前は軽自動車を含まず，またJRは国鉄

図8.4　国内貨物輸送トンキロの推移
(注) 1986年以前は軽自動車を含まず

このような旅客・貨物輸送の増加に伴い，道路交通需要量も増加しており，これを年間自動車走行台キロ（軽自動車分を除く）についてみると，1965年度の822億台キロから2000年度は9629億台キロへと35年間に11.7倍の伸びを示している．自動車は従来から短距離輸送の大部分を分担してきたが，高速道路の整備が全国的に進むにつれて，中長距離輸送においてもしだいにそのシェアを高めている．

このように今日においては，道路交通は国民の日常生活や経済活動を支える基幹的な役割を果たしているが，一方では，慢性的な交通渋滞，交通事故の多発，交通公害による環境悪化などの社会問題を引き起こしており，その抜本的な解決が望まれている．

8.4 道路整備の状況

わが国の本格的な道路整備は，1952年の道路行政の基本法となる「道路法」の全面改正と，有料道路制度の創設となる「旧道路整備特別措置法」，および，1953年の道路特定財源制度の創設となる「道路整備費の財源等に関する臨時措置法」の制定化に始まるといってよい．

すなわち，わが国の戦後の道路整備は道路特定財源制度と有料道路制度の2大制度のもとに進められてきた．道路特定財源制度は道路整備を目的とした目的税で，具体的には揮発油税，自動車重量税，石油ガス税，地方道路贈与税，自動車取得税，軽油取引税などである．一方，有料道路制度は財政投融資や公営企業債，縁故債などによって建設費を調達し，供用後利用者から通行料金を徴収して償還する制度である．道路整備財源として一般財源からも相当量支出されている．これは道路整備によって広く国民全体が利益を享受しているとの理由に拠っている．

わが国の道路整備は1954年に第1次道路整備五か年計画がスタートし今日に至っている（表8.3）．また高速自動車国道などの有料道路の建設，管理を行う機関として1956年に日本道路公団が，1959年に首都高速道路公団が，1962年に阪神高速道路公団が，1970年に本州四国連絡橋公団がそれぞれ設立された．そのほか1970年に成立した地方道路公社法によって，名古屋高速道路公社をはじめ，各地に地方道路公社が設立された．

表8.3 五か年計画の主要課題

計画名	主要課題
第1次 （1954〜58） 2600億円	1. 道路種別では国道特に一級国道 2. 事業区別では橋梁の整備を第一，舗装新設を第二
第2次 （1958〜62） 1兆円	1. 名神（小牧〜西宮）の1962年度完成 2. 一級国道は1965年度までに全路線概成 3. 国土を縦断，横断する国道改善の促進，首都高速，積雪寒冷特別地域（雪寒）
第3次 （1961〜65） 2兆1000億円	1. 一級国道は1965年度全路線概成 2. 二級国道は1972年度全路線概成 3. 名神の完成，オリンピック関連道路，踏切対策，雪寒
第4次 （1964〜68） 4兆1000億円	1. 一級国道は1968年度概成 2. 二級国道は1972年度概成 3. 一般有料，大阪天理線，東京高崎線，東京外かんなどの着手

第 5 次 (1967〜71) 6兆6000億円	1.	重要な高速自動車国道網および一般国道網ならびに都市およびその周辺における道路
	2.	交通安全，雪寒，奥地等産業開発道路（奥産）に特に配意
第 6 次 (1970〜74) 10兆3500億円	1.	高速自動車国道等の基幹的な道路，都市周辺の幹線道路，市街化区域内の道路および生活基盤としての道路
	2.	交通安全，雪寒，奥産に特に配意
第 7 次 (1973〜77) 19兆5000億円	1.	高速道路を始めとする国道網，地方道，国道の環状バイパス
	2.	自転車道，歩行者専用道，レクリエーション道路
	3.	東京外かん，東京湾岸などの環状道路，市街地再開発
第 8 次 (1978〜82) 28兆5000億円	1.	安全，生活基盤，生活環境，国土の発展基盤，維持管理の充実
	2.	全国幹線道路網，生活基盤の強化・生活環境の改善に資する地域道路網，道路整備が特に遅れている特定地域の道路網
第 9 次 (1983〜87) (38兆2000億円)	1.	安全，生活基盤，生活環境，国土の発展基盤，維持管理の充実
	2.	災害に強い安全な道路，効率的な地域道路網，バイパス・環状道路，高規格な幹線道路，維持管理の充実
第 10 次 (1988〜92) 53兆円	1.	高規格幹線道路網による交流ネットワーク強化
	2.	地方都市の環状道路や大都市圏の自動車専用道，地域の骨格幹線整備
	3.	テクノポリスなどのプロジェクトの支援による地域交流を促進
	4.	ボトルネック対策，沿道環境創出
第 11 次 (1993〜97) 76兆円	1.	高規格幹線道路と一体となって地域の連携を強化する地域高規格道路の着手など，集積圏の形成による活力ある地域づくり
	2.	総合的な渋滞対策や駐車対策，情報サービスの高度化などによるくらしの利便性向上
	3.	交通安全対策の推進，災害への信頼性の確保などによるくらしの安全性向上
	4.	歩行者・自転車のための空間整備，沿道と連携した景観整備
	5.	地球温暖化の防止，自然環境との調和，良好な生活環境の保全・形成
新道路整備 五か年計画 (1998〜02) 78兆円	1.	効果的・効率的な社会，生活，経済の諸活動の展開への要請を受け，社会的公共空間機能や交通機能など，道路のもつ多様な機能の再構築の必要性の高まり
	2.	ゆとり志向と生活重視のニーズの高まりを受け，車中心の視点から人の視点にたった道路整備への要請の高まり
	3.	地域により異なるニーズの顕在化や国民ニーズの多様化を踏まえ，社会的効果により投資を判断する時代への対応
	4.	物流効率化，市街地整備，渋滞解消，環境保全，国土保全等国民の要請に対する対応

（国土交通省ホームページ資料をもとに加筆）

道路の整備は，原則として当該道路の道路管理者が行う．道路法によれば道路の種類を高速自動車国道，一般国道，都道府県道，および市町村道の四つに分けており，表8.4に示すように道路管理者を定めている．道路管理の内容は道路の新設，改築，災害復旧，維持修繕などであり，管理に必要な費用負担は，道路の種別ごとに国と地方の負担割合を細かく定めている．近年は第三セクター方式やPFI（Private Financial Initiative）のような民間活力を利用した道路整備手法も取り入れられている．

表8.4　道路管理者

道路の種類	道路管理者
高速自動車国道	国土交通大臣
一般国道（指定区間内）	国土交通大臣
〃　（　〃　外）	都道府県知事または指定市の長
都道府県道	都道府県または指定市
市町村道	市町村

■参考文献
1) 国土交通省：国土交通白書，2003.
2) 内閣府：交通安全白書，2003.

■演習問題
1. わが国を例にモータリゼーションの進展に伴って派生する社会問題について述べなさい．
2. わが国の道路整備の制度について述べなさい．

第9章

道路交通流の特性

9.1 道路交通流の表現

(1) 時間距離図

道路上を走行する各車の動きを表現する方法として時間距離図（time-space diagram）がある．これは図9.1に示すように，横軸に時間，縦軸に道路の進行方向に沿った距離をとり，対象とする道路区間を走行する各車の走行軌跡を描いたものである．この時間距離図を用いることにより，車の動きを時空間上で表現することができ，また交通流のさまざまな特性を読み取ることができる．

(2) 道路交通流の特性の観測方法

道路上を走行する車の観測方法として，道路上の固定されたある地点において単位時間内の交通流を観測する地点観測と，ある瞬間における単位道路区間内の交通流を観測する区間観測，および試験車による移動観測があげられる．

(a) 地点観測 図9.1において，地点 s を通過する個々の車の動きを単位時間 T にわたって観測するもので，観測する位置が固定されていることから，車両感知器（vehicle detector）や人手による観測が比較的容易に行える．なお車両感知器には，超音波を利用した超音波式，赤外線を用いた光学式，および路面に埋め込んだループコイルに生じる磁場の変化から感知するループコイル式などがある．地点観測から得られる情報量として，交通量および交通流率，時間速度および時間平均速度，時間オキュパンシー，車頭時間などがある．

(b) 区間観測 図9.1において，ある時刻 t に単位区間 x に存在する個々の車の動きを観測するもので，具体的には高い建物上などの高所からの写真撮影や航空写真を用いる．区間観測から得られる情報量としては，空間速度および空間平均速度，交通密度，空間オキュパンシー，車頭間隔，車長などがある．

(c) 移動観測 試験車を何回か観測区間を走行させて移動観測するもので，その代表例として試験走行（floating test）がある．この方法は試験車が他の車を追い越した回数と，追い越された回数が同じになるように走行して観測する方法で，平均交通量，平均走行時間や遅れ，平均走行速度などが観測できる．

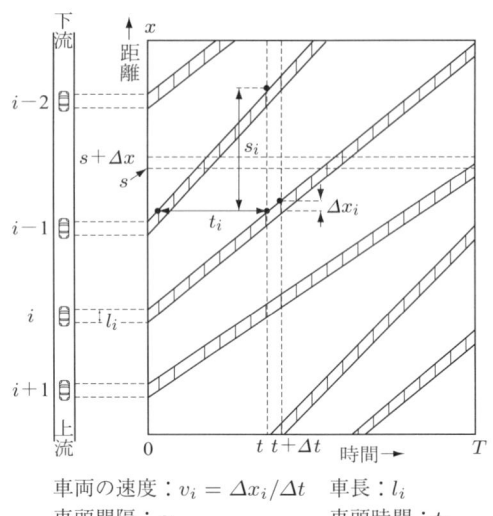

車両の速度：$v_i = \Delta x_i / \Delta t$　　車長：l_i
車頭間隔：s_i　　車頭時間：t_i

図 **9.1**　時間距離図

9.2　交　通　量

(1) 交通量の定義

交通量（traffic volume）とは「道路の一断面を単位時間に通過する車の台数」をいい，一般には二方向合計交通量として表されるが，必要に応じて方向別，車線別，車種別に表される．交通量は道路の利用状況を示す量的指標の代表的なものである．たとえば，単位時間として 1 時間を考えると，これを時間交通量とよび，その単位は［台/時］で表される．

このほか単位時間のとり方によって，5 分間交通量，15 分間交通量，あるいは日交通量などが定義できる．特に午前 7 時から午後 7 時までの 12 時間を計測単位にとった交通量を昼間 12 時間交通量とよび，定期的な交通量観測の計測単位として広く用いられている．このように単位時間のとり方は，必要とする交通情報の精度やその用途によってきまる．

たとえば，交通信号の表示企画のための設計交通量や道路交通騒音の予測には，一般的に時間交通量が用いられ，一方道路設計のための計画交通量としては，年平均日交通量（annual average daily traffic；AADT）が用いられる．また，1 時間未満の短い時間単位で計測された交通量を，1 時間交通量に換算したものを交通流率（rate of flow）とよんで区別している．

(2) 交通量の時間的変動

道路上の交通量は，時間的にも場所的にも一様ではなく変動しており，またその変動パターンは，路線の性格，地域特性，気象条件などによって異なる．このような交通量の変動特性を知ることは，道路計画，道路交通運用計画などの立案にあたってきわめて重要である．ここではまず交通量の時間的変動特性について述べる．一般に交通量の時間変動は，経年変動，季節（月）変動，曜日変動，24 時間変動，および短時間変動に分けられるが，このうち季節変動，曜日変動，24 時間変動には周期性がみられる．

(a) 経年変動　交通量の経年変化を表すもので，従来は経済成長や車の保有台数の増加に伴って増加傾向を示す道路が一般的であったが，近年は景気変動の影響を受けやすいほか，交通量が道路の容量に近い状況で利用されている場合には，横ばい傾向を示す．

(b) 季節（月）変動　1 年間の月別の交通量の変動を示すもので，通常ある月の平均日交通量の AADT に対する比率（月間係数）を用いて表される．月別変動パターンは路線の性格や地域特性によって異なる．図 9.2 は，いくつかのタイプ別の月変動を示したものである[1]．

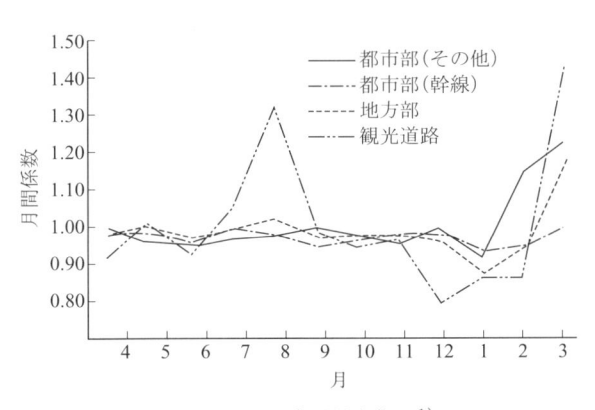

図 9.2　月別交通量変化図[1]

(c) 曜日変動　1 週間中の曜日による交通量の変動を示すもので，通常ある曜日の日交通量の週平均日交通量に対する比率（曜日係数）を用いて表される．曜日変動のおもなパターンとしては，観光道路のように週末の交通量が平日よりも多くなる U 字型タイプ，都市部の道路のように週末の交通量が平日より少なくなる逆 U 字型タイプなどが代表的なものである．図 9.3 に，いくつかのタイプ別の曜日変動を示す[2]．

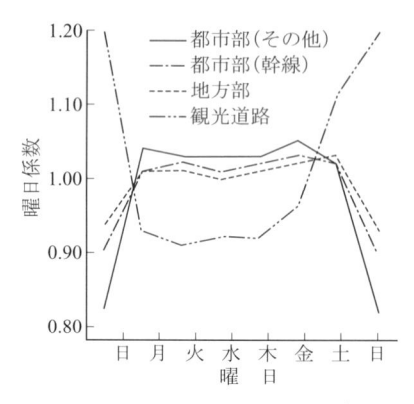

図 9.3 曜日別交通量変化図[1]

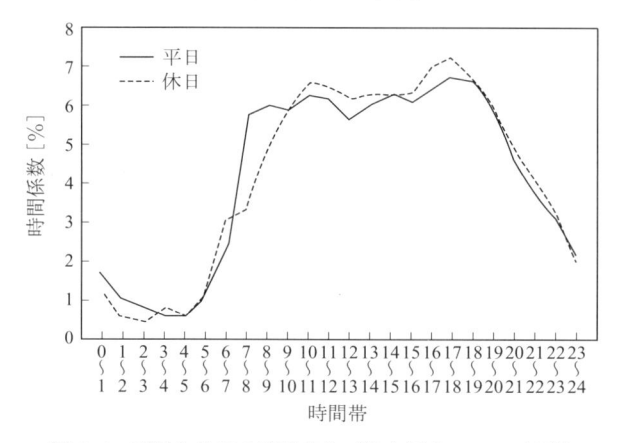

図 9.4 平日と休日の時間分布（名古屋市，1979 年度）

(d) **24 時間変動**　1 日 24 時間中の時間交通量の変動を表し，通常ある時間帯の時間交通量の日交通量に対する百分率（時間係数）を用いて表される．その変動パターンは朝夕 2 回のピークをもつものが一般的であるが，平日と休日ではその変動パターンが異なる．図 9.4 は，名古屋市内の道路での例を示したものである[3]．

　1 日のうちの特定時間帯の交通量の集中度を示す指標として，ピーク率と昼夜率が用いられる．ピーク率は「ピーク時間交通量の日交通量または昼間 12 時間交通量に対する百分率」で定義される．ピーク率は一般に日交通量に対して 6～10% 程度の値をとるが，通過交通の占める割合の高い幹線道路や都市部の道路で低く，地方部の道路で高くなる傾向がある．一方，昼夜率は「日交通量の昼間 12 時間交通量に対する比率」と定義され，一般に 1.2～1.8 程度の値をとるが，路線の性格や地域特性としては，おおむねピーク率と逆の関係にある．

(e) **短時間変動** 高速道路や信号交差点などの特定の道路区間の設計や交通運用計画において，ピーク時間内のさらに短い時間変動を知ることが必要となる．この場合には1分間，5分間または15分間交通量が用いられる．このような1時間未満の時間変動を短時間変動といい，交通信号などの影響を除けば，一般には確率的な変動を示すと考えてよい．米国の Highway Capacity Manual（以下 HCM と略す）[4]では，ピーク時間中の短時間変動特性を表す指標として，ピーク時係数（peak hour factor；PHF）を用いている．これは一般に

$$\text{PHF} = \frac{\text{ピーク時間交通量}}{(60/a) \times \text{ピーク } a \text{ 分間交通量}}$$

によって定義され，通常 a として15分がとられる．このピーク時係数は $0 \leqq \text{PHF} \leqq 1$ の範囲の値をもち，その値が1に近いほど時間変動が小さく，交通流が時間的に均等化していることを示している．

(f) **年交通量順位図** ある道路断面で1年間を通じて得られる時間交通量を大きいものから順に並べ，これを横軸にとり，一方縦軸に各時間交通量の AADT に対する百分率をとって図示したものを年交通量順位図とよぶ．図9.5は，路線の地域別にみた年交通量順位図の平均パターンを示しているが[5]，いずれも30〜50番目付近で曲線の勾配が急に変わり，それより右側は左側に比べてゆるやかに減少する傾向がみられる．

そこで上位から30番目にあたる30番目時間交通量（30th highest annual hourly volume）が，従来から伝統的に道路計画における設計時間交通量として用いられてきた．30番目時間交通量が設計時間交通量として採用される理由として，都市部におい

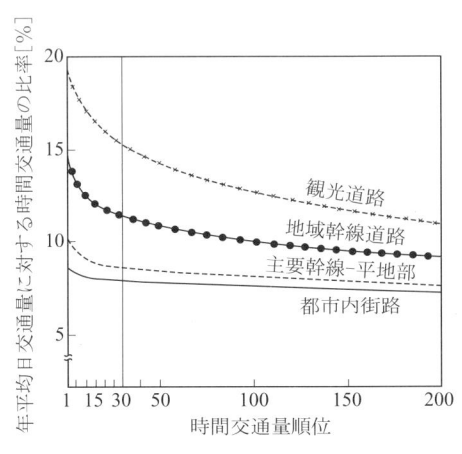

図 9.5 年交通量順位図
（1980年度建設省交通量常時観測結果より）

ては1週間のうちの週日最大時間交通量の，地方部においては1週間のうちの週末最大時間交通量の年間平均値が，それぞれ30番目時間交通量に相当することがあげられる．なお30番目時間交通量を設計時間交通量とする場合，年間を通じて29時間は設計値を上回ることを意味する．

30番目時間交通量のAADTに対する百分率を一般にK値とよぶ．K値の一般的な傾向として，都市部の道路のようにAADTが多く，幹線道路としての性格の強い道路ではK値が小さく，地方部の道路および観光地の道路のように季節的変動の大きい路線でK値が大きくなる．K値は一般に7～20％の範囲の値をとり，また経年的にも多少変化することがわかっている．

(3) 交通量の空間的分布

交通量の空間的分布特性として，上下二方向別および車線別の交通量分布があげられる．

(a) 方向別分布 道路の交通量は時間帯によって上下各方向必ずしも同じではない．このような方向別の交通量の差異を表す指標として重方向率が用いられる．重方向率は一般に「重方向時間交通量の往復合計時間交通量に対する比率」で定義され，その値（百分率）をD値とよぶ．30番目時間交通量に相当するときの重方向率は，都市部で55％程度，地方部でやや高く55～60％程度といわれている．この重方向率は道路計画における車線数決定の際に必要となる．

(b) 車線別分布 多車線道路における交通量の車線別の利用分布は，道路構造や交通量，車種構成や沿道環境などによって変化する．たとえば図9.6は，片側3車線の高速道路における各車線利用率と交通量の関係を示したものであり[6]，交通量が少ないときは第2，第1車線（いずれも走行車線）が多く利用されるが，交通量が増えてくると，むしろ第3車線（追い越し車線）のほうが多くなるという逆転現象が現れている．

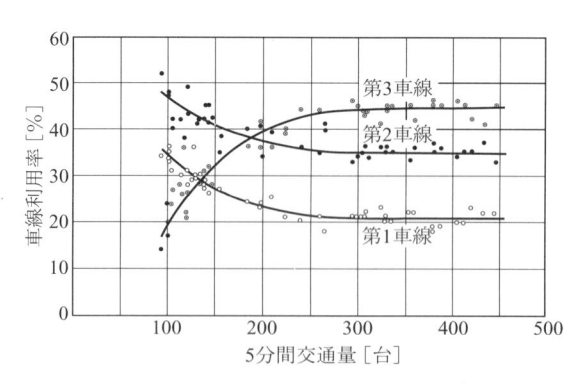

図 **9.6** 交通量と車線利用率の関係[6]

(4) 交通量の車種構成

道路交通流の特性は，交通流を構成する車種構成によって変化するので，車種別の交通量を調べることも必要である．車種分類は行政上の分類も法律によって多少違いがあり，また調査目的によっても分類方法が異なってくる．

表 9.1 は全国道路交通情勢調査の一環として実施される一般交通量調査における標準的な車種分類を示したものであり，交通容量を検討したり，道路舗装厚の設計などには，大型車（普通貨物車，バス，特殊用途車および大型特殊自動車）の混入率が重要な指標となる．大型車類は通過交通の多い幹線道路で多い．また自動車類は乗用車類と貨物車類に大別されることがあり，乗用車類は観光道路や都市内道路でその割合が高くなる．図 9.7 は，一般道路における車種構成の経年変化を示したものである[7]．

表 9.1 車 種 分 類

種 別			摘 要
歩 行 者			乳母車を含む
二輪車類	自 転 車		動力付以外は自転車類とする．リヤカーなどを引く自転車は 1 台として数える．
	自 動 二 輪 車		小型二輪自動車，軽二輪自動車および原動機付自転車とし，乗用および貨物車の後車付，または側車付二輪車類を含む．リヤカーなどを引く二輪車は 1 台として数える．
自 動 車 類	乗用車類	軽 乗 用	軽自動車類番号を有する乗用の四輪車とする（頭番号 8）
		乗 用	乗用四輪車（頭番号 3 および 5）および乗用三輪車（頭番号 7）とする．
		乗 合	トレーラーバスおよびローリーバスを含む（頭番号 2）
	貨物車類	軽 貨 物	軽自動車頭番号を有する貨物用三輪車（頭番号 3）および貨物用 4 輪車（頭番号 6）とする．
		小 型 貨 物	小型四輪貨物自動車（頭番号 4），小型三輪貨物自動車（頭番号 6）とし，貨物用の後車付自動車を含む．ただし貨客車を除く．
		貨 客	小型四輪貨物自動車（頭番号 4）でライトバン，ワゴン，ピックアップ型式などのもののうち座席が 2 列以上あるものとする．
		普 通 貨 物	普通貨物自動車（頭番号 1）とする．
		特殊車類（特種用途車および特殊車）	霊柩車，消防自動車，撒水車，コンクリートミキサー車，放送宣伝車，けん引自動車などの特種用途車（頭番号 8）および特殊車（頭番号 9 および 0）とする．

（注）外国人専用車については各車種に応じて観測する．乗用車は型に応じておのおの車種に含める．

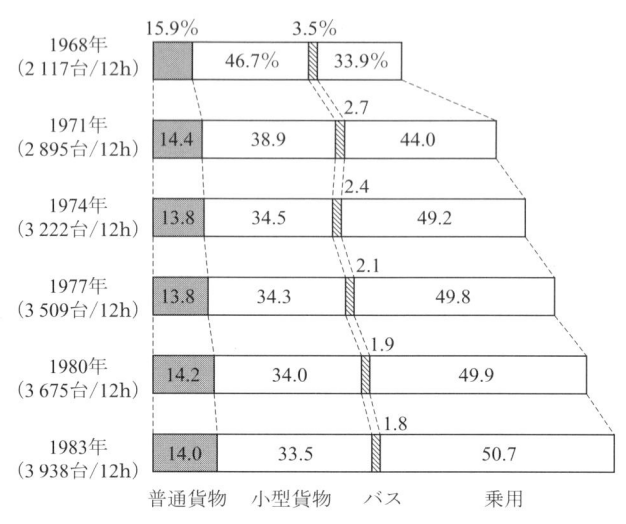

図 **9.7** 平均交通量の車種構成（一般道路）[7]

9.3 速　　　度

(1) 速度の種類

　道路のサービス水準を表す質的指標として速度（speed）がある．車の速度は運転者の個人属性（性別，年齢，運転暦など），車両（車種，車齢，出力など），道路状態（道路構造，線形，車線数，沿道状況，信号交差点数など），交通状態（交通量，交通密度，速度規制，車種構成，屈折車両数など），および環境（時間帯，天候，季節など）によって影響される．交通工学の分野ではその使用目的，計測方法に応じてさまざまな速度を定義している．

　(a)　地点速度（spot speed）　　ある道路地点を通過するときの車の瞬間速度

　(b)　走行速度（running speed）　　ある道路区間の走行距離を走行時間（停止時間を含まない）で割った速度

　(c)　区間速度（overall speed）　　ある道路区間の走行距離を旅行時間（停止時間を含む）で割った速度．旅行速度（travel speed）ともいう．

　(d)　自由速度（free speed）　　実際の道路条件のもとで，他の交通の影響を受けない状態で運転者が選ぶ速度

　(e)　臨界速度（critical speed）　　ある道路において交通量が最大となるときの平均速度

(f) **設計速度**（design speed） 車両の安全な走行を図るような道路構造を設計するために用いる速度

(2) **速度の分布**

交通流を構成する各車についてみれば，その速度はそれぞれに異なり，ある分布形をもつ．各車両の自由速度に近い状況で走行しているときの速度分布は，一般に正規分布ないし対数正規分布で近似できる．図 9.8 は，名古屋市内の道路で観測した地点速度の累積分布曲線を示している．

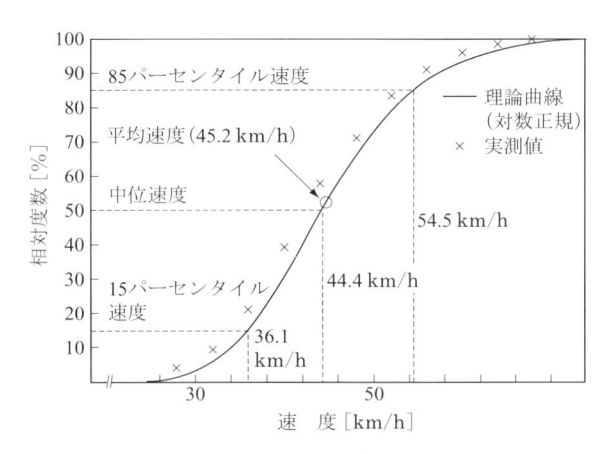

図 **9.8** 速度の累積分布曲線（名古屋市内の道路）

つぎに，速度分布の代表値としては，平均速度，中位速度，最頻速度などが用いられる．平均速度（mean speed）は，速度の観測データの算術平均であり，中位速度（median speed）は，その速度より速い車の数と遅い車の数が一致するときの速度をいう．また最頻速度（modal speed）とは最も頻度の高い速度をいい，これは速度分布曲線のピーク値に対する速度である．以上の三つの代表値は一般には異なる値をもつ．

一方累積速度分布曲線において，累積百分率が 85％ および 15％ に相当する速度を，それぞれ 85 パーセンタイル速度（85 percentile speed），15 パーセンタイル速度（15 percentile speed）とよぶ．これらは規制速度を設定する際の参考値として使用される．

各車の速度のばらつきを表す尺度としては，一般に標準偏差 (σ) が用いられるが，σ と 85 および 15 パーセンタイル速度との間には，以下の近似式が成立することが知られている．

$$\sigma \doteqdot (V_{85} - V_{15})/2.0 \tag{9.1}$$

標準偏差は交通量に依存しており，一般に交通量の増加とともに，σ は小さくなる

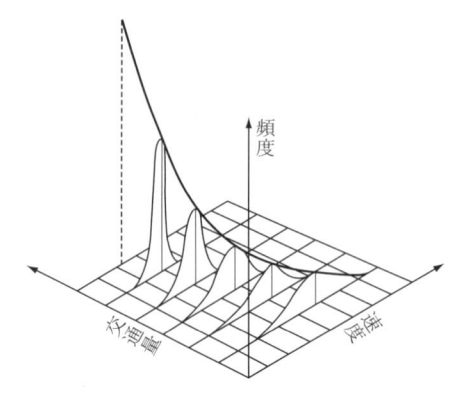

図 9.9 交通量と速度分布の変化[8]

ことが知られている．J. Schulms は交通量と速度分布の関係を，図 9.9 に示すように，わかりやすく説明している[8]．

(3) 平均速度

交通流の平均速度は，その平均のとり方の違いによって，以下の 2 種類の平均速度が定義され用いられている．

(a) 時間平均速度（time mean speed）　ある道路断面で単位時間に観測された車の速度分布を時間速度分布，その算術平均を時間平均速度という．いま交通量の中で速度 $v_1, v_2, \cdots, v_n$ で走る車の交通量をそれぞれ $q_1, q_2, \cdots, q_n$ とすると，時間平均速度 ($\bar{v}_t$) は，次式によって定義される．

$$\bar{v}_t = \frac{\sum_{i=1}^{n} q_i v_i}{q} \tag{9.2}$$

ここに，$q = \sum_{i=1}^{n} q_i$ で，q は全交通量を表す．

一方，時間速度分布が連続型の確率密度関数 $f_t(v)$ で表される場合は，

$$\bar{v}_t = \int_0^\infty v f_t(v) dv \tag{9.3}$$

となる．

(b) 空間平均速度（space mean speed）　ある瞬間，道路の単位区間内に存在する車の速度分布を空間速度分布，その平均値を空間平均速度という．いま単位区間内に存在する速度 $v_1, v_2, \cdots, v_n$ の車の交通密度をそれぞれ $k_1, k_2, \cdots, k_n$ とすると，空間平均速度 ($\bar{v}_s$) は次式によって定義される．

$$\bar{v}_s = \frac{\sum_{i=1}^{n} k_i v_i}{k} \tag{9.4}$$

ここに，$k = \sum_{i=0}^{n} k_i$ であり，k は全体の交通密度を表す．ところで後述の式 (9.15) に示すように，$k_i v_i = q_i$ の関係が成立することから

$$\bar{v}_s = \frac{\sum_{i=1}^{n} q_i}{\sum_{i=1}^{n} k_i} = \frac{q}{\sum_{i=1}^{n} q_i / v_i} \tag{9.5}$$

となり，空間平均速度は各車の速度の調和平均によって与えられることがわかる．なお，空間速度分布が連続型の確率密度関数 $f_s(v)$ で表される場合は

$$\bar{v}_s = \int_0^\infty v f_s(v) dv = 1 \bigg/ \int_0^\infty \frac{1}{v} f_t(v) dv \tag{9.6}$$

となる[9]．

（c） **時間平均速度と空間平均速度の関係**　　時間平均速度と空間平均速度の間には，つぎの関係のあることが証明できる．

$$\bar{v}_t = \bar{v}_s + \frac{\sigma_s^2}{\bar{v}_s} \tag{9.7}$$

ここに，σ_s は空間速度の標準偏差を表す．

式 (9.7) の証明[10]

ここでは車の速度が離散値をとる場合を考える．後述のように交通量 (q) と空間平均速度 (v) と交通密度 (k) との間には $q = kv$ が成立するから，式 (9.2) は

$$\bar{v}_t = \frac{\sum (k_i v_i) v_i}{q} = k \frac{\sum k_i v_i^2}{kq} = k \sum \frac{f_i' v_i^2}{q}$$

と変形できる．ここに

$$f_i' = \frac{k_i}{k}$$

一方，$q = k\bar{v}_s$ が成立するから

$$\bar{v}_t = k \sum \frac{f_i' v_i^2}{k\bar{v}_s} = \frac{1}{\bar{v}_s} \sum f_i' [\bar{v}_s + (v_i - \bar{v}_s)]^2$$

$$= \frac{1}{\bar{v}_s} \left[\sum f_i' \bar{v}_s^2 + 2\bar{v}_s \sum f_i' (v_i - \bar{v}_s) + \sum f_i' (v_i - \bar{v}_s)^2 \right]$$

$$= \bar{v}_s + \frac{\sigma_s{}^2}{\bar{v}_s}$$

証明了

また σ_t を時間速度の標準偏差とすると，

$$\frac{\sigma_s{}^2}{\bar{v}_s} \fallingdotseq \frac{\sigma_t{}^2}{\bar{v}_t} \tag{9.8}$$

とみなせるから，近似式として次式が成立する[11]．

$$\bar{v}_s \fallingdotseq \bar{v}_t - \frac{\sigma_t{}^2}{\bar{v}_t} \tag{9.9}$$

上の関係式から明らかなように，一般に $\bar{v}_t \geqq \bar{v}_s$ の関係が成立する．両者が一致するのはすべての車が等しい速度で走行している場合である．交通工学上重要となる平均速度は空間速度であるが，空間平均速度を直接観測から測定することはむずかしい．この場合には測定の比較的容易な時間平均速度を測定し，式 (9.9) から間接的に空間平均速度を求めることができる．実際の観測データに基づく $\sigma_t{}^2/\bar{v}_t$ の値はたかだか 3 km/h 以下，通常は 1～2 km/h の小さい値をとるといわれており[12]，したがって時間平均速度と空間平均速度の差は，実際にはそれほど大きなものではない．

9.4 交通密度とオキュパンシー

(1) 交通密度

「ある瞬間における道路の単位区間上に存在する車の台数」を交通密度（traffic density）といい，通常［台/km］の単位で表される．また方向別あるいは車種別に表現されることもある．交通密度は道路の混雑状態を示す代表的な指標である．ただ交通密度を実際に計測することはそれほど容易ではないため，代わりに以下に示すオキュパンシーが用いられる．

(2) オキュパンシー

交通密度に類似した尺度にオキュパンシー（occupancy）がある．オキュパンシーはその計測方法の違いによって，時間オキュパンシー（time occupancy）と空間オキュパンシー（space occupancy）の二つがあり，いずれも車両感知器を用いて自動計測が可能である．

時間オキュパンシー (O_t) は「ある道路断面において自動車が占有した時間の計測時間に対する百分率」として表され，次式によって与えられる．

$$O_t = \frac{1}{T}\sum_i t_i \times 100 \ [\%] \tag{9.10}$$

ここに，t_i は車両 i が計測断面で感知された時間，T は計測時間である．

いま交通量を q とし，すべての車長が等しいと仮定し，その車長を $\bar{l}$，空間平均速度を $\bar{v}_s$ とすれば，上式は

$$O_t = 100 \frac{q}{\bar{v}_s} \bar{l} = 100\, k\bar{l} \tag{9.11}$$

となり，時間オキュパンシーと交通密度 (k) の関係が明らかとなる．また上式から

$$\bar{v}_s = 100 \frac{q}{O_t} \bar{l} \tag{9.12}$$

となるので，交通量と時間オキュパンシーおよび車長とから空間平均速度を得ることができる．なお，実際に車両感知器で計測される時間オキュパンシーは，感知領域の長さを考慮する必要があり，このときは感知領域長を d とすれば，上式の $\bar{l}$ を $\bar{l} + d$ に置き換える必要がある．

一方，空間オキュパンシー (O_s) は「ある瞬間に一定長の道路区間上に存在する車の長さの総和が区間長に占める割合の百分率」で，次式によって与えられる．

$$O_s = \frac{1}{S} \sum_i l_i \times 100 \; [\%] \tag{9.13}$$

ここに，S は計測区間で，通常 30～150 m の範囲で選ばれる．また l_i は車両 i の車長を表す．

いま計測区間上の存在台数を N，平均車長を $\bar{l}$ とおくと，

$$O_s = 100 \frac{N}{S} \bar{l} = 100\, k\bar{l} \tag{9.14}$$

となり，空間オキュパンシーと交通密度の関係が明らかとなる．なお空間オキュパンシーの計測には，道路面に埋め込まれた長大ループ式オキュパンシー感知器が用いられる．

図 9.10 は，時間オキュパンシーと交通量の関係を示したものである[13]．図によれば，時間オキュパンシーが 20％ 以下は交通量と比例関係にあり，交通流が円滑であることを示している．しかし 20％ を超えると交通量が不安定となり，オキュパンシーの増加とともに交通量が逆に減少し，交通量が渋滞し始めることを示している．このような性質を利用して，オキュパンシーが渋滞状況の判定など交通状況監視情報として広く用いられている．

9.5 交通量，平均速度，交通密度の関係

(1) 交通流の基本式

交通量 (q)，空間平均速度 (v)，交通密度 (k) との間には，つぎのような基本式が成

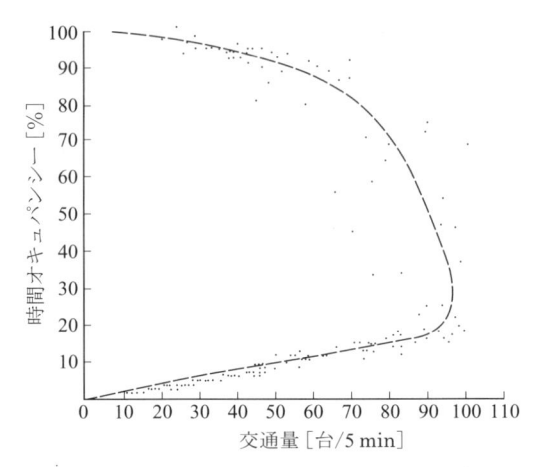

図 9.10 交通量と時間オキュパンシー[13]
（阪神高速道路，豊中 I.C. オフランプ）

立する．

$$q = kv \tag{9.15}$$

式 (9.15) の証明

いま道路上に小区間 x をとったとき，ある時間間隔 T 中に n 台の車が通過したものとする．定義から単位時間あたりの交通量 q は

$$q = n/T \tag{9.16}$$

となる．一方交通密度 k は区間 x を通過する平均自動車台数を区間長 x で割った値であり，区間 x を通過する平均自動車台数は，各車 i が区間 x を通過するに要した時間を t_i で表せば $\sum_{i=1}^{n} t_i/T$ となるので，結局交通密度は

$$k = \frac{\sum_{i=1}^{n} t_i/T}{x} \tag{9.17}$$

となる．よって式 (9.16) と式 (9.17) より，

$$\frac{q}{k} = \frac{(n/T)x}{\sum_{i=1}^{n} t_i/T} = \frac{x}{\sum_{i=1}^{n} t_i/n} = v \tag{9.18}$$

となり，結局，式 (9.15) が成立する．

証明了

（2） 平均速度と交通密度

道路が混雑して交通密度が増えてくると，車頭間隔が短くなるため，各車は速度を低下せざるを得なくなる．このように交通密度と平均速度との関係は反比例の関係にあることが理解できる．図 9.11 は，阪神高速道路での平均速度と交通密度の測定結果を示したものである．

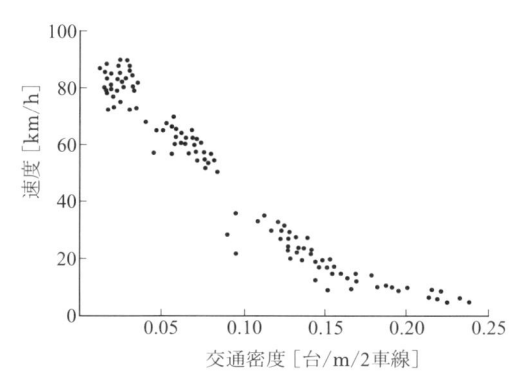

図 9.11 交通密度と平均速度の相関
（阪神高速道路）

交通密度と平均速度との関係を図 9.12 のような曲線（k-v 曲線）で与えたとき，この曲線と横軸との交点 k_j は最大の交通密度であり，これを飽和密度（jam density）とよぶ．一方縦軸との交点 v_f は自由速度を与える．またこの曲線上の任意の点から縦軸と横軸に垂線を引いてできる矩形の面積が，この曲線上の点での交通量を与える．

k-v 曲線については古くから研究され，多くの観測式が提案されているが，代表的な k-v 曲線として，つぎのようなものがある（図 9.13）．

① Greenshields の式[14]　：$v = v_f(1 - k/k_j)$
② Greenberg の式[15]　：$v = v_c \ln(k_j/k)$

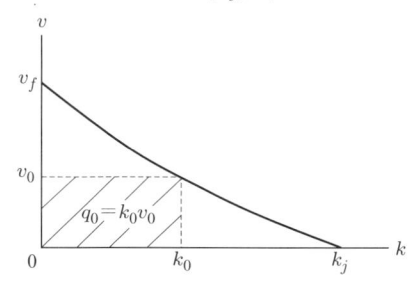

図 9.12 k-v 曲線

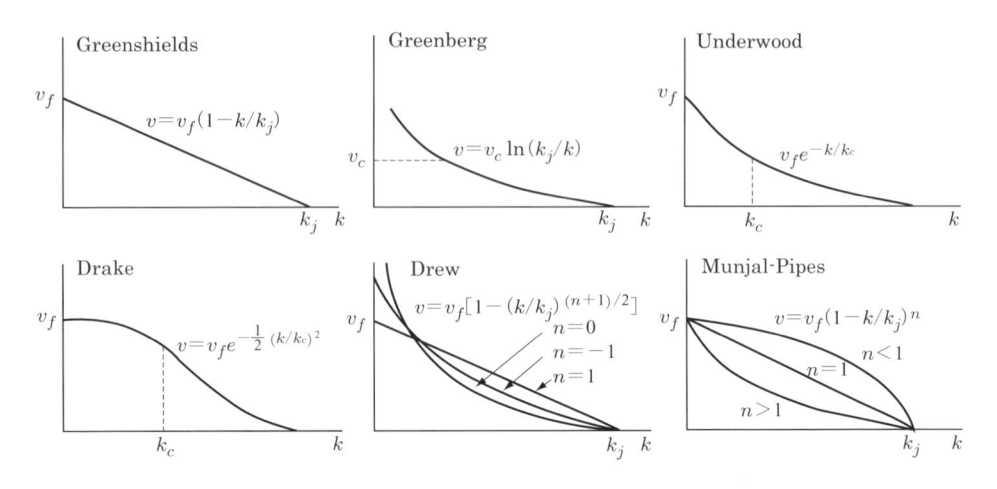

図 9.13 代表的な k-v 曲線

③ Underwood の式[16]　　: $v = v_f e^{-k/k_c}$
④ Drake の式[17]　　　　 : $v = v_f e^{-\frac{1}{2}(k/k_c)^2}$
⑤ Drew の式[18]　　　　 : $v = v_f [1-(k/k_j)^{(n+1)/2}]$　　$n > -1$
⑥ Munjal-Pipes の式[19] : $v = v_f(1-k/k_j)^n$

以上の式において，v_f は自由速度，k_j は飽和密度，v_c は臨界速度を表し，また k_c は最大交通量を与えるときの交通密度で臨界密度（critical density）とよばれる．しかしながら，各車が比較的自由に走行できる自由流領域と，各車が相互に干渉し合って追従走行している渋滞流領域では，その交通流特性がかなり異なり，単一の関係式では両者の領域での交通流特性を表すことは困難ともいわれている．

図 9.14 は，Edie が提案した二つの式から合成された k-v 曲線で，自由流領域では Underwood の式を，また渋滞流領域では Greenberg の式を用いている．

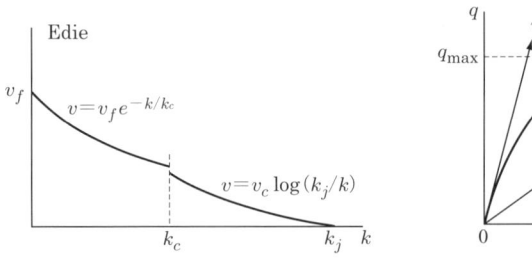

図 9.14　Edie の k-v 曲線

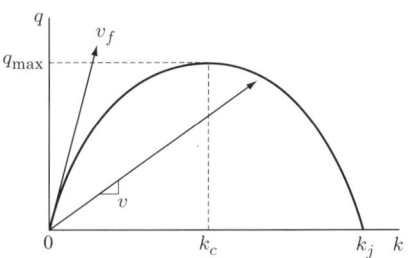

図 9.15　k-q 曲線

(3) 交通量と交通密度

平均速度と交通密度の関係が k-v 曲線として表されると，交通量は結局交通密度だけの関数として表され，これを k-q 曲線とよんでいる．k-q 曲線は一つの極大値をもつ関数形となり，この極大値に相当する交通量がその道路断面でさばき得る最大交通量であり，これを交通容量とよんでいる．

いま図 9.15 に示す k-q 曲線において，平均速度 v は曲線上の 1 点と原点を結ぶ線分の正弦で表される．また臨界密度を境にして左側が自由流領域，右側が渋滞流領域に対応している．図からわかるように，ある交通量に対して一般には自由流領域と渋滞流領域にそれぞれ対応する交通密度が一つずつ存在する．したがって交通量だけの情報では交通流の状況が一意に表すことができず，交通渋滞状況を表す指標として交通量が不適切であることがわかる．

(4) 交通量と平均速度

交通量と平均速度との関係（q-v 曲線）は，道路が比較的空いた状態においては交通量の増加とともに平均速度は低下するが，交通量が最大交通量に達すると，それ以降は交通量も平均速度も減少する．このように，平均速度に対しても交通量がやはり一つの最大値をもつ曲線として表されることが知られている（図 9.16）．

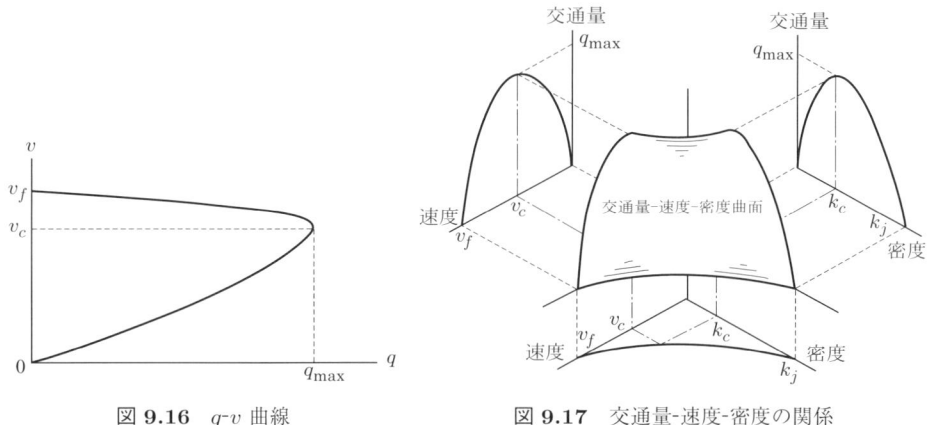

図 9.16 q-v 曲線

図 9.17 交通量-速度-密度の関係

以上の交通量，交通密度，平均速度の三つの関係をまとめて図示したのが図 9.17 である[20]．交通量がゼロから k_c の間は道路が比較的空いた状態で，各車の走行速度は比較的高く，その速度分布の幅も広いと考えられる．この範囲では交通流は比較的安定した定常流（stable flow）の状態にある．交通量が増加すると走行速度がしだいに低下し，また各車の速度差も小さくなり，やがて k_c 点に達すると各車がほぼ同一速度で追従走行を始め，このときの交通量が最大交通量を示す．k_c 点越え交通密度が渋滞

流領域に入ると，各車は先行車に強く拘束されるようになり，交通流は不安定な非定常流（unstable flow）の状態となり，交通渋滞が発生する．渋滞流特有の現象として粗密波の発生があり，これが渋滞検出の大きな撹乱要因となっている．この粗密波とは密度の相対的に低い粗部と，相対的に高い密部とが交互に出現する状態をいい，一般に道路区間の下流から上流へ伝播する性質をもっている[21]．

9.6 車頭間隔

（1） 車頭間隔とその分布

先行する車の最前部から後続する車の最前部までの距離，またはその時間間隔を車頭間隔（headway）とよぶ．とくに時間間隔で表したときは車頭時間（time headway）ともよばれる．測定の容易さからいえば時間間隔のほうが便利なため，通常は車頭時間が広く用いられている．

車頭時間の分布は図 9.18 に示すように交通量に依存し[22]，交通量が少ないときはほぼ指数分布に従うが，交通量が増加して他の車の拘束を受けるようになると，平均車頭時間が小さくなるとともに，車頭時間のばらつきも小さくなり，ついにはほとんどの車が同じような車頭時間で走るようになる．

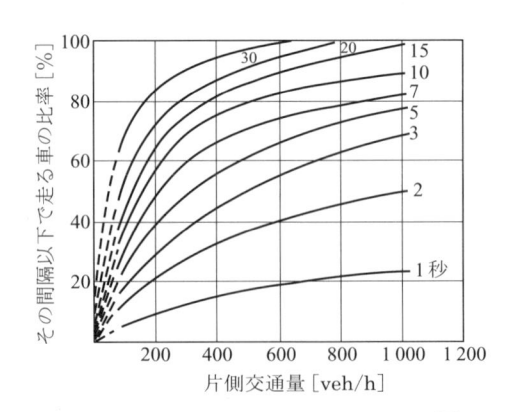

図 9.18 車頭時間の分布（2 車線道路）[30]

（2） 交通量，平均速度，交通密度と車頭間隔との関係

交通量を q，空間平均速度を v，交通密度を k としたとき，平均車頭時間 $\bar{t}$ との間にはつぎのような関係が成立する．

$$\bar{t} = \frac{1}{q} = \frac{1}{kv} \tag{9.19}$$

また平均車頭間隔を $\bar{s}$ とするとき，

$$\bar{s} = \frac{1}{k} = \frac{v}{q} \tag{9.20}$$

の関係が成立する.

(3) 最小車頭間隔と速度との関係

車が1列になって追従走行しているときの最小車頭間隔 s_m [m] は，その車の速度 v [km/h] に関係することが知られており，その観測式の一つに次式がある[23].

$$s_m = 5.7 + 0.14v + 0.022v^2 \tag{9.21}$$

一方，追従走行中の車が先行車に追突せずに，安全に停止できる制動停止距離を理論的に求めた式として

$$s_m = l + 0.278v + 0.00394\frac{v^2}{f} \tag{9.22}$$

がある．ここに l は車長，f は路面とタイヤの摩擦係数であり，また運転者の反応時間を1秒と仮定している．

いずれにしても最小車頭間隔は速度の2次式として表され，この関係式を式 (9.19) の $\bar{s}$ の代わりに代入すると，結局交通量は速度だけの関数で表される．

いま式 (9.21) を用いると交通量と速度の関係は図 9.19 のようになる．図によれば速度がほぼ 50 km/h のところで交通量が最大値をとることがわかる．このときの交通量は各車がすべて最小車頭間隔で，しかも全車が同一の速度で走行しているときの最大交通量である．しかし実際にはこのような交通状態が1時間も続くことはあり得ず，したがって，1時間以上にわたって維持できる最大交通量はこれよりも少ないものと考えられる．

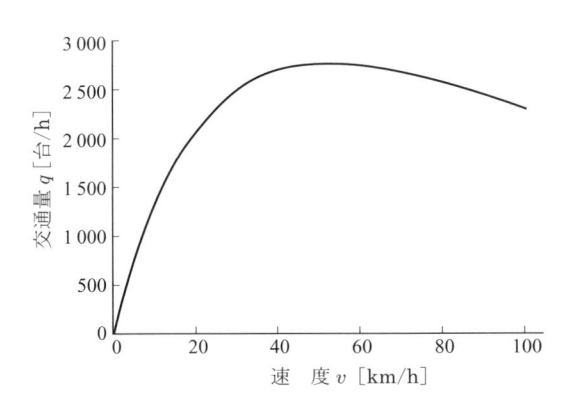

図 9.19 速度と最小車頭間隔から求めた交通量との関係

（4） 信号交差点通過時の車頭時間

信号交差点において，赤信号中に待機していた車が，青信号になって行列の先頭から順次停止線を通過するときの車頭時間を調べた例を図 9.20 に示す[24]．先頭車から数台は発進遅れによって車頭時間がやや大きくなるが，その後の車はほぼ一定の車頭時間（1.8～2.0 秒）で停止線を通過することがわかる．この一定の車頭時間間隔で通過している状態の交通流を飽和交通流（saturation flow）とよぶ．

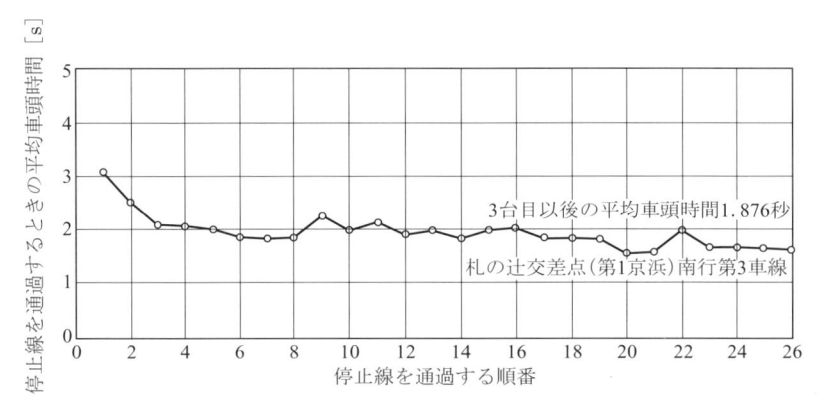

図 9.20 停止線通過順番と平均車頭時間の関係[24]

（5） ギャップアクセプタンス

無信号交差点において非優先側の車が横断または合流しようとするとき，優先側の交通流に横断または合流するのに安全なだけの車頭間隔が出現するまで待つことになる．このときの車頭間隔をギャップ（gap）といい，安全と判断して行動に移ることをギャップアクセプタンス（gap acceptance）という．特に非優先側の車が交差点に到着

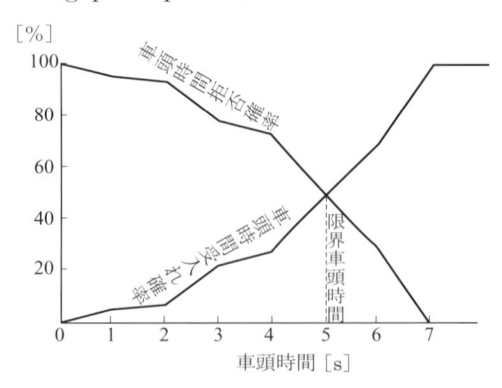

図 9.21 横断車と交差直進車とのギャップ
（名古屋市内の道路）

したとき，相手側の交通流の先頭車までの間隔をラッグ（lag）と区別することもある．

図9.21は，無信号交差点において，従道路側の車が主道路の交通流を横断できる割合と，できなかった割合をギャップとの関係で示したものである．このようなギャップアクセプタンスの分布を知ることは，道路交差部での待ち合せ現象を解析するうえで重要である．

9.7 遅　　　れ

交通またはその構成要素が，運転者の制御できない事情によって，その進行が妨げられる時間を遅れ（delay）といい，通常1台あたりの遅れ時間で表される．遅れは速度と並んで道路のサービス水準を表す指標として重要である．

遅れを表すものとして，以下のような用語が用いられる．

（a）**基本遅れ**（fixed delay）　交通量の多少にかかわらず通行車両が受ける遅れをいい，たとえば無信号交差点における一時停止規則，信号交差点，踏切などによる遅れである．

（b）**運転遅れ**（operational delay）　交通の構成要素相互の干渉に起因する遅れをいい，具体的には交通流自体の混雑による遅れのほか，駐車車両，右左折車両および歩行者などの妨害に起因する遅れ，交差点で一時停止して交通の途切れを待つ時間などは運転遅れとよばれる．しかし実際に基本遅れと運転遅れを明確に区別できないケースも多い．

（c）**旅行時間遅れ**（travel time delay）　道路の一定区間を走行するに要した時間と，その区間を混雑のない状態の平均速度で走行したときの時間との差をいい，具体的にはつぎに示す停止時間遅れに加減速による遅れを加えたものとして表される．

（d）**停止時間遅れ**（stopping time delay）　信号などによって車両が実際に停止した時間をいう．

（e）**信号遅れ**（delay at signalized intersections）　都市部の道路における遅れの最大の原因は信号機によるものであり，これをとくに信号遅れという．信号交差点における遅れは，赤信号中の停止時間遅れと信号が青と赤の間で切り替わる際の加減速による遅れとから成り立っており，特に信号が赤から青に変わる際の遅れを発進遅れ（starting delay）とよんでいる．

9.8 歩行者流

(1) 歩行者交通流の特性

歩行は人間の最も基本的な行動の一つであって，交通機関の発達した現代社会にお

いても，最終的な交通手段として欠かすことができない．歩行者交通流の特性を表す指標として，自動車交通流の場合と同様に，交通流量（単位時間単位歩行幅員あたりの通過歩行者流），平均歩行速度，および歩行密度（単位面積あたりの歩行者数）などが用いられ，これらの諸量の間には自動車交通流と共通した関係式が成立する．

歩行速度は環境条件（天候，気温，風向，勾配，歩行環境，路面状況，明るさなど），肉体的条件（性別，年齢，慎重，体重，疲労など），服装条件（被服，履物，携帯品など），心理的条件（歩行目的，感情，場の熟知度など），および集団的条件（グループ人数，グループの種類，対向者，横断者の有無，歩行密度など）などの多くの要因の影響を受ける[25]．

特に物理的にも心理的にもなんらの影響を受けないときの歩行速度を自由歩行速度といい，吉岡[26]によれば平均の自由歩行速度は，通勤目的で$1.54\,\mathrm{m/s}$，行事・催事目的で$1.18\,\mathrm{m/s}$，買い物目的で$1.06\,\mathrm{m/s}$と述べている．またFruin[27]は性別の平均速度として，男性$1.35\,\mathrm{m/s}$，女性$1.27\,\mathrm{m/s}$と述べている．平均歩行速度は歩行密度の増加とともに低下する．平均歩行速度 (v) と歩行密度 (k) の関係式として，直線モデル，ベキ乗モデル，指数モデルなどが考えられるが，一般には直線式で十分であろう．

$$v = a - bk \tag{9.23}$$

なお，パラメータ a, b については，観測データに基づくいくつかの提案がなされている．その例を図9.22に示す．

平均歩行速度と歩行密度の関係式が式(9.22)のように与えられると，つぎに交通流量 (q) と歩行密度 (k) の関係は

$$q = kv = k(a - bk) \tag{9.24}$$

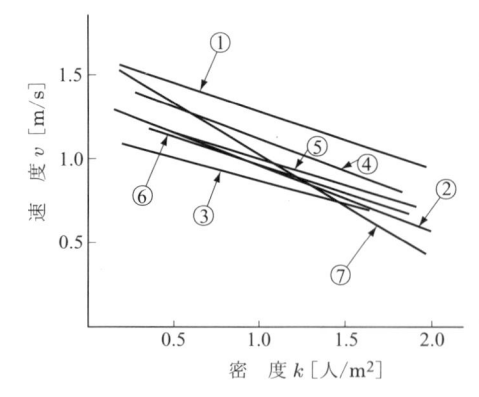

$v = a - bk$	a	b
① 吉　岡（通勤）	1.61	0.33
② 吉　岡（行事・催物）	1.35	0.38
③ 吉　岡（買物）	1.13	0.28
④ 竹　内（住宅地内）	1.50	0.38
⑤ Fruin（通勤）	1.356	0.341
⑥ Older（買物）	1.311	0.337
⑦ Navin & Wheeler（学生）	1.63	0.60

図 **9.22** 歩行密度と歩行速度の関係[29]

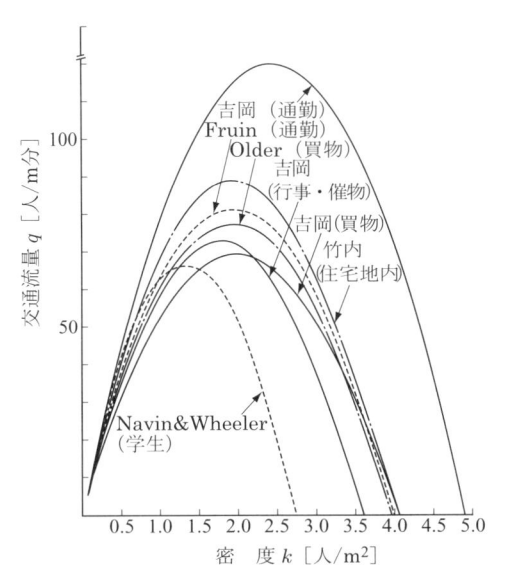

図 9.23 歩行密度と交通流量の関係[29)]

となり，v と k の種々の関係式より図 9.23 に示すような関係が得られる．これによれば，いずれも歩行密度 2～3 人/m² で最大交通流量を示している．

(2) 歩行者交通流のサービス水準

歩行者交通の特性を自動車交通との対比において述べると，つぎのとおりである．

① 歩行は各個人の心理的状態がそのまま表れるため，非常に自由度が高く，場所により時刻により多様な変化をみせる．

表 9.2 歩行者交通流のサービス水準

サービス水準	歩行空間モジュール [ft²/人]	平均歩行速度 [ft/分]	交通流量 [人/分/ft]	流れの状況
A	≧ 130	≧ 260	≦ 2	自由歩行
B	≧ 40	≧ 250	≦ 7	追抜きができる正常な歩行
C	≧ 24	≧ 240	≦ 10	歩行の自由が制限され対向流との衝突が生じる
D	≧ 15	≧ 225	≦ 15	追抜きが困難となり，衝突を避けることが困難
E	≧ 6	≧ 150	≦ 25	通常の歩行速度では歩けず流れが停止したり中断したりする
F	< 6	< 150	25～0	すり足による前進で交通のマヒ状態

② 歩行は一定の通行幅を守って規則正しく歩行することはまれで，むしろ思い思いの方向に歩行，蛇行，交錯，逆行することが多い．
③ 歩行者はそれぞれ個体として行動しているとは限らず，グループを形成して行動する．

以上のことから，歩行者交通では物理的な意味での交通容量より，通行のサービスの質がより重要と考えられる．HCM では，歩行者の占有面積を主指標，平均歩行速度と交通流量を補助指標として，歩行者交通流のサービス水準を A から F の 6 段階に分けている（表 9.2）[28]．

■参考文献

1) 日本道路協会：道路の交通容量，p.141, 1984.
2) 前掲 1) p.142.
3) 名古屋市計画局：自動車交通の推移と特性，p.36, 1982.
4) Highway Capacity Manual, Special Report 209, H. R. B, 1985.
5) 建設省道路局：昭和 55 年度交通量常時観測調査報告書，p.94, 1982.
6) 井上廣胤：高速道路の 6 車線区間における交通現象，交通工学，Vol.10, No.1, p.18, 1975.
7) 建設省道路局：昭和 58 年度道路交通センサス報告，道路 9 月号，p.65, 1984.
8) Schulms J. : The Problem of Capacity in Road Planning, International Road Safety & Traffic Review, 1961.
9) 猪瀬博，浜田喬：道路交通管制，pp.10〜11, 1972.
10) Traffic Flow Theory, Special Report 165, T. R. B., pp.199〜200, 1975.
11) 前掲 10) p.200.
12) 高速道路調査会：交通現象に影響を及ぼす諸要因について，1964.
13) 高速道路調査会：高速道路の交通流監視制御装置に関する研究報告書，1971.
14) Greenshields B. D. : A Study of Traffic Capacity, Proc. H. R. B., 14, pp.448〜477, 1935.
15) Greenberg H. : An Analysis of Traffic Flow, Oper. Res. 7(1), pp.79〜85, 1959.
16) Underwood R. T. : Speed, Volume and Density Relationships, in Quality and Theory of Traffic Flow, Bureau of Highway Traffic, Yale University, pp.141〜188, 1961.
17) Drake J. S., L. Schofer and A. D. May : A Statistical Analysis of Speed Density Hypothesis, H. R. R., 154, pp.53〜87, 1967.
18) Drew D. R. : Deterministic Aspects of Freeway Operations and Control, H. R. R. 99, pp.48〜58, 1965.
19) Munjal P. K. and L. A Pipes : Propagation of On-Ramp Density Perturbations on Unidirectional and Two-and Three-lane Freeways, Transp. Res. 5(4), pp.241〜255, 1971.

20) Drew D. R.: Traffic Flow Theory & Control, McGraw-Hill, p. 300, 1968.
21) 越正毅, 岩崎征人, 大蔵泉, 西宮良一: 渋滞時の交通流現象に関する研究, 土木学会論文集第306号, pp. 59～70, 1981.
22) 前掲12).
23) 田中健一, 渡辺健次, 重光胖: 自動車交通における車頭間隔の観測結果について, 運輸技術資料, 一般9, 1963.
24) 鹿田成則, 井上廣胤: 信号交差点における飽和交通量の観測方法, 交通工学, Vol. 12, No. 2, p. 33, 1977.
25) 岡田光正, 吉田勝行, 柏原士郎, 辻正矩: 建築と都市の人間工学, 鹿島出版会, pp. 16～17, 1977.
26) 吉岡昭雄: 歩行者交通と歩行空間 (II), 交通工学, Vol. 13, No. 5, pp. 41～53, 1978.
27) Fruin J. J. (長島正充訳): 歩行者の空間, 鹿島出版会, p. 47, 1974.
28) 前掲4).
29) 交通工学研究会: 交通工学ハンドブック, 技報堂出版, 1984.
30) 前掲29), 旧版, 1973.
31) 越正毅, 明神証: 新体系土木工学61 道路 (I) −交通流, 技報堂出版, 1983.
32) 交通工学研究会: 平面交差の計画と設計, 基礎編, 1984.
33) 大蔵泉: 交通工学, コロナ社, 1993.

■演習問題
1. 交通量と交通密度の一般的相関図を図に示し, またこの図を用いて交通流の自由流領域と渋滞流領域について説明しなさい.
2. 昼夜率が1.35の道路において, 夜間12時間交通量が5000台のとき, この道路の日交通量はいくらとなるか.
3. 観測区間を走行中の10台の自動車の速度 (km/h) を観測したところ, それぞれ
   55, 58, 49, 60, 62, 63, 53, 65, 61, 56
   であった. これより時間平均速度と空間平均速度を求めなさい.
4. 平均速度と交通密度 (k-v 曲線) が Greenshields の式で与えられるとき, この道路の交通容量を与える式を導きなさい.

第10章

交通流理論

10.1 概説

　道路交通流の諸現象を数学的あるいは物理法則に従って記述しようとする，いわゆる交通流理論（traffic flow theory）は，米国を中心に1930年代から研究が進められてきたが，大きな発展をみたのは1950年代に入ってからである．一方，わが国では1955年ごろからようやく研究がなされるようになった．

　交通流理論で扱われる範囲は相当に広いが，基本的には確率統計論的な取り扱いと，決定論的取り扱いによるモデルに大別できる．前者の例としては，交通流の基本諸量の統計的特性（車の到着分布，車頭時間分布，速度分布など）を確率分布として記述する初歩的なものや，横断待ち，追い越し待ち，信号待ちなどの各種の待ち合せモデル（queueing model）などがあげられる．一方後者としては，交通流を圧縮性流体とみなし，連続方程式と運動方程式によって交通流の諸現象を記述する流体力学的モデル（hydrodynamics and kinematics models），1列になって追従走行中の1台1台の車の挙動を運動方程式によってモデル化した追従理論（car-following theory）などがあげられる．

　このほか，確率論的や決定論的を問わず，実際の道路交通の相似の模型をコンピュータ内に構築して模擬実験を行うことにより，交通流現象を明らかにしようとする交通シミュレーション（traffic simulation）も交通流理論の範疇に入れられる．また，交通流現象を1台1台の車の動きとして記述するか，流体として記述するかによって，ミクロモデルとマクロモデルに分けることもできる．以下の節では，おもな交通流理論について説明する．

10.2 交通流の確率統計的性質

(1) 車の到着分布

　「道路上のある地点を単位時間中に通過する車の台数分布」を車の到着分布という．一般に車の到着分布に適用される確率分布として，表10.1に示すような分布がある．ここに，P_x は t 時間中に x 台通過する確率を表し，$\bar{x}$，s^2 はそれぞれ観測データから

表 10.1

分布	式	平均	分散	パラメータの推移
ポアソン分布	$P_x = \frac{(\lambda t)^x e^{-\lambda t}}{x!}$	λt	λt	$\lambda t = \bar{x}$
二項分布	$P_x = \binom{n}{x} p^x (1-p)^{n-x}$	np	$np(1-p)$	$p = (\bar{x} - s^2)/\bar{x}$ $n = \bar{x}^2/(\bar{x} - s^2)$
負の二項分布	$P_x = \binom{x+k-1}{k-1} p^k (1-p)^x$	$k(1-p)/p$	$k(1-p)/p^2$	$p = \bar{x}/s^2$ $k = \bar{x}^2/(s^2 - \bar{x})$
一般化ポアソン分布	$P_x = \sum_{j=xk}^{(x+1)k-1} \frac{e^{-\lambda t}(\lambda t)^j}{j!}$	—	—	—

得られた平均と分散である.

交通量が少なく比較的空いた状態の交通流にあっては,ほぼ自由流とみなせるので,一般に独立事象の生起回数の分布として知られているポアソン分布(Poisson distribution)がよく適合するといわれている.

ポアソン分布の誘導

ある道路地点を t 時間中に x 台(ただし $x \geqq 1$)通過する確率を $P_x(t)$ とおく.このとき $t + \Delta t$ 時間にやはり x 台通過する確率 $P_x(t + \Delta t)$ は,車の通過を独立事象とみなせば,

$$P_x(t + \Delta t) = P_x(t) P_0(\Delta t) \\ + P_{x-1}(t) P_1(\Delta t) + P_{x-2}(t) P_2(\Delta t) + \cdots \quad (10.1)$$

で表される.いま微小時間 Δt を,たかだか車が 1 台しか通過しない程度に小さくとれば,

$$P_2(\Delta t) = P_3(\Delta t) = \cdots \fallingdotseq 0$$

となり,式 (10.1) は次式のように近似できる.

$$P_x(t + \Delta t) = P_x(t) P_0(\Delta t) + P_{x-1}(t) P_1(\Delta t) \quad (10.2)$$

さて,この道路の平均交通量を λ とすれば,T 時間観測中には λT 台通過することになる.この T を M 個の微小時間 $\Delta t (= T/M)$ に区分し,Δt 中にたかだか 1 台しか車が通過しないとすれば

$$P_1(\Delta t) = \frac{\lambda T}{M} = \lambda \Delta t, \quad P_0(\Delta t) = 1 - \lambda \Delta t$$

と表せる.これを式 (10.2) に代入すれば

$$P_x(t+\Delta t) = (1-\lambda\Delta t)P_x(t) + \lambda\Delta t P_{x-1}(t)$$

$$\frac{P_x(t+\Delta t) - P_x(t)}{\Delta t} = -\lambda P_x(t) + \lambda P_{x-1}(t)$$

となる．ここで $\Delta t \to 0$ とすれば，

$$P_x{}'(t) = -\lambda P_x(t) + \lambda P_{x-1}(t), \qquad x \geqq 1$$

なる微分方程式が得られる．同様に $x=0$ のときは

$$P_0{}'(t) = -\lambda P_0(t), \qquad x=0$$

となる．

以上の微分方程式を初期条件として $P_0(0)=1$ を用いて順に解くと

$$P_0(t) = e^{-\lambda t}$$
$$P_1(t) = \lambda t e^{-\lambda t}$$
$$\vdots$$
$$P_x(t) = (\lambda t)^x e^{-\lambda t}/x!$$

となり，車の到着分布としてポアソン分布が導きだせる．

交通量が多くなり交通流が混雑してくると，交通流がしだいに均等流に近づき，もはやポアソン分布は適合しなくなる．このような状態の交通流に対しては二項分布（binomial distribution）が適合する．また交通流が上流側の交通信号などの影響によって周期的な変動をする場合には，その周期より短い時間間隔で観測した場合の車の到着分布は，負の二項分布（negative binomial distribution）があてはまる．

一方，自由流から渋滞流までの広い範囲の交通流に適用できる到着分布として，一般化ポアソン分布（generalized Poisson distribution）がある．一般化ポアソン分布の式において $k=1$ とおけば，通常のポアソン分布と一致する．また車の到着分布が一般化ポアソン分布に従うとき，対応する車頭時間分布が後述のアーラン分布に従うことが明らかにされている[1]．ただ式中の二つのパラメータ k と λ を推定することは一般には容易ではない．Haight らはまず観測データから得られた平均と分散を用いて，k と λ を図から読み取る方法を提案している[2]．

このほか，交通量が多いときの交通流の到着分布として，複数のポアソン分布を重ね合わせた複合ポアソン分布（compound Poisson distribution）が知られている[3]．

さて適用する到着分布の選択は，基本的には要求される精度に依存するが，一応の目安として，ポアソン分布の平均と分散が等しくなることから，分散/平均の比をと

り，この値がほぼ1に近ければポアソン分布を，1よりかなり小さければ二項分布か一般化ポアソン分布を，1よりかなり大きい値をとるときは負の二項分布を採用することが提案されている[4]．なお図10.1は実際の道路での観測データに適合させた結果であり，この例ではχ^2検定の結果，負の二項分布は比較的よく適合している．

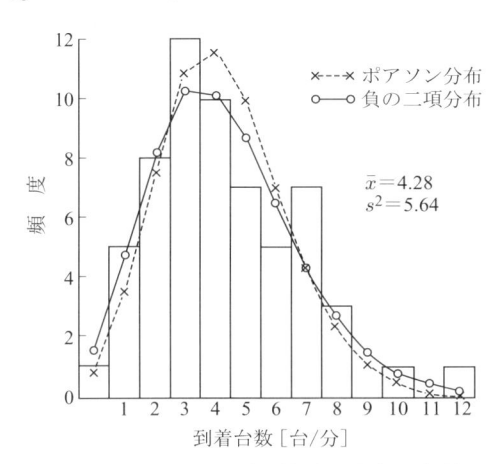

図 10.1 車の到着分布（名古屋市内の道路）

（2） 車頭時間分布

車頭時間分布に適用される確率分布としては，表10.2に示すように負の指数分布，シフトした指数分布，アーラン分布などが代表的なものである．

表 10.2

分布	確率分布関数	確率密度関数	平均	分散
負の指数分布	$P(h \geq t) = e^{-\lambda t}$	$f(t) = \lambda e^{-\lambda t}$	$1/\lambda$	$1/\lambda^2$
シフトした指数分布	$P(h \geq t) = \exp\left(-\dfrac{t-t_0}{\bar{t}-t_0}\right)$	$f(t)\begin{cases} = 0 & (t_0 > t \geq 0) \\ = \dfrac{1}{\bar{t}-t_0}\exp\left(-\dfrac{t-t_0}{\bar{t}-t_0}\right) & (t > t_0) \end{cases}$	$1/\lambda (=\bar{t})$	$(\bar{t}-t_0)^2$
アーラン分布	$P(h \geq t) = \sum_{j=0}^{k-1} \dfrac{e^{-\lambda t}(\lambda t)^j}{j!}$	$f(t) = \lambda e^{-\lambda t}\dfrac{(\lambda t)^{k-1}}{(k-1)!}$	k/λ	k/λ^2

ところでポアソン分布の式において$x=0$とおくと，

$$P_0 = e^{-\lambda t} = P(h \geq t) \tag{10.3}$$

となり，これは車の到着時間間隔がt以上である確率ともいえる．このように車の到着がポアソン分布に従うとき，そのときの車頭時間分布が負の指数分布（negative exponential distribution）となることが明らかとなる．なおこの逆もまた成立する．

ところで負の指数分布においては，零に近い車頭時間も存在することになるが，実際には零ではない最小車頭時間 (t_0) が存在し，この値以下の車頭時間は存在しないから，負の指数分布を t_0 だけ右へ移動させたのがシフトした指数分布（shifted negative exponential distribution）である．なお図 10.2 は実際の道路での観測データに適合させた結果である．

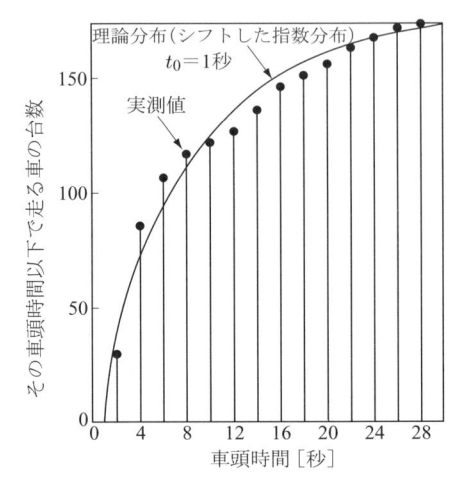

図 10.2 車頭時間分布（名古屋市内の道路）

交通量が多くなり交通流が混雑してくると，各車は先行車に追従走行するようになる．このような状態の交通流に対してはアーラン分布（Erlang distribution）が適用される．アーラン分布においてパラメータ k は自然数であり，$k=1$ とおくと負の指数分布に一致する．また $k \to \infty$ とすると単一分布に近づき，すべての車頭間隔が等しい交通流を表すことになる．このようにアーラン分布は k のとり方によって広い範囲の車頭時間分布を表すことができる．

アーラン分布の誘導

個々の車の車頭時間間隔が平均 $1/\lambda$ の指数分布に従うとき，時間間隔 $(0, t)$ に $k-1$ 台の車が通過するする確率はポアソン分布から $\frac{(\lambda t)^{k-1} e^{-\lambda t}}{(k-1)!}$ であり，一方，時間間隔 $(t, t+\Delta t)$ に 1 台の車が通過する確率は $\lambda \Delta t$ で与えられる．したがって k 台目の車が通過するまでの時間分布の確率密度を $f(t)$ で表せば，

$$f(t)\Delta t = \frac{(\lambda t)^{k-1}}{(k-1)!} e^{-\lambda t} \lambda \Delta t$$

すなわち

$$f(t) = \frac{\lambda^k}{(k-1)!} t^{k-1} e^{-\lambda t} \qquad k \geqq 1 \quad \lambda > 0 \quad t \geqq 0$$

を得る．上式において $\lambda = k\mu$ とおけば位相 k のアーラン分布の式が導ける．

（3）速度分布

車の速度分布に適合されるものとして，つぎのような分布がある．

表 10.3

分　布	確率密度関数	平　均	分　散
正規分布	$f(v) = \frac{1}{\sqrt{2\pi}\sigma} \exp\left[-\frac{(v-m)^2}{2\sigma^2}\right]$	m	σ^2
対数正規分布	$f(v) = \frac{1}{\sqrt{2\pi}\sigma_l v} \exp\left[-\frac{(\log v - m_l)^2}{2\sigma_l^2}\right]$	$\exp\left(m_l + \frac{\sigma_l^2}{2}\right)$	$m_l{}^2(\exp \sigma_l{}^2 - 1)$

自由速度の分布は正規分布（normal distribution）に従うことが知られている．一方，対数正規分布（log-normal distribution）は正規分布の変数 v を対数変換したものであり，$m_l, \sigma_l{}^2$ はそれぞれ $\log v$ の平均と分散である．

10.3 待ち合せモデル

（1）交通現象における待ち合せ

われわれの日常生活において，なんらかの形のサービスを受けるために待ち行列を形成する現象が数多くみられる．特に交通現象に限ってみても，有料道路料金所での待ち合せ，信号交差点における待ち合せ，歩行者の横断待ち，2車線道路での追い越し待ち，駐車場入口での待ち合せ，タクシー乗場での客とタクシーの二重待ち合せなど多くの例をあげることができる．これらの待ち合せ現象について，たとえば平均待ち行列長や平均待ち時間などの情報を知ることは，施設の設計や運用を考えるうえで重要である．

待ち合せ理論はこのような待ち合せ現象を数学的に記述する理論であり，一般に客の到着特性（到着分布など），サービス特性（サービス時間分布や窓口数など），サービスの規律（サービス順など），および行列の規律（行列長の制限の有無）によって特徴づけられ，これらの要因の組み合わせによって多くのモデルが開発されている．

（2）基本型の待ち合せモデル

Kendall は待ち合せモデルの型を表現する記号として，$A/B/S(N)$ なる記号を提案している[5]．ここに A は客の到着分布，B はサービス時間分布，S は窓口数，N は行列の制限長を示す記号である．この表現法に従うと，客の到着間隔が指数分布（ランダム到着），サービス時間が指数分布，窓口数が一つ，先着順サービスで行列長に制

限のない場合の最も基本的な待ち合せモデルは，$M/M/1(\infty)$ 型モデルとして表せる．一方，一つの行列に対して複数（S 個）の窓口が対応する場合は，$M/M/S(\infty)$ 型モデルとなる．これらモデルのおもな結果を表 10.4 に示す．

表 10.4 基本型の待ち合せモデル

待ち合せモデル	$M/M/1(\infty)$ モデル	$M/M/S(\infty)$ モデル
システム内に客が n 人いる確率	$P(n) = \left(\frac{\lambda}{\mu}\right)^n \left(1 - \frac{\lambda}{\mu}\right)$ $= \rho^n (1-\rho)$	$P(n) = \begin{cases} \frac{\rho^n}{n!} P(0) & s > n \geqq 0 \\ \frac{\rho^n}{s^{n-s} s!} P(0) & n \geqq s \end{cases}$ $P(0) = 1 \Big/ \left\{ \sum_{n=0}^{s-1} \frac{\rho^n}{n!} + \frac{\rho^s}{s!(1-\rho/s)} \right\}$
平均待ち行列客数	$\bar{m} = \frac{\lambda^2}{\mu(\mu-\lambda)} = \frac{\rho^2}{1-\rho}$	$\bar{m} = \frac{P(0)\rho^{s+1}}{s!s} \left\{ \frac{1}{(1-\rho/s)^2} \right\}$
システム内の平均客数	$\bar{n} = \frac{\lambda}{\mu-\lambda} = \frac{\rho}{1-\rho}$	$\bar{n} = \rho + \bar{m}$
システム内での平均待ち時間	$\bar{v} = \frac{1}{\mu-\lambda}$	$\bar{v} = \frac{\bar{n}}{\lambda}$
行列内での平均待ち時間	$\bar{w} = \bar{v} - \frac{1}{\mu} = \frac{\lambda}{\mu(\mu-\lambda)}$	$\bar{w} = \bar{v} - \frac{1}{\mu}$

λ：平均到着率，μ：平均サービス率（窓口あたり），$\rho = \lambda/\mu$

10.4　流体モデル－マクロ交通流モデル－

（1）　衝撃波[7]

道路上の交通流を流体としてみることにし，図 10.3 に示すような異なる交通密度をもつ交通流が，境界面 S で接しながら矢印の方向に移動している状態を考える．A の部分の交通密度を k_1，速度を v_1，B の部分の交通密度を k_2，速度を v_2 としたとき，t 時間中に境界面 S を横切る車の数 N について

$$N = (v_1 - c)k_1 t = (v_2 - c)k_2 t \tag{10.4}$$

あるいは

$$(v_1 - c)k_1 = (v_2 - c)k_2 \tag{10.5}$$

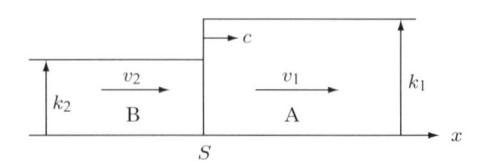

図 10.3　二つの異なる密度をもつ交通流

が成立する．ここに c は境界面 S の移動速度である．よって c について解くと，

$$c = \frac{v_2 k_2 - v_1 k_1}{k_2 - k_1} = \frac{q_2 - q_1}{k_2 - k_1} \tag{10.6}$$

ここに，q_1, q_2 は A および B の部分の交通量である．このような交通密度の不連続面を衝撃波（shock wave）とよび，c はその伝播速度を表す．衝撃波の伝播速度は一般に図 10.4(a) に示すように k-q 曲線上の 2 点を結ぶ弦の勾配として与えられる．この衝撃波の発生状況を時間-距離座標で表すと，図 10.4(b) に示すとおりである．さらに $q_2 - q_1 = \Delta q$, $k_2 - k_1 = \Delta k$ とおいて微小変化を考えたとき

$$c = \frac{\Delta q}{\Delta k} = \frac{dq}{dk} \tag{10.7}$$

となり，c の値は k-q 曲線上の接線勾配に一致する．これを撹乱波の伝播速度という．ところで一般に $q = kv$ が成立するから，この両辺を k で微分すると

$$c \equiv \frac{dq}{dk} = v + k\frac{dv}{dk} \tag{10.8}$$

なる関係が成立する．一般に $dv/dk < 0$ であるから，結局次式が成立する．

$$c < v \tag{10.9}$$

すなわち，撹乱波はつねに交通流の先行車から後続車のほうへ伝わることがわかる．一方，臨界密度を k_0, 飽和密度を k_j としたとき，

$$\left. \begin{array}{ll} 0 \leq k < k_c & \text{のとき} \quad c > 0 \\ k = k_c & \text{のとき} \quad c = 0 \\ k_c < k \leq k_j & \text{のとき} \quad c < 0 \end{array} \right\} \tag{10.10}$$

となり，撹乱波は道路の位置からみて，前方にも後方にも伝わることがわかる．

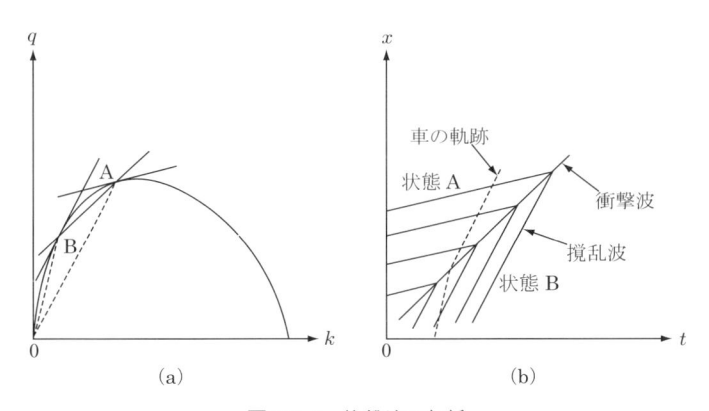

図 **10.4** 衝撃波の伝播

なんらかの理由によって交通流に撹乱波が発生すると，式 (10.10) から臨界密度より小さい密度の部分では，密度の低いほど高い速度で撹乱波が道路前方に伝わり，一方臨界密度より大きい密度の部分では，密度の高いほど高い速度で撹乱波が道路後方に伝わる．その結果衝撃波が発生する．その発生過程を図 10.5 に示す．

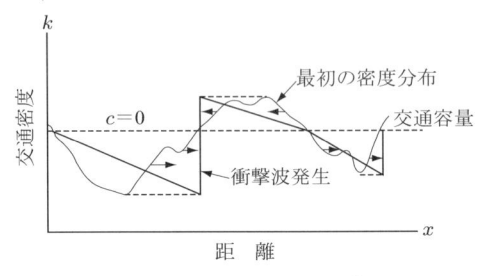

図 10.5 衝撃波の発生[6)]

つぎに交通流の速度と密度の関係式として Greenshields の直線式を仮定し，また飽和密度で正規化した交通密度を $\eta_1 (= k_1/k_j)$, $\eta_2 (= k_2/k_j)$ とすれば，式 (10.6) はつぎのように書き直せる．

$$c = \frac{k_2 v_f (1-\eta_2) - k_1 v_f (1-\eta_1)}{k_2 - k_1} = v_f [1 - (\eta_1 + \eta_2)] \tag{10.11}$$

交通信号などによって交通流が停止するときの状態は，図 10.6(a) に示すとおりであり，このときの衝撃波の伝播速度は，上式において $\eta_2 = 1$ とおいて

$$c = -v_f \eta_1 \tag{10.12}$$

となる．一方停止の状態で行列をつくっていた交通流が，青信号によっていっせいに発進するときの状態は図 10.6(b) に示すとおりで，このときの衝撃波の伝播速度は η_1

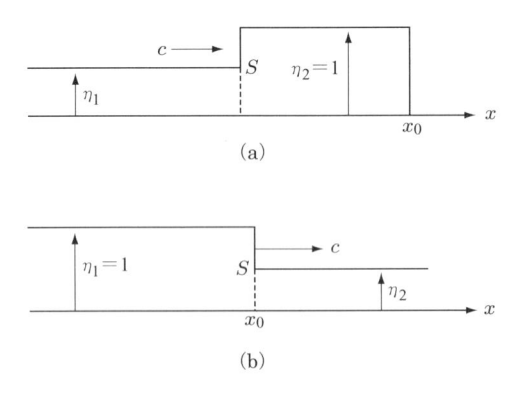

図 10.6 停止時と発進時の衝撃波

= 1 とおいて

$$c = -v_f \eta_2 = -(v_f - v_2) \tag{10.13}$$

となる．一般に v_2（発進時の速度）は小さいとみなされるので，c は近似的には $-v_f$ となる．

衝撃波は，以上のように交通流の停止時や発進時にみられるほか，ボトルネック（隘路，bottleneck）においてもその発生をみることができる．このような衝撃波の伝播特性から，事故渋滞の成長過程や，渋滞区間の旅行時間の推定などが可能となる[10]．

(2) 速度-密度曲線の理論解

交通流を一次元空間の圧縮性流体とみなし，つぎのような連続方程式を考える．

$$\frac{\partial k}{\partial t} + \frac{\partial q}{\partial x} = 0 \tag{10.14}$$

ここに，t は時刻，x は道路に沿った距離を示す．ここで $q = kv$ なる関係を用いると

$$\frac{\partial k}{\partial t} + v\frac{\partial k}{\partial x} + k\frac{\partial v}{\partial x} = 0 \tag{10.15}$$

また速度 v は密度 k のみの関数であるとすると

$$\frac{\partial v}{\partial x} = \frac{\partial v}{\partial k}\frac{\partial k}{\partial x} = v'\frac{\partial k}{\partial x} \tag{10.16}$$

となる．ただし $\partial v/\partial k = dv/dk = v'$ である．よって上式を式 (10.15) に代入すると

$$\frac{\partial k}{\partial t} + (v + kv')\frac{\partial k}{\partial x} = 0 \tag{10.17}$$

が成立する．一方流体の運動方程式として次式を考える．

$$\frac{dv}{dt} = -c^2 k^n \frac{\partial k}{\partial x} \tag{10.18}$$

ここに，c, n は定数である．ここで

$$\frac{dv}{dt} = \frac{\partial v}{\partial x}\frac{dx}{dt} + \frac{\partial v}{\partial t}\frac{dt}{dt} \tag{10.19}$$

であり，$dx/dt = v$, $dt/dt = 1$ であるから，結局式 (10.18) と式 (10.19) より

$$\frac{\partial v}{\partial x}v + \frac{\partial v}{\partial t} + c^2 k^n \frac{\partial k}{\partial x} = 0 \tag{10.20}$$

一方，

$$\frac{\partial v}{\partial t} = \frac{\partial v}{\partial k}\frac{\partial k}{\partial t} = v'\frac{\partial k}{\partial t} \tag{10.21}$$

であるから，式 (10.16) と式 (10.21) を式 (10.20) に代入すると

$$\frac{\partial k}{\partial t} + \left(v + \frac{c^2 k^n}{v'}\right)\frac{\partial k}{\partial x} = 0 \tag{10.22}$$

が成立する．ところで式 (10.17) と式 (10.22) が自明でない解をもつためには

$$kv' = \frac{c^2 k^n}{v'}$$

すなわち

$$(v')^2 = c^2 k^{n-1}$$

が成立しなければならない．一般に $v' < 0$ であるから

$$v' = \frac{dv}{dk} = -ck^{(n-1)/2} \tag{10.23}$$

が成立する．この微分方程式を解くと，n の値によって，つぎのような k-v 曲線を得る．

表 10.5

n	微分方程式	k-v 曲線	
$n = 1$	$\frac{dv}{dk} = -c$	$v = v_f \left(1 - \frac{k}{k_j}\right)$	: Greenshields の式
$n = -1$	$\frac{dv}{dk} = -ck^{-1}$	$v = v_c \ln\left(\frac{k_j}{k}\right)$	: Greenberg の式
$n > -1$	$\frac{dv}{dk} = -ck^{(n-1)/2}$	$v = v_f \left[1 - \left(\frac{k}{k_j}\right)^{(n+1)/2}\right]$	: Drew の式

10.5 追従理論－ミクロ交通流モデル－

(1) 線形モデル

(a) 運動方程式 1 車線上を 1 列になって追従走行している車について，その挙動を表す運動方程式を立てることを考える．その基本原理は刺激-反応の関係を表す運動方程式である．

ここではまず最も基本的な線形モデルについて述べる．追従走行している車の行列の先頭車から順に番号をつけ，いま時刻 t における先頭車から i 番目の車の道路に沿った位置を $x_i(t)$，速度を $v_i(t)$，加速度を $\dot{v}_i(t)$ で表す．このとき，$i+1$ 番目の車の加速度は，T なる反応遅れ時間を伴って先行車との速度差に関係するものと仮定し，その関係をつぎのような線形式で表す，

$$\dot{v}_{i+1}(t) = \alpha[v_i(t-T) - v_{i+1}(t-T)], \quad i = 1, 2, \cdots \tag{10.24}$$

ここで，α は感応係数とよばれる定数である．よって先頭車の運動が与えられると，式 (10.24) より 2 番目以後の車の動きが順次求められる．式 (10.24) のように時間遅れをもつ微分方程式の解は，ラプラス変換を用いることによって一般に解が得られる．すなわち，$v_i(t)$ のラプラス変換を $V_i(s)$ で表せば，式 (10.24) は

となる．ここで $v_{i+1}(0)$ は $i+1$ 番目の車の $t=0$ のときの速度である．いますべての車が最初停止していて，先頭車が $t=0$ に動きだしたとしよう．このとき $v_{i+1}(0) = 0 \, (i=1, 2, \cdots)$ であるから，上式は結局

$$V_{i+1}(s) = \left(\frac{\alpha e^{-Ts}}{s + \alpha e^{-Ts}}\right)^i V_1(s), \quad i = 1, 2, \cdots \quad (10.26)$$

となり，先頭車の速度が与えられると，2 番目以後の車の速度が上式を逆変換して

$$v_{i+1}(t) = L^{-1}\left[\left(\frac{\alpha e^{-Ts}}{s + \alpha e^{-Ts}}\right)^i V_1(s)\right], \quad i = 1, 2, \cdots \quad (10.27)$$

から求められる．たとえば先頭車が $t=0$ に一定速度 v_0 で動きだしたときの，2 番目，3 番目の車の速度変化は図 10.7 に示すとおりである．

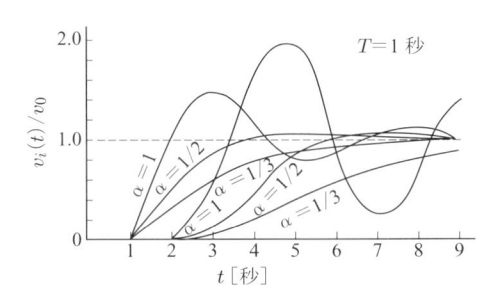

図 10.7 追従車の速度変化[6]

(b) 安定問題 追従理論を用いた交通流の解析において，重要なものの一つに交通流の安定問題がある．追従交通流に対して一般に二つの安定問題が考えられる．その一つは局所的な安定性（local stability）とよばれるもので，先行車の速度変化に対し，その後続車の速度が先行車の速度にやがて収斂する場合を安定といい，永久に振動を繰り返す場合を不安定とよんでいる．もう一つの安定問題は漸近的な安定性（asymptotic stability）とよばれるもので，これは先頭車が速度変化を行った場合に，後続車に速度変化の振幅が拡大されて伝えられる場合を不安定であるといい，逆に減衰して伝えられる場合を安定であるという．

このような追従交通流における二つの安定条件を求めるためには，式 (10.26) 中の $\alpha e^{-Ts}/(s + \alpha e^{-Ts})$（これを伝達関数という）の性質を調べることによって明らかになる．

まず，局所的な安定条件について考えてみよう．これが安定であるためには伝達関

数の分母をゼロとおいた特性方程式 $s + \alpha e^{-Ts} = 0$ の根が正の実部をもつか否かを調べればよい．たとえば先頭車が $t = 0$ で一定速度 v_0 で動きだしたときの後続車の過渡応答を調べると，以下の安定条件が導きだせる[14]．すなわち $\alpha T = c$ とおいたとき

① $c > \pi/2$ ならば，速度変化の振幅が時間とともに増幅される（不安定）．
② $c = \pi/2$ ならば，増幅も衰退もなく永久に振動する（不安定）．
③ $\pi/2 > c > 1/e$ ならば，振動しつつ衰退する（安定）．
④ $1/e \geqq c$ ならば，振動することなく衰退する（安定）．

なお図 10.8 は c の値を変えたときの，2 台の車の車頭間隔に変動状況を示している．

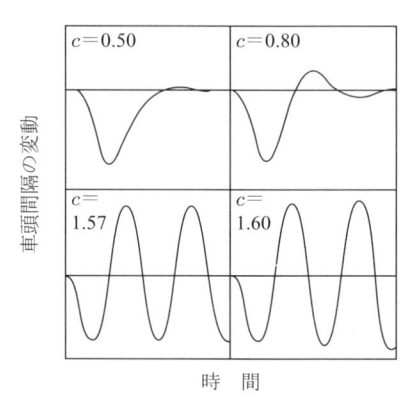

図 **10.8** 2 台の車の車頭間隔の時間的変動[14]

つぎに，漸近的な安定条件について考えてみよう．いま先頭車の角速度 ω の正弦波状の速度変化を行ったとき，2 台目以降の車の過渡応答を調べると，速度変化の振幅が増幅伝播しないためには，

$$\left| \frac{\alpha e^{-Ts}}{s + \alpha e^{-Ts}} \right|_{s=j\omega} \leqq 1 \tag{10.28}$$

が成立する必要があり，結局

$$c \leqq \omega/2\sin\omega \leqq 1/2 \tag{10.29}$$

なる条件が得られる[15]．よって

① $c \leqq 1/2$ ならば，速度変化の振幅が後続車に減衰して伝播する（安定）．
② $c > 1/2$ ならば，速度変化の振幅が後続車に増幅して伝播する（不安定）．

なお図 10.9 は，各車が等しく 70 ft の車頭間隔を保ちながら追従走行しているとき，先頭車が減速し，やがて元の速度まで加速したときの 2 番目以降の車の車頭間隔の時間的変化を示したものである．

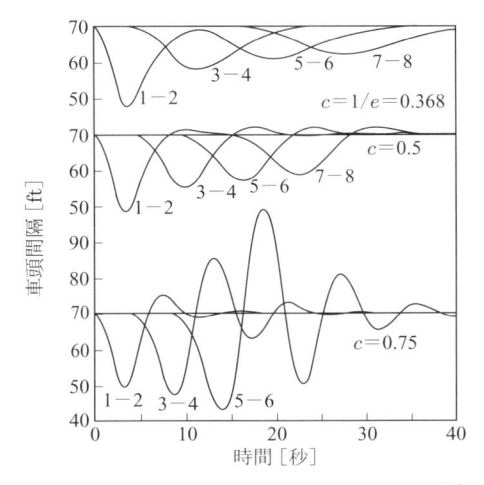

図 10.9 先行車との車頭間隔の時間的変動[14]

以上の二つの安定問題に対して，振動もせず安定した運転を行うには $c \leq 1/e$ である必要がある．いま反応遅れ時間 T を1秒にとると，$\alpha \leq 1/e$ である必要がある．不安定な追従走行はやがて追突事故にいたる．特に吹雪や霧中のような悪天候の場合，反応遅れ時間が大きくなるので，より小さい α で追従しなければ危険である．悪天候中に多重追突事故がみられるのは，反応遅れ時間が大きくなって結果的に c が大きくなるためである．

（2） 非線形モデル

線形モデルで用いられる感応係数 α は，実験によれば必ずしも一定ではなく，先行車との車頭間隔が大きくなるほど減少し，速度が増加するほど大きくなる傾向がみられる．そこで Gazis らはつぎに示すような，より一般的な非線形モデルを提案した[16]．

$$\dot{v}_{i+1}(t) = \alpha_0 \frac{[v_{i+1}(t)]^m}{[x_i(t-T) - x_{i+1}(t-T)]^l} [v_i(t-T) - v_{i+1}(t-T)] \tag{10.30}$$

ここに，l と m は正の定数である．この非線形モデルの一般解を得ることは数学的に困難であるが，定常状態における解の特性を知ることは可能である．すなわち，上式の積分によってつぎのような定常状態における解をもつ．

$$f_m(v) = \alpha_0 f_l(s) + C_0 \tag{10.31}$$

ここに，v は定常状態における平均速度，s は平均車頭間隔を与える．C_0 は積分定数である．さらに $f_m(v)$，$f_l(s)$ はつぎのように与えられる．

$$f_m(v) = v^{1-m} \quad m \neq 1 \text{ のとき} \\ f_m(v) = \ln v \quad m = 1 \text{ のとき} \Bigg\} \tag{10.32}$$

$$f_l(s) = s^{1-l} \quad l \neq 1 \text{ のとき} \\ f_l(s) = \ln S \quad l = 1 \text{ のとき} \Bigg\} \tag{10.33}$$

たとえば,$m = 0$,$l = 1$ のとき,式 (10.31) はつぎのようになる.

$$v = -\alpha_0 \ln k + C_0 \tag{10.34}$$

ここで,s は交通密度 k の逆数であるから,$s = 1/k$ とおいている.境界条件として $v = 0$ のとき $k = k_j$,$v = v_c$ のとき $dq/dk = 0$ であることから,α_0 と C_0 が決定され,結局

$$v = v_c \ln(k_j/k) \tag{10.35}$$

となり,Greenberg の提案した k-v 曲線が得られる.このほか,l と m の値をいろいろに変えたときに導かれる k-v 曲線を表 10.6 にまとめる.

表 10.6 l と m の値と k-v 曲線[17]

l	m	k-v 曲線	
1	0	$v = v_c \ln(k_j/k)$	:Greenberg の式
3/2	0	$v = v_f\{1 - (k/k_j)^{1/2}\}$	:Drew の式
2	0	$v = v_f(1 - k/k_j)$	:Greenshields の式
2	1	$v = v_f e^{-k/k_c}$	:Underwood の式
3	1	$v = v_f e^{-(k/k_c)^2/2}$	:Drake の式

10.6 交通シミュレーションモデル

シミュレーション (simulation) は模型による実験によって,対象とするシステムや現象を類推的に思考することであり,模擬実験ともいわれる.シミュレーションはその結果から帰納的に推論を行うものであり,他の数学的手法が演繹的にモデルから解を求めるのとは対照的である.また,解析的には解けない複雑な問題を対象とすることが多いから,コンピュータを用いることが一般的である.

交通現象を対象とするシミュレーションを交通シミュレーションとよび,つぎのような場合に用いられている.

① 対象とする交通施設や交通システムの人や車両の利用挙動を,新設前に事前に把握したいとか,既存施設であっても安全性や経費上の問題から実験やテストが事実上不可能なとき.

② いくつかの代替案があったとき，同一の条件下で比較検討したいとき．
③ 数式モデルの作成が困難かあるいは解析的に解けない場合，または数式モデルの妥当性を評価するとき．

交通シミュレーションは従来から交差点や分・合流部での交通挙動の分析や，道路ネットワーク上の交通流挙動の分析などに広く用いられているが，これら車両を対象とするシミュレーションモデルは，個別の車両の挙動をモデル化したミクロモデルと，交通流を流体として扱うマクロモデル，およびその中間的なものとして，車群を単位とした車群モデルに大別できる．

近年ではさらにさまざまな場面での人間行動を対象とした交通行動シミュレーションも開発され，交通政策の評価手法として用いられるようになってきている．シミュレーションモデルは製作者の主観的判断に依存する部分が多く，したがって汎用性のあるシミュレーションモデルとするためには，モデルの再現性と操作性を高めることが重要である．

■参考文献

1) Haight F. A., B. F. Whisler and W. W. Mosher JR. : New Statistical Method for Describing Highway Distribution of Cars, Proc. H. R. B. 40. pp. 557〜564, 1961.
2) 前掲 1)．
3) 越正毅，明神証：道路 (I) －交通流－，新体系土木工学 61，技報堂出版，pp. 57〜58, 1983.
4) Gerlough D. L. and M. J. Huber : Traffic Flow Theory, T. R. B. Special Report 165, p. 37, 1975.
5) Kendall D. G. : Some Problems in the Theory of Queues, J. Roy, Statist, Soc. Ser. B, Vol. 13, pp. 151〜185, 1951.
6) 佐佐木綱：交通流理論，技術書院，1965.
7) Pipes L. A. : Hydrodynamic Approaches—Part I, An Introduction to Traffic Flow Theory, H. R. B., Special Report 79, pp. 3〜5, 1961.
8) 前掲 6) p. 32.
9) Lighthill M. J. and G. B. Whitham : Hydrodynamic Approaches—Part II, An Introduction to Traffic Flow Theory, H. R. B. Special Report 79, pp. 7〜35, 1961.
10) 井上矩之：都市間高速道路の交通制御に関する基礎的研究，京都大学学位論文，1973.
11) Drew D. R. : Traffic Flow Theory and Control, McGraw-Hill, pp. 305〜311, 1968.
12) Prigogine I. : A Boltzmann—like Approach to the Statistical Theory of Traffic Flow, Proc. of the First Inter. Sympo. on the Theory of Traffic Flow, Elsevier, pp. 158〜164, 1961.
13) Kometani E. and T. Sasaki : On the Stability of Traffic Flow, Oper. Res. 2(1), pp. 11〜16, 1958.

14) Herman R., E. W. Montroll, R. B. Potts and R. W. Rothery : Traffic Dynamics—Analysis of Stability in Car Following, Oper. Res. 7(1), pp. 86~106, 1959.
15) Chandler R. E., R. Herman and E. W. Montroll : Traffic Dynamics-Studies in Car Following, Oper. Res. 6(2), pp. 165~184, 1958.
16) Gazis D. C., R. Herman and R. W. Rothery : Nonlinear Follow-the-Leader Models of Traffic Flow, Oper. Res. 9(4), pp. 545~567, 1961.
17) May A. D. and H. E. M. Keller : Noniteger Car-Following Models, H. R. B. 199, p. 23, 1967.
18) 交通工学研究会編：やさしい交通シミュレーション，丸善，2000.

■演習問題

1. 1時間に360台の自動車が通過する道路交通流を考える．単位時間内の車の到着台数がポアソン分布に従うとき
   a) 1分間に3台の車が到着する確率を求めなさい．
   b) 車頭時間が30秒以上となる確率を求めなさい．
   c) この交通量の車頭時間はどのような確率分布に従うか．
2. 有料道路の料金所に1 200台/時の交通量が到着する．この料金所には三つのブースがあり，1ブースあたりの処理能力は600台/時である．特に何の誘導もしないとき，行列内の平均の待ち台数と待ち時間を求めなさい．
3. 道路交通量の平均速度 (v) と交通密度 (k) の関係が $dv/dk = -c$（c は正の定数）なる微分方程式で表されるとき，k-v 曲線を導きなさい．ただし境界条件として自由速度 (v_f) と飽和密度 (k_j) を用いよ．

第11章

道路の交通容量

11.1 概　　説

　道路の交通容量（traffic capacity）とは「一定の道路および交通条件のもとで，道路のある断面を単位時間中に通過することのできる自動車台数の最大値」をいい，簡単にいえば道路が交通流をさばき得る能力のことである．交通容量の基本的単位としては，1時間あたりの乗用車換算台数（passenger car unit：pcu）が用いられる．また必要に応じて交通容量を実台数で表すこともある．

　道路の交通容量に関する研究は，米国を中心に1930年代から行われてきたが，1950年に米国で出版されたHCM（Highway Capacity Manual）によって交通容量の概念が初めて明確にされ，実用的な基準が完成した．HCMはその後1965年[1]，1985年[2]，1994年，および2000年に順次改訂版が出されており，今日でも国際的に認められた指針となっている．

　わが国は，以前はHCMによる交通容量の基準値をそのまま準拠していたが，わが国の交通実態に即した独自の交通容量の基準値を設けることの必要性が痛感されるようになり，1960年代ごろからわが国でも交通容量に関する研究が精力的に進められるようになり，ようやく道路構造令が1970年に改正される際に，これまでの研究成果を踏まえたわが国独自の交通容量の考え方と，その基準値が取り入れられるにいたった．なお1982年の道路構造令の再改訂に伴い，新しい研究成果を取り込んだ「道路の交通容量」[3]が1984年に出版され，本章の記述はおもにこの新しいマニュアルに沿っている．

　一般に道路の交通容量といっても，道路の形式によってかなり性格を異にしているので，通常は道路を単路部，分・合流部，織込み区間，および平面交差点の四つのタイプに分類し，それぞれ独自の方法によって交通容量を算定する方法をとっている．ただし，分・合流部と織込み区間については，わが国独自のマニュアルがまだないので，本章では単路部と平面交差点の交通容量を中心に説明する．

11.2 単路部の交通容量

(1) 交通容量の考え方

単路部とは「交通流が信号機，一時停止，踏切，分・合流等の外的要因によって中断されない，または中断，妨害を無視し得る道路区間」をいう．単路部における理論交通容量は，各車が同一速度でかつその速度に応じた最小車頭間隔で走行しているときの交通量として与えられる．ところで最小車頭間隔に基づく交通量は図 9.19 に示すように一つのピーク値をもつ曲線となり，このピーク値がその道路の交通容量ということになる．しかし実際にはこのような交通状態が 1 時間も続くことはあり得ず，1 時間以上にわたって維持できる交通容量はこの図の値よりかなり少なくなる．

実際には単路部の交通容量は，道路および交通条件によって単路部ごとに異なる値をもつ．したがって現実の単路部交通容量を算定するには，初めは道路および交通条件が基本的（理想的）な条件を満たした状態を考え，このときの交通容量を基本交通容量（basic capacity）とよぶ．つぎにこの値を基準にとって，現実の道路および交通条件を考慮するため，補正率というものを導入して，基本的条件からの遊離の程度に応じて交通容量を割り引いた実際の交通容量を求め，これを可能交通容量（possible capacity）とよぶ．この可能交通容量が現実の道路の，道路および交通条件のもとで物理的に流し得る最大交通量であり，通常，道路の交通容量というのはこの可能交通容量をいう．

(2) 基本交通容量

基本交通容量とは「道路および交通条件が基本的な条件を満足しているときに，道路の一断面を 1 時間に通過し得る乗用車台数」をいい，通常 1 車線あたり（二方向 2 車線道路にあっては往復合計）として表される．ここで基本的道路条件とは，

① 車線幅員が交通容量に影響を与えない程度に十分あること（3.5 m 以上）．
② 路側にある障害物（擁壁，電柱，ガードレール，道路標識等）までの距離（側方余裕幅という）が，交通容量と等しい交通量が流れているとき（交通容量時）の速度に影響を与えない程度以上であること（1.75 m 以上）．
③ 縦断勾配，曲線半径，視距，その他の線形条件が，交通容量時の速度に影響を与えない程度に良好であること．

をいう．また基本的交通条件とは

④ 交通容量を減少させるトラックなどの大型車，動力付二輪車，自転車，歩行者などを含まず，乗用車だけから構成されていること．
⑤ 交通容量時の速度に影響を与えるような速度制限がないこと．

このように基本交通容量は，道路および交通条件が以上の基本的条件が満たされている場合に，現実に起こり得る平均最大交通量とみなされ，その基準値は表 11.1 に示すとおりである．二方向 2 車線道路の基本交通容量が往復合計で表されているのは，各方向の交通量分布が交通容量にあまり影響を与えないこと，および 2 車線道路に不可欠な追越しを考慮したためである．

表 11.1 単路部の基本交通容量

区分	単位	基本交通容量
多車線	pcu/時/車線	2 200
二方向 2 車線	pcu/時/往復	2 500

表 11.2 車線幅員による補正率 γ_L [3]

車線幅員 W_L [m]	補正率 γ_L
3.25 以上	1.00
3.00	0.94
2.75	0.88
2.50	0.82

(3) 可能交通容量

可能交通容量とは「現実の道路および交通条件のもとでの交通容量」をいう．現実の道路および交通条件が前述の基本的条件を満たす場合は，その道路の可能交通容量は基本交通容量と等しくなるが，基本的条件が満たされない場合は，その程度に応じて補正する必要がある．具体的には，交通容量に影響する諸要因について，容量低下の影響の程度に補正率という形で表し，これを基本交通容量に乗ずることによって，以下のように求められる．

$$C_p = C_B \times \gamma_L \times \gamma_C \times \gamma_I \times \cdots \tag{11.1}$$

ここに，C_p は可能交通容量，C_B は基本交通容量，$\gamma_L, \gamma_C, \gamma_I, \cdots$ は各種の補正率を表す．

交通容量に影響を及ぼす要因は大別して道路要因と交通要因があり，具体的には以下のとおりである．

(a) 車線幅員 (γ_L) 交通容量の面から必要十分と考えられる車線幅員は 3.50 m である．ただし，交通容量に影響を与えない限度は 3.25 m とし，これ以下の車線幅員について表 11.2 に示す補正率を与えている．

(b) 側方余裕 (γ_C) 側方余裕幅がある値を下回ると，運転者は圧迫を感じるようになり，また曲線部では見通しも悪くなるので，交通容量が減少する．交通容量の面から必要十分と考えられている側方余裕幅は片側につき 1.75 m である．しかし 0.75 m 以上であれば交通容量への影響はないものとして，0.75 m 未満のときは表 11.3 に示す補正率を用いることにしている．

(c) 沿道条件 (γ_I) 出入制限をしていない道路では，たとえば連続的な走行ができる場合であっても，路地からの車両の流入の影響や，沿道からの直接出入に起因する潜在的な干渉（たとえば歩行者や自転車の飛び出しのおそれ）によって，走行速

表 11.3 側方余裕幅による補正率 γ_C [3]

側方余裕幅 W_C [m]	補正率 γ_C	
	片側だけの不足	両側不足
0.75 以上	1.00	1.00
0.50	0.98	0.95
0.25	0.95	0.91
0.00	0.93	0.86

（注）両側に側方余裕の不足がある場合は，左右の側方余裕幅の平均値をとる．

表 11.4 沿道状況による補正率 γ_I [3]
（駐停車の影響を考慮する必要がない場合）

市街化の程度	補正率
市街化していない地域	0.95～1.00
幾分市街化している地域	0.90～0.95
市街化している地域	0.85～0.90

（駐停車の影響が考えられる場合）

市街化の程度	補正率
市街化していない地域	0.90～1.00
幾分市街化している地域	0.80～0.90
市街化している地域	0.70～0.80

度が低下し交通容量が減少する．そのため，沿道の市街化の程度と駐停車の影響の度合いを考慮して，表 11.4 に示すような補正率を用いる．

(d) 縦断勾配 勾配区間においては，視距の制約を受けて安全な最小車頭間隔が異なってくること，また上り勾配が長く急であれば，平坦地よりも速度が低下することなどの理由によって交通容量が低下する．勾配区間の影響は大型車に対して大きく現れるので，通常，勾配による影響は大型車についてのみ考慮し，つぎの大型車混入による影響と合わせて考慮することにしている．

(e) 大型車 (γ_T)　大型車（トラック，バス）は道路上の占有面積が大きく，特に上り勾配部で速度が低下して交通容量を低下させる．この度合いは大型車 1 台が標準となる乗用車何台分に相当するかという換算値（大型車の乗用車換算係数）によって示される．乗用車換算係数は大型車混入率，車線数，勾配の程度と長さなどによって変化し，表 11.5 に示すような値が用いられる．あるいは，かなり長い道路区間の平均的な乗用車換算係数を知りたい場合は，表 11.6 に示すような値を用いる．交通容量を乗用車換算台数で表すときは補正の必要はないが，実台数で交通容量を表示した場合は，次式によって求めた補正率を乗じればよい．

$$\gamma_T = \frac{100}{(100 - T) + E_T \cdot T} \tag{11.2}$$

ここに，γ_T は大型車混入による補正率，E_T は大型車の乗用車換算係数，T は大型車混入率である．

(f) 動力付二輪車と自転車　動力付二輪車と自転車の混入による影響は，先の大型車混入による補正と同様な考え方で補正を行う．補正に用いる動力付二輪車と自転車の乗用車換算係数は表 11.7 に示すとおりである．

表 11.5　大型車の乗用車換算係数 E_T[3)]

勾　配	勾配長 [km]	2 車線道路（大型車混入率 %）					多車線道路（大型車混入率 %）				
		10	30	50	70	90	10	30	50	70	90
3% 以下	—	2.1	2.0	1.9	1.8	1.7	1.8	1.7	1.7	1.7	1.7
4%	0.2	2.8	2.6	2.5	2.3	2.2	2.4	2.3	2.2	2.2	2.2
	0.4	2.8	2.7	2.6	2.4	2.3	2.4	2.4	2.3	2.3	2.2
	0.6	2.9	2.7	2.6	2.4	2.3	2.5	2.4	2.3	2.3	2.3
	0.8	2.9	2.7	2.6	2.5	2.4	2.5	2.4	2.4	2.3	2.3
	1.0	2.9	2.8	2.7	2.5	2.4	2.5	2.4	2.4	2.4	2.3
	1.2	3.0	2.8	2.7	2.5	2.4	2.6	2.5	2.4	2.4	2.4
	1.4	3.0	2.8	2.7	2.5	2.4	2.6	2.5	2.4	2.4	2.4
	1.6	3.0	2.9	2.8	2.6	2.5	2.6	2.5	2.5	2.4	2.4
5%	0.2	3.2	3.0	2.8	2.7	2.6	2.7	2.6	2.6	2.6	2.5
	0.4	3.3	3.1	2.9	2.8	2.7	2.9	2.7	2.7	2.7	2.6
	0.6	3.4	3.2	3.0	2.8	2.7	2.9	2.8	2.7	2.7	2.7
	0.8	3.5	3.2	3.0	2.9	2.8	3.0	2.9	2.8	2.8	2.7
	1.0	3.5	3.3	3.1	2.9	2.8	3.0	2.9	2.8	2.8	2.8
	1.2	3.6	3.4	3.1	3.0	2.9	3.1	3.0	2.9	2.9	2.8
	1.4	3.6	3.4	3.2	3.0	2.9	3.1	3.0	2.9	2.9	2.8
	1.6	3.7	3.4	3.2	3.1	2.9	3.2	3.0	3.0	2.9	2.9
6%	0.2	3.4	3.2	3.0	2.8	2.7	2.9	2.8	2.7	2.7	2.7
	0.4	3.5	3.3	3.1	3.0	2.9	3.1	2.9	2.9	2.8	2.8
	0.6	3.7	3.5	3.3	3.1	3.0	3.2	3.1	3.0	3.0	2.9
	0.8	3.8	3.6	3.4	3.2	3.1	3.3	3.2	3.1	3.0	3.0
	1.0	3.9	3.6	3.4	3.3	3.1	3.4	3.2	3.1	3.1	3.1
	1.2	4.0	3.7	3.5	3.3	3.2	3.4	3.3	3.2	3.2	3.1
	1.4	4.1	3.8	3.6	3.4	3.3	3.5	3.4	3.3	3.2	3.2
	1.6	4.1	3.9	3.7	3.5	3.3	3.6	3.4	3.3	3.3	3.3
7%	0.2	3.5	3.3	3.1	2.9	2.8	3.0	2.9	2.8	2.8	2.8
	0.4	3.7	3.5	3.3	3.1	3.0	3.2	3.1	3.0	3.0	2.9
	0.6	3.9	3.6	3.4	3.3	3.1	3.4	3.2	3.1	3.1	3.1
	0.8	4.0	3.8	3.5	3.4	3.2	3.5	3.3	3.3	3.2	3.2
	1.0	4.2	3.9	3.7	3.5	3.3	3.6	3.4	3.4	3.3	3.3
	1.2	4.3	4.0	3.8	3.6	3.5	3.7	3.5	3.5	3.4	3.4
	1.4	4.5	4.2	3.9	3.7	3.6	3.8	3.7	3.6	3.6	3.5
	1.6	4.6	4.3	4.0	3.8	3.7	3.9	3.8	3.7	3.7	3.6

表 11.6　平均的な大型車の乗用車換算係数[3)]

車線数	地域区分	
	都市部，平地部	山地部
2 車線	2.0	3.5
多車線	2.0	3.0

表 11.7　動力付二輪車と自転車の乗用車換算係数[3)]

車種 地域	動力付二輪車	自転車
地方部	0.75	0.50
都市部	0.50	0.33

(g) その他　交通容量に影響を与えるその他の要因として，道路線形，トンネル部，サグ部（凹型縦断線形の底部），踏切などが知られている．たとえば，高速道路のトンネル部では標準的な平坦部に比べて2割程度の容量低下が観測されている[8]．また踏切では，1000台/車線/開放1時間程度（後述の信号交差点の50％）という観測例がある[9]．しかしこれらはまだマニュアルに取り入れられるほど十分定量化されていないのが現状である．

(4) 道路区間の交通容量

道路断面ではなく，ある程度連続した道路区間を考えたとき，その道路区間の交通容量はその区間内に存在する隘路地点の交通容量に支配される．たとえば，出入り制限された自動車専用道路では，料金所，分・合流部，織込み区間，トンネル入口付近，登坂部，クレストやサグ，曲線部などが隘路地点となる．一方，一般道路の隘路地点としては信号交差点の影響が最も大きい．そこで交差点の信号による補正率などを用いて道路区間の交通容量を求める方法が提案されているが，詳細については「道路の交通容量」マニュアルに譲る[3]．

(5) 設計交通容量

可能交通容量は，運転の自由というものをまったく見込んでいないゆとりのない容量なので，車線数の決定など道路の計画や設計に用いる交通容量としては好ましくない．この場合にはある程度走行の自由が許された余裕のある交通容量を用いることが望ましい．

そこで道路の計画や設計において，その道路が提供すべきサービスの質を計画水準として与え，計画水準ごとに定められて低減率を可能交通容量に乗じて求めたものが設計交通容量（design capacity）である．この計画水準は具体的には計画交通量と可能交通容量との比 (Q/C) によって三つのランクに分け，これをさらに地方部と都市部に分けて表 11.8 に示すような値を用いることにしている．またそれぞれの計画水準における交通状態は，おおむねつぎのとおりである．

計画水準1：計画目標年次において，予想される年間最大ピーク時間交通量が，可能交通容量を突破することはない．30番目時間交通量が流れる状態においてはある速

表 11.8　計画水準[3]

計画水準	低減率（交通量・交通容量比）	
	地方部	都市部
1	0.75	0.80
2	0.85	0.90
3	1.00	1.00

度（速度の自由な選択はできない）での定常的走行が可能である．

計画水準 2：計画目標年次において，年間 10 時間程度は予想されるピーク時間交通量が可能交通容量を突破して大きな交通渋滞を発生することがある．30 番目時間交通量が流れる状態においては，一定速度の走行はむずかしくなり，速度の変動が現れる．

計画水準 3：計画目標年次において，年間 30 時間程度は予想されるピーク時間交通量が可能交通容量を突破して大きな交通渋滞を発生する．30 番目時間交通量が流れる状態においては走行速度はつねに変動し停止にいたることもある．

計画水準の適用は，道路の性格および重要性を考慮して定めることになるが，道路構造令では第 1 種規格のものにあっては計画水準 1，その他のものにあっては計画水準 2 を用い，計画水準 3 は原則として用いないことにしている．

ところで，交通量は路線や地域によって時間変動をもつため，道路の混雑状況を正確に把握するには，時間交通容量によって考えるほうがよいが，道路計画においては，道路の計画交通量が通常日交通量で予測されているため，設計交通容量としても日交通量で考えたほうが便利である．そこで車線数を決定するようなときは，設計交通容量を日単位に換算した設計基準交通量が用いられ，これは次式によって求められる．

$$\left.\begin{aligned} 2\,車線道路の設計基準交通量\,[台/日/往復] &= \frac{100}{K}C_D \\ 多車線道路の設計基準交通量\,[台/日/車線] &= \frac{5\,000}{KD}C_D \end{aligned}\right\} \quad (11.3)$$

ここに，C_D は設計交通容量 [台/時]，K は計画交通量（年平均日交通量）に対する設計時間交通量（通常は 30 番目時間交通量）の割合 [%]，D は往復合計の時間交通量に対する重方向交通量の割合 [%] である．

設計基準交通量は，標準的な道路構造と交通条件を想定して求められたものであり，個々の道路断面（区間）に適用される可能交通容量や設計交通容量とはかなり性格が異なる．なお，基本交通容量から設計基準交通量を算定するまでのプロセスをまとめて図 11.1 に示す．

(6) サービス水準とサービス交通量

道路の計画や設計の条件として用いられるサービスの程度を表す計画水準とは別に，道路がそのときの交通状況の下に運転者に提供できるサービスの程度を表すものとして，サービス水準 (level of service) がある．一般にサービス水準はつぎのような多くの評価項目の総合的な尺度である．

① 速度および旅行時間
② 走行の中断または妨害

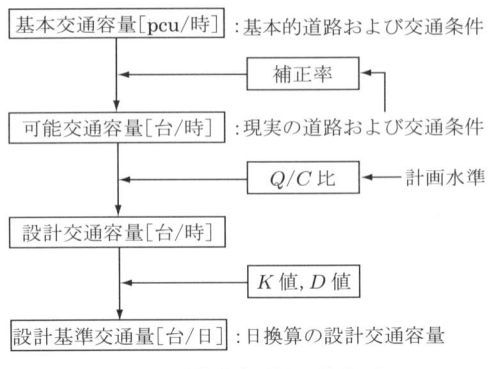

```
        ┌─────────────────────────┐
        │ 基本交通容量[pcu/時]      │：基本的道路および交通条件
        └──────────┬──────────────┘
                   │←── 補正率
                   ▼
        ┌─────────────────────────┐
        │ 可能交通容量[台/時]      │：現実の道路および交通条件
        └──────────┬──────────────┘
                   │←── $Q/C$ 比 ←── 計画水準
                   ▼
        ┌─────────────────────────┐
        │ 設計交通容量[台/時]      │
        └──────────┬──────────────┘
                   │←── $K$値, $D$値
                   ▼
        ┌─────────────────────────┐
        │ 設計基準交通量[台/日]    │：日換算の設計交通容量
        └─────────────────────────┘
```

図 11.1 設計基準交通量の算定プロセス

③ 行動の自由
④ 安全性（事故率だけでなく潜在的危険性を含む）
⑤ 運転の快適さと容易さ
⑥ 経済性（車両の運行経費）

　これらは道路の種類によって異なるし，また同じ道路であっても交通の混み具合によって異なるので，時によってサービス水準は同一ではない．また，あるサービス水準を保つことのできる交通量には限度があり，この限界の交通量をそのサービス水準に対応するサービス交通量（service volume）という．

　サービス交通量に影響する要因は，先に示した可能交通容量の影響要因だけではなく，さらに多くの諸要因が影響すると考えられる．しかも可能交通容量と同一の要因であっても，同じ補正率の値が必ずしもサービス交通量の算定には適用できないと考えられる．

　ところで HCM ではサービス水準を A から F までの 6 段階に区分している．1965 年

表 11.9 $V_S/V_D - Q/C$ とサービス水準（案）[3]

	サービス速度／設計速度 V_S/V_D			
	$V_D \geqq 80$ km/h	Q/C	$V_D \leqq 60$ km/h	Q/C
サービス水準　1	1.0 〜 0.80	0.75	1.0 〜 0.85	0.65
2	〜 0.70	0.85	〜 0.75	0.85
3	〜 0.60	0.95	〜 0.65	0.95
4	0.60 以下	1.0 以下	0.65 以下	1.0 以下
対応する道路の種級区分	1-1, 1-2, 1-3, 2-1, 3-1		1-4, 2-2, 3-2, 3-3, 3-4, 4-1, 4-2, 4-3	

（注）C は可能交通容量である．

版のHCMでは第1要因として運転速度，第2要因として交通量/交通容量比（Q/C）を用いてサービス水準を規定していたが，2000年版のHCMでは各道路形式に応じたサービス評価尺度（service measures）を用いてサービス水準を規定している．

たとえば多車線道路では交通密度によるサービス水準が定められ，また都市内街路では旅行速度を用いたサービス水準を定めている．一方わが国でも，旅行速度と設計速度の比（V_S/V_D）とQ/C比を用いて，表11.9に示すような4段階のサービス水準を提案している．

11.3 平面交差点の交通容量

（1）信号制御のない平面交差点の交通容量

信号制御されていない平面交差点では，通常交通法規や交通規制によって優先側と非優先側を定め，非優先側に一時停止を義務付ける一時停止制御が実施される．このほか必ずしも一時停止を課さない譲れ（yield）標識や，英国を中心に広く用いられているロータリー式制御（rotaryまたはroundabout）があるが，わが国ではほとんど用いられていない．

一時停止制御の行われている交差点では，優先側の交通流は交差交通流とほとんど無関係に走行できるから，その交通容量は右左折車両の影響を除けば，単路部と同じと考えてよい．一方非優先側の交通流は，優先側の交通流の間隙をぬって交差ないし合流するため，一般にギャップアクセプタンスの現象として扱うことができる．

いま，優先側交通がポアソン流であると仮定して求めた非優先側交通の最大交通量$q_{\max}$は，次式によって与えられる．

$$q_{\max} = \frac{Qe^{-\mu t_0}}{1 - e^{-\mu t_1}} \tag{11.4}$$

ここに，Qは優先側の往復合計交通量 [台/時]，$\mu = Q/3\,600$ [台/秒]，t_0は非優先側交通が優先側道路を横断するのに必要な最小車頭間隔 [秒]，t_1は非優先側交通が連続して横断するときの車頭間隔 [秒] であり，優先側道路が4車線道路の場合，t_0は5〜7秒，t_1は2〜3秒程度の値をとる[6]．

しかし上式によれば理論的には非優先側に無限大の待ち時間を許容することになり，必ずしも現実的ではない．そこで許容待ち時間を定めて，これから非優先側の交通容量を求めようとする考え方もある[7]．実際問題としては，交差点の交通容量が問題となるような状況においては交通信号が設置されるので，交通容量としては，つぎに述べる信号交差点の交通容量がより重要である．

(2) 信号交差点の飽和交通流率と交通容量の基本値

信号交差点では，互いに交差する交通流が同一平面を利用するので，平面交差点の交通容量を，単路部のように道路の一断面を通過し得る最大交通量として単純に求めることができないし，また交通運用方式によっても大きく影響を受ける．一方交差点の交通容量は，交差点流入部ごとに道路および交通条件が違ってくるので，流入部ごとに交通容量を考えていくことが必要となる．そこでまず交差点各流入部ごとに飽和交通流率を求め，この飽和交通流率に信号制御方式を考慮することによって交通容量を算定する方法が用いられている．

ところで計算の基本となる飽和交通流率（saturation flow rate）とは「車両の待ち行列が連続して存在しているほど需要が十分ある場合に，青信号中に交差点流入部を通過し得る最大交通量」をいい，その単位は（台/有効青1時間/車線）である．飽和交通流率は現実の道路および交通条件によってかなり変動するので，実測によって求めることが望ましいが，計算による場合は，つぎに示すような方法で算定する．

まず飽和交通流率の基本値として，道路および交通条件が理想的な場合の飽和交通流率を考える．ここで理想的な条件とは，具体的には平坦道路で道路幅員，歩行者などの影響がなく，同一方向に向かう乗用車のみで構成されている場合で，そのときの基本値は表 11.10 に示すとおりである．

ただしこの飽和交通流率の値は青信号が1時間連続して続いたときの値であり，信号制御の影響はまったく考慮されていない．そこで実際の信号制御に則した実1時間あたりの通過可能最大交通量を，交通容量の基本値とよぶことにすると，この基本値は表 11.11 のように与えられる．

表 11.10 信号交差点の飽和交通流率の基本値[3]

車線の種類	飽和交通流率 [pcu/青1時間]
直進車線	2 000
左折車線	1 800
右折車線	1 800

(3) 飽和交通流率の影響要因と交通容量の算定

交差点流入部の現実の道路および交通条件下での飽和交通流率をもとに，信号制御の影響を考慮した実1時間あたりの通過可能最大交通量をその流入部の交通容量という．これはいずれも単路部の場合と同様に，補正率を乗じることによって求められる．

一般に，飽和交通流率の値に影響を及ぼす諸要因として，表 11.12 に示すような要因が考えられるが，これらのすべてが定量的にとらえられているわけではない．ここでは補正率がすでに与えられている要因についてだけ以下に説明する．

11.3 平面交差点の交通容量　143

表 11.11

(a) 信号交差点の交通容量の基本値

[pcu/実1時間/車線]

交通容量の基本値	備考
直進車線 $B_T = 2\,000\dfrac{G}{C}$ 右折専用車線（右折専用現示あり） $B_{R0} = 1\,800\dfrac{G_R}{C} + 3\,600\dfrac{K}{C}$ 右折専用車線（右折専用現示なし） $B_{R1} = 1\,800 f\dfrac{SG - qC}{C(S-q)} + 3\,600\dfrac{K}{C}$ 左折専用車線（左折専用現示あり） $B_{L0} = 1\,800\dfrac{G_L}{C}$ 左折専用車線（左折専用現示なし） $B_{L1} = 1\,800\dfrac{(1-f_p)G_p + (G-G_p)}{C}$	$C =$ サイクル長 [秒] $G =$ 有効青時間 [秒] $G_R =$ 右折専用現示（青矢）時間 [秒] $G_L =$ 左折専用現示（青矢）時間 [秒] $G_p =$ 歩行者用青時間 [秒] $K =$ 現示の変わり目にさばける右折台数 　　（小交差点 2 台，大交差点 3 台） $S =$ 対向流入部の飽和交通流率 [台/青1時間] $q =$ 対向直進交通量 [台/時] $f =$ 対向直進交通量が q のとき，右折車が通過 　　できる確率（表 (b)） $f_P =$ 横断歩行者によってその青信号時間のうち 　　左折車の通行が低減する割合（表 (c)）

(b) 右折車の通過可能確率 (f)[3)]

q [台/時]	0	200	400	600	800	1 000	$q > 1\,000$
f	1.00	0.81	0.65	0.54	0.45	0.37	0.00

(c) 左折専用車線の横断歩行者による低減率 f_P [3)]

横断歩道長 L [m]	サイクル長 [s]*	歩行者交通量 [往復合計，人/サイクル]			
		5	20	40	60
20	60	0.27	0.63	0.75	0.82
	90	0.18	0.51	0.74	0.81
	120	0.13	0.45	0.71	0.81
30	60	0.21	0.60	0.73	0.83
	90	0.17	0.48	0.72	0.81
	120	0.12	0.45	0.69	0.78
40	60	0.14	0.51	0.72	0.81
	90	0.14	0.49	0.67	0.80
	120	0.13	0.43	0.64	0.74

（注）＊ スプリット $G/C = 0.5$ として低減率 f_P を求めた．

（a）**車線幅員**　交差点流入部の基本車線幅員は 3.0 m であり，これ以上あれば十分である．3.0 m 未満の車線に対しては，表 11.13 に示すように一律に 0.95 の補正率を用いることにしている．ただし右折専用車線の場合は，幅員が 2.75 m 以上であればよいと考えて補正は行わない．

（b）**縦断勾配**　縦断勾配は車両の停止，発進，加速の挙動に影響を与え，飽和交通流率を低下させる．そこで縦断勾配に応じて表 11.14 に示す補正率を用いる．

表 11.12 飽和交通流率に影響を及ぼす要因[3]

道路要因	流入部幅員（車線幅員）
	縦断勾配
	交差点形状（交差角，視認性）
交通要因	車種構成（大型車，二輪車など）
	右折車
	左折車
	対向直進車
	横断歩行者
周辺要因	地域特性（都市部・地方部）
	駐停車
	バス停留所

表 11.13 車線幅員による補正率 (α_w)[3]

車線幅員 [m]	補正率
2.50〜3.00（未満）	0.95*
3.00〜3.50	1.00

（注）＊右折専用車線については
2.75 m 以上は 1.00 とする．

(c) 車種構成　飽和交通流率の基本値は乗用車のみから構成された交通流を考えている．したがって大型車が混入した場合は，単路部の場合と同様に乗用車換算係数を用いて次式によって大型車混入による補正率 (α_T) を求める．

$$\alpha_T = \frac{100}{(100-T) + E_T \cdot T} \tag{11.5}$$

ここに，T は大型車混入率 [%]，E_T は大型車の乗用車換算係数で，実測結果から一般に 1.7 の値を用いる．表 11.15 に大型車混入率と補正率の関係を示す．

表 11.14 縦断勾配による補正率 (α_G)[3]

縦断勾配 [%]	補正率
−6	0.95
−5	0.96
−4	0.97
−3	0.98
−2	0.99
−1	1.00
0	1.00
1	1.00
2	0.95
3	0.90
4	0.85
5	0.80
6	0.75

表 11.15 大型車混入による補正率 (α_T)[3]

大型車混入率 [%]	補正率
5	0.97
10	0.94
15	0.91
20	0.88
25	0.85
30	0.83
35	0.80
40	0.78
45	0.76
50	0.74

（注）この表に示されていない値（大型車混入率 50% 以上など）は $E_T = 1.7$ として式 (11.5) より求める．

11.3 平面交差点の交通容量　145

　一方二輪車については，飽和交通流率の対象に含めないのが通常であるが，特に二輪車についても考慮する必要がある場合は，二輪車の乗用車換算係数を動力付二輪車については 0.33，自転車については 0.20 として，同様な方法で補正率を求めればよい．

(d) 右折車混入（直進・右折混用車線）　直進車と右折車が同一車種を利用する場合は，直進飽和交通流率に右折車混入による補正を考慮しなければならない．右折車混入による補正は，右折車 1 台が直進車の何台分に相当するかという直進車換算係数 (E_{RT}) を用いて行われ，E_{RT} は直進車線の交通容量の基本値を，右折専用車線（右折専用現示なし）の交通容量の基本値で除した値として求められる．

$$E_{RT} = B_T/B_{R1} \tag{11.6}$$

よって右折車混入による補正率 (α_{RT}) は

$$\alpha_{RT} = \frac{100}{(100-R) + E_{RT} \cdot R} \tag{11.7}$$

によって求められる．ここに R は右折車混入率 [%] である．

(e) 左折車混入（直進・左折混用車線）　直進車と左折車が同一車線を利用する場合も，左折車の直進車換算係数を用いて補正率が計算される．左折車の直進車換算係数 (E_{LT}) は，直進車線の交通容量の基本値を左折専用車線（左折専用現示なし）の交通容量の基本値で除した値として求められる．

表 11.16 左折車混入による補正率（歩行者の影響がない場合）[3]

左折車の混入率 [%]	補正率
5	0.99
10	0.97
15	0.96
20	0.94
25	0.93
30	0.91
35	0.90
40	0.88
45	0.87
50	0.85

（注）左折車混入率が 50% を超える場合は 50% の補正率を用い，中間の値は補間法により求める．

表 11.17 車線別の交通容量[3]

[台/実 1 時間/車線]

車線	交通容量
直進車線	$2\,000\alpha_W \alpha_G \alpha_T \alpha_{RT} \alpha_{LT} \dfrac{G}{C}$
右折専用車線（右折専用現示あり）	$1\,800\alpha_W \alpha_G \alpha_T \dfrac{G_R}{C} + 3\,600\dfrac{K}{C}\alpha_W \alpha_G \alpha_T$
右折専用車線（右折専用現示なし）	$1\,800\alpha_W \alpha_G \alpha_T f \dfrac{SG - qC}{C(S-q)} + 3\,600\dfrac{K}{C}\alpha_W \alpha_G \alpha_T$
左折専用車線（左折専用現示あり）	$1\,800\alpha_W \alpha_G \alpha_T \dfrac{G_L}{C}$
左折専用車線（左折専用現示なし）	$1\,800\alpha_W \alpha_G \alpha_T \dfrac{(1-f_p)G_p + (G - G_p)}{C}$

（注）$\alpha_W, \alpha_G, \alpha_T, \alpha_{RT}, \alpha_{LT}$ は，それぞれ車線幅員，縦断勾配，大型車混入，右折車混入，左折車混入による補正率

$$E_{LT} = B_T/B_{L1} \tag{11.8}$$

よって左折車混入による補正率 (α_{LT}) は

$$\alpha_{LT} = \frac{100}{(100-L) + E_{LT} \cdot L} \tag{11.9}$$

によって求められる．ここに L は左折車混入率 [%] である．なお横断歩行者が非常に少なく，その影響が無視できる場合には，左折車混入による補正率として表 11.16 を用いてもよい．

以上に示した補正率を乗ずることによって，実際の道路および交通条件のもとで各流入部の交通容量が求められるが，各補正要因の影響度は車線ごとに異なるもので，一般には車線別に求められなければならない．表 11.17 は一般的な計算式を示したものである．

(4) 信号交差点のサービス水準

平面交差点の場合は，交通制御によって通行の中断が余儀なくされるという，交通サービス上の大きな要因があるので，サービス水準を具体的に示す要素としては，交通中断の影響度を交差点全体で定量化できる平均信号遅れ時間が適当である．ところで平均信号遅れ時間は，常用信号サイクルの範囲ではサイクル長と比例関係にあることが知られているので，直接平均信号遅れ時間をとる代わりに，サイクル長によって平面交差点のサービス水準を定めればよい．そこで，表 11.18 に示すようにサービス水準を信号サイクル長によって 3 段階に分けることが提案されている．一方 HCM では，1 台あたりの平均時間遅れによって，A から F の 6 段階のサービス水準を規定している．

表 11.18 信号交差点のサービス水準

サービス水準	サイクル長
1	70 秒以下
2	70〜100 秒
3	100 秒以上

■参考文献

1) Highway Capacity Manual 1965, H. R. B. Special Report 87, 1965.
2) Highway Capacity Manual 1985, T. R. B. Special Report 209, 1985.
3) 日本道路協会：道路の交通容量, 1984.
4) 清水孝一編訳：幹線道路の交通容量, OECD レポート, 山海堂, 1984.
5) Institute of Transportation Engineers:Transportation and Traffic Engineering Hand-

book, Prentice-Hall, p. 473, 1982.
6) 交通工学研究会編：平面交差の計画と設計, p. 56, 1977.
7) 日本道路協会：道路構造令の解説と運用, pp. 65〜78, 1970.
8) 藤田大二編著：交通現象と交通容量, pp. 84〜85, 技術書院, 1987.
9) 岩崎征人, 渡邉隆, 宮沢竹之：踏み切りでの道路交通流特性と遅れの推定式に関する調査研究, 土木学会論文集, 第401号/IV-10, pp. 61〜67, 1989.

■演習問題
1. 往復2車線の一般道路を考える．車線幅員は3m, 側方余裕は両側ともに0.5m, 沿道条件は駐停車の影響がない市街化していない道路で, 大型車混入率は10%, 上り勾配5%, 勾配長1.2kmの道路区間の可能交通容量を求めなさい．
2. 計画交通量が56000台/日の計画道路の車線数を決定したい．ただし設計交通容量は1600台/時, K値を9%, D値を60%とする．
3. 以下の条件のもとで信号交差点1車線流入部の交通容量を求めなさい．
車線幅員3.3m, 上り勾配3%, 大型車混入率15%, 右折車混入率10%, 左折車混入率10%, 対向直進車400台/時, サイクル長70秒, 有効青時間30秒を設計条件とせよ. ただし, 歩行者の影響はないものとする．

第12章

交 通 信 号

12.1 概　　説

(1) 交通信号の役割と種類

交通信号 (traffic signal) とは「電気により操作され，かつ道路の交通に関し，燈火により交通整理等のための信号を表示する装置」をいう（道路交通法第2条第1項）．

交通信号の役割は，道路における危険を防止し，交通の安全と円滑化を図るとともに，交通公害その他道路の交通に起因する障害を防止することである．したがって交差交通流が交錯する交差点などに設置される．交差点に交通信号機を設置するかどうかの基準は，自動車交通量，横断歩行者数，過去の交通事故の発生状況，信号機設置間隔，付近の環境条件などを参考にしながら，総合的な技術判断によって行われる．

交通信号にはさまざまの型式のものがあるが，これを制御方式と制御範囲によって分類すると図12.1のようになる．

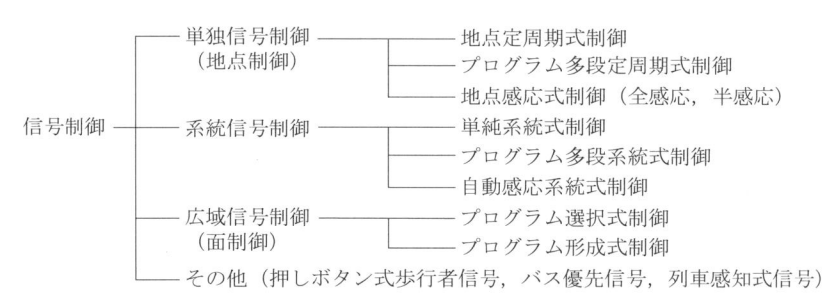

```
                ┌─ 単独信号制御 ──┬─ 地点定周期式制御
                │   (地点制御)   ├─ プログラム多段定周期式制御
                │               └─ 地点感応式制御（全感応，半感応）
                │
                ├─ 系統信号制御 ──┬─ 単純系統式制御
信号制御 ───────┤               ├─ プログラム多段系統式制御
                │               └─ 自動感応系統式制御
                │
                ├─ 広域信号制御 ──┬─ プログラム選択式制御
                │   (面制御)    └─ プログラム形成式制御
                │
                └─ その他（押しボタン式歩行者信号，バス優先信号，列車感知式信号）
```

図 12.1　信号制御の種類

(2) 信号制御パラメータ

信号制御に関して，つぎのような制御パラメータが用いられる．

(a) サイクル (cycle)　　青，黄，赤信号，矢印信号等の一連の信号表示が一巡するに要する時間をいう．通常秒単位で表される．通常用いられる常用サイクル範囲は40〜150秒程度である．

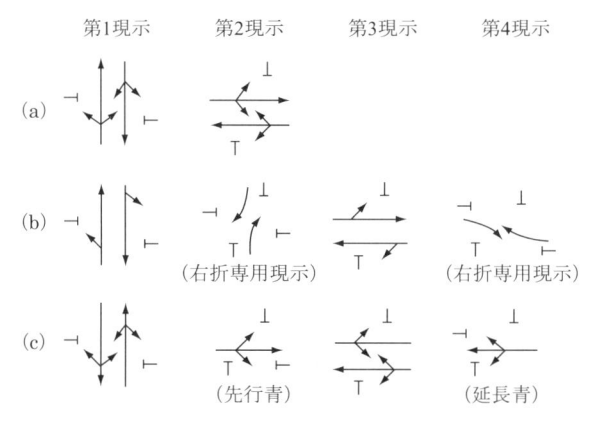

図 **12.2** 四枝交差点の信号現示の例

(b) **現示**（phase） 平面交差点である方向の交通流の組み合わせに同時に通行権を与えている信号表示の一つの状態をいう．図 12.2 は四枝交差点における信号現示の例を示しているが，特に (c) のように，同一の現示に含まれる交通流の一部に対して，他の部分の交通流より早くまたは遅く青信号を出すような現示方式を時差式信号現示という．

(c) **現示時間**（phase duration） 現示の継続時間をいう．これには黄信号時間を含めることがある．

(d) **スプリット**（split） 1 サイクル中で各現示に割り当てられる時間の百分率である．

(e) **オフセット**（offset） 任意の交差点信号の青開始時点の基準交差点信号の青開始時点よりのずれをいい，通常秒またはサイクル長に対する百分率で表される．特に隣接交差点間のずれを相対オフセット，基準交差点からのずれを絶対オフセットということもある．相対オフセットは 2 信号交差点間の絶対オフセットの差に等しい．

以上述べたパラメータのうち，サイクル，スプリット，オフセットを交通信号の制御パラメータという．

12.2 信号表示企画の基本事項[1]

(1) 交差点飽和度

信号交差点のある流入部の需要交通量（設計交通量）を q，飽和交通流率を s としたとき，q/s を正規化交通量といい，同一の現示の中で，正規化交通量の最大値をその現示の飽和度（saturation degree）といい λ_i で表す．λ_i はその現示で需要交通量をさばくのに必要な有効青時間のサイクル長に対する割合を表している．また各現示

の飽和度の和 $\lambda \left(= \sum_i \lambda_i \right)$ をこの交差点の飽和度という．この値はその交差点に与えられる，各現示内の需要交通量をさばくのに最低限必要な有効青時間の和のサイクル長に対する割合を示し，したがって交差点の飽和度が 1.0 以上になれば，いかなる制御方式を採用しても需要交通量を処理することが不可能なことを示している．

実際にはさらに信号現示の切り替え時に，有効に使用されない損失時間が必ず発生し，また車の到着のランダム性を考慮すると，交差点の飽和度が 0.9 以上となると，需要交通量を無理なく処理することは事実上不可能となる．よってサイクル長を C，1 サイクル中の全損失時間を L とすると

$$\lambda \leq \frac{C-L}{C} \quad \text{または} \quad C \geq \frac{L}{1-\lambda} \equiv C_{\min} \tag{12.1}$$

が成立しなければならない．

ここに，$C_{\min}$ を最小サイクル長とよぶ．

図 12.3 はこの関係を 2 現示信号制御の場合について示したものである．各現示の飽和度は図中の平面上の 1 点として表され，この点が斜線領域で示す範囲内にあれば理論的にはさばけることを示している．一段定周期式制御の場合は信号の現示方式を 1 通りにしか設定できないので，図 12.4(a) のような容量限界となる．三段定周期式制御の場合は 3 通りの現示方式が設定できるので，図 12.4(b) のように容量限界が広がる．

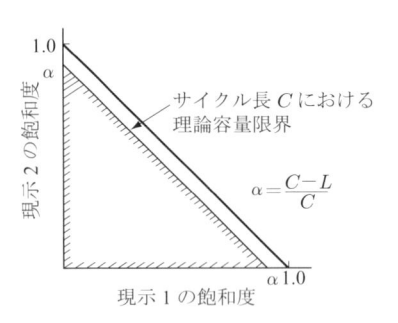

図 12.3　信号交差点の理論容量限界[26]

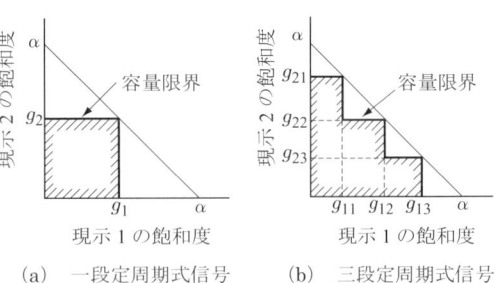

図 12.4　定周期制御の容量限界[26]

(2) 信号遅れ

式 (12.1) の範囲内で最適なサイクル長とスプリットを求めようとするとき，信号交差点における信号遅れは最も重要な評価基準と考えられる．信号交差点において交通流が受ける信号遅れは，その大部分は信号による待ち時間であり，実際には停止，発進の際に被る遅れもあるが，これらは比較的小さい値をとるので，待ち時間の中に含めて考えてよい．

独立した信号交差点の流入部において，車 1 台あたりの平均信号遅れを求める式と

して，つぎのような式が提案されている．

モデル名	モデル式
Webster モデル[2]	$d = \dfrac{C(1-\lambda)^2}{2(1-\lambda x)} + \dfrac{x^2}{2(1-x)q} - 0.65\left(\dfrac{C}{q^2}\right)^{1/3} x^{(2+5\lambda)}$
Miller モデル[3]	$d = \dfrac{1-\lambda}{2(1-\lambda x)}\left[C(1-\lambda) + \dfrac{(2x-1)I}{(1-x)q} + \dfrac{(I+\lambda x-1)}{s}\right]$
HCM モデル[4]	$d = \dfrac{0.38C(1-\lambda)^2}{(1-\lambda x)} + 173x^2[(x-1) + \sqrt{(x-1)^2 + (16x/C)}]$

$d =$ 平均信号の遅れ［秒/台］
$q =$ 平均到着率［台/秒］
$s =$ 飽和交通流率［台/秒］
$g =$ 有効青時間［秒］
$C =$ サイクル長［秒］
$\lambda = g/C$
$x = qC/gs$
$I =$ サイクル中の到着台数の分散/平均値比

　わが国では従来から Webster モデルが広く用いられているが，Webster モデルの第1項は一様到着を仮定したときの遅れ，第2項は到着のランダム性に起因した遅れ，第3項はシミュレーション実験による修正項を表している．また Miller モデルは待ち合せ理論から導かれたほぼ理論式であるところに特徴がある．いま Webster の式において，サイクル長を一定としたときの x と d の関係をみると，図 12.5 のようになる．

　一方 C と d の関係を図示すると図 12.6 のようになり，平均信号遅れを最小とする最適サイクル長 C_o が存在することがわかる．この最適サイクルは近似的に次式によって与えられる[5]．

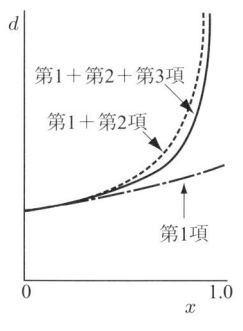

図 12.5　x と d の関係

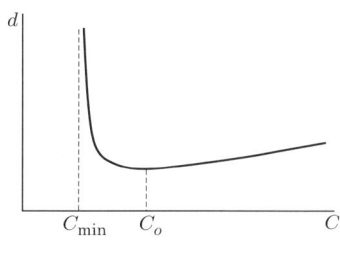

図 12.6　C と d の関係

$$C_o = \frac{1.5L + 5}{1 - \lambda} \tag{12.2}$$

上式から明らかなように,飽和度の高い信号交差点では C_o が非常に大きな値となることがある.このような過大なサイクル長は,運転者および横断歩行者に長い信号待ちを強いることになり,また無駄な青時間の生ずる可能性も高くなる.このような場合は

$$C_o' = \frac{L}{1 - \lambda/0.9} \tag{12.3}$$

として求めた値,あるいはそれよりやや大きめの値を用いればよい(ただし $C_o' < C_o$ の場合)[6].

また信号遅れを最小とするスプリットは,経験的にもシミュレーションの結果からも,各現示の飽和度に比例して有効青時間を配分することによって与えられる[7],[8].

$$\rho_i = \lambda_i / \lambda,$$
$$g_i = \rho_i (C - L) \tag{12.4}$$

ここに,ρ_i は現示 i のスプリット,g_i は現示 i に配分される有効青時間である.

(3) 損失時間

サイクル中の損失時間は,信号現示の切り替え時に発する車両の通行に有効に利用されない時間のことで,図12.7に示すように,青信号の開始時にすぐに飽和交通流率で流出を始めないための発進遅れと,現示の切り替え時に互いに交錯する車両が衝突しないよう,交差点の車両を一掃するためのクリアランス時間を合わせたものである.

現示の切り替え時における損失時間は,実用的には黄+全赤時間より1秒減じた値(ただし黄時間が4秒以上または全赤時間が5秒以上のとき)を用いればよい[9].また

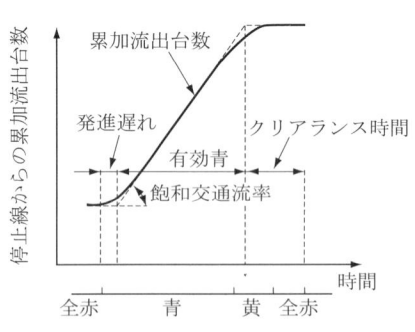

図 12.7 現示における損失時間

サイクル中の全損失時間は，各現示切り替え時の損失時間を合計することによって求められる．なお黄＋全赤時間は交差点への接近速度と横断する交差点の大きさに関係するが，その標準値は4〜7秒程度である．

(4) 歩行者および車両用最小青時間

交差点に横断歩道が設置される場合は，歩行者が安全に横断できるだけの青時間を確保しなければならない．ところで歩行者が交差点を横断するに必要な最小青時間は，次式から求めることができる．

$$t_p = L + \frac{P}{F_p W} \tag{12.5}$$

ここに，t_p は歩行者が横断するに必要な最小青時間 [秒]，L は横断歩道の長さ [m]，P はサイクルあたりの滞留歩行者数 [人]，F_p は横断歩行者交通の流量 [人/m/秒]，W は横断歩道幅 [m] である．

式 (12.5) は歩行速度を 1 m/秒として求めた式であり，また F_p は当該交差点の性格に応じてきめる．

つぎに車両が安全に交差点内を通行するための最小青時間としては，直進交通を含む主交通流に対しては15秒以上（ただし交通量の少ない従道路では8秒以上），右折専用現示などの従交通に対しては5秒以上確保することを原則とする．

12.3 単独信号制御

(1) 制御方式の種類

単一の信号交差点を独立に制御するのが単独信号制御であり，その制御方式には，地点定周期式，プログラム多段定周期式，および地点感応式がある．

地点定周期式制御は，過去の交通データに基づいて，あらかじめ設定された制御パターン（サイクルとスプリット）を終日繰り返して表示するもので，現在運用されている信号機の大半はこのタイプである．この制御方式は交通量の時間変動が比較的少ない交差点に対応でき，最も単純であるが信号制御も最も基本型となっている．その信号表示企画の設計手順を図 12.8 に示す．

しかしながら，一般的には交通量は時間変動を示し，またその変動パターンは平日と休日とでは異なってくる．そこで1日をピーク時，平常時，閑散時のような時間帯に分け，さらに平日，土曜日，休日などに対応した複数個の制御パターンをあらかじめ用意しておき，内蔵された万年カレンダーに従って自動的に制御パターンを切り替える方式をプログラム多段定周期式制御とよんでいる．

つぎに地点感応式制御は，交差点の各方向別の需要交通量を車両感知器によって常時計測し，その需要交通量の変動に応じて毎サイクルの青時間をきめる制御方式のも

154   第12章　交通信号

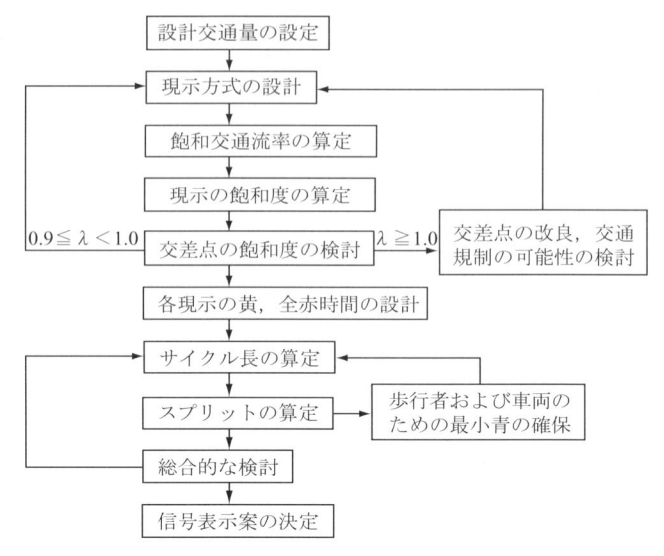

図 **12.8**　信号表示企画の設計手順

のである．これには主道路と交差する従道路の交通流だけを計測し，それに必要な最小限の青時間を与え，それ以外をすべて主道路側に与える半感応式と，交差点の全流入部の需要交通量を計測して制御する全感応式とがある．

図 12.9 は半感応式信号機の動作を示したものであり，従道路側において初期青時間を経過して，最初の単位延長青時間中に車両感知器が車両を感知した場合，その時点から青時間を 1 単位延長青時間だけ延長し，引き続き車両感知がある場合は，あらかじめ設定されている青延長限界時間まで同様な操作を繰り返して青時間を延長する．延長青時間が青延長限界時間に達した時点では，たとえ車両感知があっても打ち切られ，通行権は主道路側に移る．単位延長青時間中に車両感知がない場合も同様である．

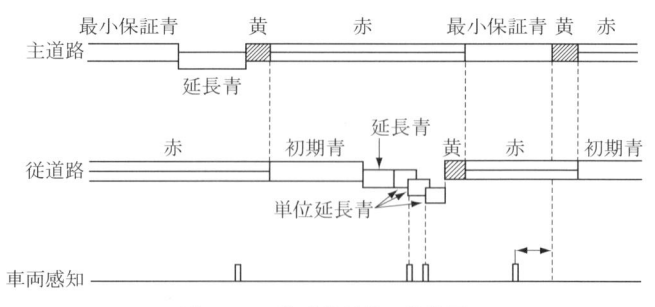

図 **12.9**　半感応信号の動作図

一方主道路側では，最小保証青時間中に従道路側に車両感知があった場合はこれを記憶し，最小保証青時間が経過した時点で従道路側に通行権が移る．なお押しボタン式歩行者信号は，横断歩行者が押しボタンスイッチを押した場合にだけ通行権を与える信号であり，地点感応式制御の一種とみなすことができる．

（2）制御方式の選択

単独信号交差点の制御方式の選択にあたっての一応の目安はつぎのとおりである[10]．

① 交通量の多い幹線相互の交差点　プログラム多段定周期式とする．多現示の場合は従現示（たとえば右折専用現示）を感応現示とし，主現示のほうはプログラム多段定周期式とする混合方式がよい．また横断歩行者は主現示でさばけるようにする．

② 幹線と交通量の少ない従道路との交差点　従道路を感応現示とする半感応式制御とする．このとき主道路を横断する歩行者に対して押しボタンを設けること．歩行者交通量がある程度多い（1分に1人以上）場合は，プログラム多段定周期式のほうがよい．

③ 交通量の少ない従道路相互の交差点　一般には地点定周期式でよい．歩行者が少なくまた費用に余裕があれば，全感応式制御がよい．ただし歩行者用押しボタンを設けること．歩行者が多い場合は地点定周期式制御でよい．

12.4　系統信号制御

（1）系統制御方式の種類

市街地部の道路のように信号交差点が密に並んでいる場合には，これらの信号機群を互いに関連づけて制御する系統信号制御が用いられる．系統制御の設計においては，単独信号制御の場合の制御パラメータ（サイクルとスプリット）に加えて，オフセットが新たに加わる．

系統信号制御の制御方式には，単純系統式，プログラム多段系統式，および自動感応系統式があるが，現在広く用いられているのはあとの二つである．

プログラム多段系統式制御は，一つの路線上にある一連の信号機について，制御パラメータ（サイクル，スプリット，オフセット）の組合せを複数個用意しておき，平日，土曜日，休日別に時間帯によってその組合せの一つに自動的に切り替えて，その制御パターンで系統制御するものである．一方自動感応系統式制御は，車両感知器で交通量，オキュパンシー，速度などを計測し，あらかじめ設定された何種類かの制御パターンの中から，そのときの状況に最も適したものを自動的に選択して系統制御を行うものである．

(2) 制御パラメータの設定方法

系統制御の制御パラメータはサイクル，スプリット，およびオフセットであり，厳密にはこれら三つの制御パラメータは相互に関係しているが，実際にはこれら制御パラメータは互いに独立なものとして，それぞれ個別に設定する方法がとられることが多い．

(a) 共通サイクル長 一つの系統制御系を構成する信号機群には共通のサイクル長が用いられる．この共通サイクル長としては，その系内で最も飽和度の高い交差点（これを重要交差点という）に適切なサイクル長をとるのが一般的である．一般に隣り合う二つの信号交差点間の道路区間に生ずる遅れは，相対オフセットとサイクル長に関係する．遅れとサイクル長の関係についてみると，隣接2交差点間の往復所要時間を T，サイクル長を C としたとき，一般に $C = T/n$, $(n = 1, 2, \cdots)$ のとき最も系統効率が高く，$C = 2T/(2n - 1)$, $(n = 1, 2, \cdots)$ のときは，どのようなオフセットをとっても遅れは変わらず，系統効率は低くなる[11]．

図12.10は，系統制御における道路区間の遅れ（往復合計）とサイクル長の関係を示したものである．この遅れは最適なオフセットを選んだものであるが，この図から通常の都市内の系統制御の範囲内では，スプリットが一定ならば常用サイクル長の範囲内でできるだけ短いサイクルを用いることが，遅れを減少させることにつながることになる．

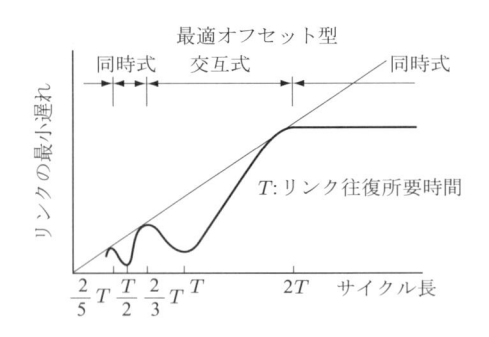

図 **12.10** サイクル長と系統リンクの遅れとの関係[1]

(b) スプリット スプリットは，各交差点ごとに地点定周期式制御の場合の原則に従って定めればよい．

(c) オフセット オフセットパターンの決定は系統制御の中心的課題であり，制御効率に最も大きな影響をもつ．オフセットは大別して以下の4タイプがある．

① 同時オフセット（simultaneous offset） 系統区間内の信号機群が同時に青になりまた赤になる制御で，相対オフセットがゼロとなるものである．

② 交互オフセット（alternate offset） 系統区間内の隣接信号機群が同時にかつ交互に青と赤になる制御で，相対オフセットが 50％ となるものである．

③ 平等オフセット（balanced offset） 上下両方向の交通流に対して同等の系統効率を与えるようなオフセットであり，その基本型は上述の同時オフセットか交互オフセットのいずれかとなる．

④ 優先オフセット（preferential offset） 上下いずれかの交通の系統効率が最大となるように優先的に決めるオフセットで，上り方向の交通量が下り方向の交通量に比べて多い場合は，上り優先オフセットその逆は下り優先オフセットが用いられる．

(3) オフセットの制御基準

制御基準としては停止回数最小，スルーバンド最大，遅れ時間最小などが代表的なものである．ここではスルーバンド最大と遅れ時間最小の各基準について述べる．

(a) スルーバンド最大化基準 スルーバンド（through band）は通過帯ともいわれ，系統化された信号機群をある系統速度で走行したとき，信号機によって停止させられることなく，通り抜けることのできる時間の帯のことをいう．これを時間–距離座標上で表すと図 12.11 のとおりである．

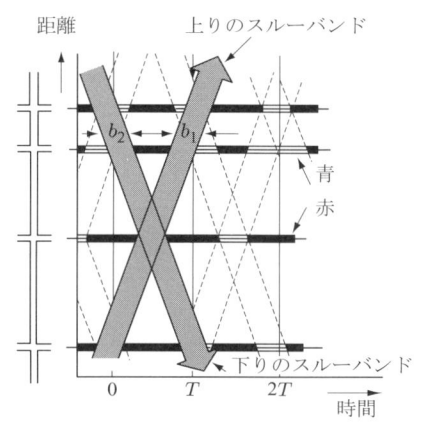

図 **12.11** スルーバンド

スルーバンド最大化は系統制御の代表的な評価基準として古くから研究され，多くの解法が提案されている．代表的な解法として Fieser[12], Little[13], Bleyl[14], Brooks[15] らの方法がある．

スルーバンド最大化基準は，上りおよび下り方向の通過帯幅のとり方によってさらにつぎのように分類できる[16]．すなわち，上りおよび下り方向の通過帯幅をそれぞれ $b, \bar{b}$ としたとき

① $(b+\bar{b})$ を最大にするオフセット（優先オフセット）
② $b=\bar{b}$ なる条件のもとで $(b+\bar{b})$ を最大にするオフセット（平等オフセット）
③ $b/\bar{b}=a(a>0)$ なる条件のもとで $(b+\bar{b})$ を最大にするオフセット

しかしながらスルーバンド最大化基準による方法は，直接遅れ時間や停止回数を最小とするものではなく，遅れ時間や停止回数が最小となる保証はない．比較的交通量の少ない場合はある程度の効果が期待できるが，通過帯からあふれを生じる程度に交通量が多くなった場合や，信号機間隔が密な場合は必ずしもよい効果をもたらさない．

（b） 遅れ時間最小化基準 2交差点間においてオフセットを変数とする遅れ関数を定義し，これを最小とするようなオフセットを求めようとする基準で，単に系統信号制御にとどまらず，広域的な面制御の制御基準として広く用いられている．遅れ時間最小化に基づくオフセット最適化モデルは，あらかじめ与えられた交通状況のもとにオフラインで最適オフセットを求める方法と，常時計測された交通流に基づいてオンラインで最適オフセットを求める方法とに大別できる．

前者の代表的なモデルとして英国の TRANSYT（The Traffic Network Study Tool）[17]，Combination 法[18]，米国の SIGOP（Traffic Signal Optimization Program）[19]，UTCS-1[20]（Urban Traffic Control System），MITROP（Mixed Integer Traffic Optimization）[21] などがある．また後者の例としては英国の SCOOT（Split, Cycle and Offset Optimization Technique）[23]，米国の UTCS-2，UTCS-3[20]，カナダの RTOP（Real-Time Optimization Program）[24] などがある．

前者のオフラインによる最適オフセットを求める方法では，プログラム作成のため事前に多量のデータを収集し入力しなければならず，また定期的にデータを更新しなければならないが，後者のオンラインによる最適オフセットを求める方法は，定期的なデータ収集も必要とせず，またプログラムの更新も自動的に行われる．最近の電子機器の急速な進歩によって，信号制御のオンライン化が次第に図られつつあるのが現状である．

12.5 広域信号制御

都市内を縦横に通ずる道路網に設けられた多数の信号機群を，一括して集中制御するシステムを広域信号制御または面制御という．コンピュータを用いた最初の広域信号制御が1959年カナダのトロントで実施されて以来，世界の主要都市で続々と実施されるようになった．わが国では1966年に東京の銀座地区の35交差点で実験システムが導入されたのが最初で，1982年末現在全国67都市で実施されるに至っている．

広域信号制御システムは，原理的には系統信号制御システムを面的に拡大したものとみることができ，そのためにサブエリア（共通のサイクル長で制御される区域）の

構成という機能が新たに加えられる．広域制御においては系統化されるべき路線が互いに網状に交差し合って，多数の閉ループを形成し，このときループに含まれる道路区間（以下リンクとよぶ）の一つは，残りのリンクについての相対オフセットを定めると，そのリンクの相対オフセットが自動的に定まることになり，したがって，各リンクについて最適なオフセットを独立にきめられないことになる．一般にループに沿って相対オフセットを合計した値は，サイクル長の整数倍となる必要があり，これをオフセットの閉合条件とよぶ．

　以上の問題を解決する方法として，一つは最大ツリー法とよばれる方法で，系統効率の高いリンクから順に拾いだして閉じたループをつくらないようにツリーをつくっていき，最後に残ったどのリンクを加えても閉ループができてしまうような状態を最大ツリーとよび，このツリーに沿って最適なオフセットを設定する方法である．このときツリーに加えられなかったリンクの系統は無視されることになる．もう一つの方法は，オフセットの閉合条件の制約つきの最適化問題として定式化し，これを繰り返し計算によって解く方法で，その代表的な方法として前述の TRANSYT がある[25]．

■参考文献

1) 交通工学研究会編：交通信号の制御技術, 1983.
2) Webster F. V. : Traffic Signal Settings, T. R. R. L. Tech. Paper 39, 1958.
3) Miller A. J. : Settings for Fixed-Cycle Traffic Signals, Oper. Res. Quar. Vol. 14, 1963.
4) Highway Capacity Manual 1985, T. R. B. Special Report 209, 1985.
5) Webster F. V. and B. M. Cobbe : Traffic Signals, Road Res. Tech. Paper No. 56, pp. 55～60, 1966.
6) 前掲 1) p. 68.
7) Webster F. V. : Delays at Traffic Signals, Fixed-Time Signals, Road Res. Labo., Res. Note 2374.
8) Koshi M., H. Honda and H. Mori : Optimization of Isolated Traffic Signals, IEE Inter. Con. Road Traffic Signalling, pp. 5～8, 1982.
9) 前掲 1) p. 67.
10) 交通工学研究会編：平面交差の計画と設計, p. 163, 1977.
11) 越正毅：系統交通信号におけるサイクル制御の研究, 土木学会論文報告集　第241号, pp. 125～133, 1975.
12) Fieser G. : A Quick Solution to Progression Problems, Eagle Co. Bulletin E116, pp. 1～11, 1951.
13) Little J. D. C., B. V. Martin and J. T. Morgan : Synchronizing Traffic Signals for Maximal Bandwidth, H. R. R. 118, 1966.
14) Bleyl R. : A Practical Computer Program for Designing Traffic Signal System Tim-

ing Plans, H. R. R. 211, pp. 19～33, 1967.
15) Brooks W. D. : Vehicular Traffic Control-Designing Arterial Progressions Using a Digital Computer, IBM, 1965.
16) 猪瀬博, 浜田喬：道路交通管制, 産業図書, p. 68, 1972.
17) Robertson D. I. : TRANSYT Method for Area Traffic Control, Traffic Eng. & Control, 11, 1969.
18) Huddart K. W. and Turner E. D. : Traffic Signal Progressions-GLC Combination Method, Traffic Eng.& Control, 7, 1969.
19) Traffic Research Corporation : SIGOP (Traffic Signal Optimization Program), U. S. Bureau of Public Road, 1966.
20) The Urban Traffic Control System in Washingtom D. C., U. S. Department of Transportation, Federal Highway Administration, 1974.
21) Gartner N. H., J. D. C. Little and H.Gabbay : MITROP (A Computer Program for Simultaneaus Optimization of Offset, Splits and Cycle time, Traffic Eng. & Control), 8/9, pp. 355～359, 1976.
22) Hunt P. B., D. I. Robertson, R. D. Bretherton and R. I. Winton : SCOOT-A Traffic Responsive Method of Coordinating Signals, T. R. R. L. Report LR 1014, 1981.
23) Stanford Research Institute : Improve Control Logic for Use with Computer-Controlled Traffc, National Cooperative Highway Res. Program, NCHPR Project 3-18(1) Report, 1977.
24) Improve Operation of Urban Transportation Systems : The Development and Evaluation of a Real-Time Computerized Traffic Control Strategy, Vol. 3, Metoropolitan Toronto Roads and Traffic Department, 1976.
25) 越正毅, 明神証：道路 (I) －交通流, 新体系土木工学 61, 技報堂出版, pp. 175-176, 1983.
26) 交通工学研究会：平面交差の計画と設計, 基礎編, 1984.

■演習問題

1. 信号制御の 3 大制御パラメータはなにか．
2. 交通信号の種類について述べなさい．
3. 2 現示信号交差点において，現示 1，現示 2 の現示飽和度がそれぞれ 0.33，0.44 であったとき，各現示の青時間を求めなさい．ただし，サイクル長は最適周期を採用し，全損失時間を 8 秒とせよ．

第13章

交通管制と交通規制

13.1 交通管制

(1) 高速道路における交通管制

高速道路とは，一般道路とは完全出入制限され，また往復分離された自動車専用道路で，これは高速自動車国道に基づく都市間高速道路と，大都市圏にみられる都市高速道路に分けることができる．全国的に高速道路網の整備が進み，利用台数がしだいに多くなってくると，高速道路上でも交通渋滞が多発するようになり，これが高速道路の機能を低下させ，利用者の不満を生ぜしめる原因となっている．

高速道路における交通管制の目的は，このような交通渋滞の発生による高速道路の機能低下を防止し，走行の高速性，安全性，快適性を確保するとともに，道路の効率的利用を図ることである．なお交通管制という言葉は，通常電子機器を利用した動的な交通制御技術をさし，交通規制など静的な手段を含まないものと理解されている．

さて高速道路上で発生する交通渋滞は，その原因によって交通集中渋滞（自然渋滞），事故渋滞，および工事渋滞とに分けられる．交通集中渋滞は，ピーク時にみられるように需要量が供給量（交通容量）を超えることによって生じるもので，これは定期的に発生し，あらかじめ予測可能な渋滞である．一方事故渋滞は，交通事故，故障車，その他の偶発的事故によって発生するもので，これは突発的で予測不可能な渋滞である．また工事渋滞は，道路工事に伴う車線規制などによる交通渋滞で，ある程度予測可能な渋滞である．

高速道路における交通管制を，その目的によって分類するとつぎのとおりである[3]．
① 平常時管制：平常時に交通量が増加することによって生じる交通集中渋滞に対して行う．
② 緊急時管制：交通事故，車両故障などによって生じた渋滞や，気象条件の急変，道路構造物の損壊など突発的事象に対して行う．

このほかにつぎのような分類もできる．
① 予防管制：現在の交通状況を監視し，それに基づいて将来の交通状況を予測し，渋滞の発生を事前に防止するために行う．

② 事後処理的管制：渋滞が発生した時点で，渋滞の延伸を防止し，あるいは解消させるために行う．

　高速道路の交通管制は，一般に情報収集システム，情報処理システム，および情報提供システムから構成されている．交通渋滞や事故発生，気象状況などの情報の収集は，車両感知器，交通監視用テレビカメラ，非常電話，パトロールカーからの無線電話，気象観測装置などから集められ，交通管制センターへ伝達される．車両感知器は交通状況を量的に把握する際の最も基本的な情報収集機器であり，これは感知方式によって，超音波式，光ビーコン式，画像式，ループ式，およびマイクロ波式のものがある．

　高速道路の交通管制は，具体的には利用者に対する情報提供と，流入制御，流出制御，迂回制御などによる交通流の調整によって行われる．情報提供は道路情報版，所要時間表示版，図形表示板，FAX サービス，道路情報ラジオ，自動電話案内，インターネット，パーキングエリアなどに設置された道路情報ターミナルを通して提供され，運転者への注意喚起と，自主的な経路選択などの行動を期待する間接的制御である．また情報の内容は，渋滞情報，所要時間情報，規制情報，道路情報，その他の情報（地理情報，経路誘導，交通安全広報など）とに分類できる[5]．

　一方交通流の調整は，高速道路の交通状況が情報提供で処理できる程度を超え，低速走行がいちじるしく損なわれる状態になったときに行われる直接的制御であり，その内容は表 13.1 に示すとおりである．都市高速道路では一般に均一料金制を採っていることから一般に流入制御を中心とした制御方式が採用され，また都市間高速道路で

表 13.1　交通流の調整方法[6]

制御方式	目的	制御の方法
流入制御	● 本線部交通量を容量以下に保つ，あるいは本線部における渋滞の延伸を防止，さらに解消するため流入需要を制御する．	● 逐次ランプ閉鎖 ● 入路閉鎖 ● 一般道路上の可変情報板やラジオ放送による渋滞・規制情報等の提供
流出制御	● 本線部の渋滞区間，通行止区間への進行需要を上流出路で流出させるよう誘導する．	● 渋滞区間の閉鎖 ● 直前出路手前の可変情報板による渋滞情報等の提供
迂回制御	● 本線部の渋滞区間，通行止区間への進行需要を他の経路へ誘導，あるいは流入需要を流入以前に自主的に一般道路へ迂回させる．	● 入路閉鎖 ● 流入制限 ● 渋滞区間の閉鎖 ● 一般道路または本線上の可変情報板やラジオ放送による渋滞・規制情報等の提供

は流出制御を中心とした制御方式が採用される[7),8)].

(2) 一般道路における交通管制

一般道路における交通管制の目的は，高速道路の場合と同様に，交通流の安全と円滑化を図るとともに，利用者に対する道路交通情報提供サービスを行うことであるが，これと合わせて公害防止という見地から，排気ガスや騒音，振動の防止に役立てるような交通運用が要請されている．一般道路における交通管制の例としては，警察が行う交通管制システムと道路管理者が行う道路情報システムなどが代表的なものである．

警察が行う交通管制システムは，一般につぎのような機能を備えている[9)]．

a) 交通情報の収集　　b) 交通信号制御　　c) 交通規制制御
d) 緊急時交通制御　　e) 交通整理誘導制御　　f) 広報

システムの中心を占める交通信号制御は，道路上に設置された車両感知器からの情報が交通管制センターに伝送され，集中された情報の処理によって，コンピュータで制御内容を決定し，個々の信号制御機ごとの信号切替タイミングを決定する．これらの信号は中央受信装置から端末の信号制御機に送られて制御が実行される．

つぎに道路管理者が行う道路情報システムは，道路をつねに良好な状態に保ち，交通に支障をきたさないために行われるものである．収集された情報（収集情報）は気象情報，交通情報および道路案内情報で，一方提供される情報（提供情報）には表 13.2

表 13.2　提供情報の種類[11)]

情報の種類	提供の目的	情報の内容	情報提供対象者
内部情報	● 道路の維持管理 ● 通行車両取締り	● 一時的に生じる道路構造，道路環境の維持 ● 修繕および除雪などの通行障害除去の指示 ● 通行車両諸元	道路管理者
制御情報	● 円滑な交通流を確保するための交通制御と迂回誘導 ● 交通の安全確保 ● 道路および沿道環境の保全	● 交通制御の指示とその規制内容および迂回に関する情報 ● 気象災害交通事故などに起因する通行止めなどの規制および迂回に関する情報	道路管理者 および 道路利用者
サービス情報	● 快適かつ安全な走行の確保 ● 旅行時間の短縮などの利用へのサービス	● 工事・事故・渋滞・旅行時間・経路などに関する情報 ● チェーン携行・走行注意などに関する安全情報	道路利用者

に示すようなものがある[11]．

（3）新しい交通管制システム

　現状の交通管制システムをよりいっそう高度化・インテリジェント化したシステムとして，新交通管理システム（UTMS21）がある．UTMSは高度交通管制システム（ITCS）を中心に，8種類のサブシステムから構成されている．

　① 高度交通管制システム（ITCS）　光ビーコンや画像型車両感知器等情報収集センサによる情報収集，車載装置との双方向通信による情報をもとに，刻々と変化する交通流に対する信号制御の最適化，交通情報のリアルタイムな提供等を行う．新交通管理システムの中核を担う．

　② 交通情報提供システム（AMIS）　従来の交通情報板，交通情報ラジオなどに加え，光ビーコンの双方向通信機能を用いて，カーナビゲーションへ交通渋滞，交通事故，所要時間，画像情報等を直接提供する．

　③ 公共車両優先システム（PTPS）　バス専用・優先レーンの設置された道路でバス優先信号制御を行うことにより，バスの表定速度の改善，定時運行の確保とともに，バス利用者の利便性向上を図る．

　④ 車両運行管理システム（MOCS）　光ビーコンを用いてバス，トラックなどの走行位置や運行履歴などをデジタルマップ上に表示することにより，車両の適切な運行管理を行う．

　⑤ 交通公害低減システム（EPMS）　環境に配慮した最適な信号制御や光ビーコンや交通情報板などによる迂回誘導，流入抑制を行うことにより，交通公害を低減し，CO_2 削減を目的とする．

　⑥ 安全運転支援システム（DSSS）　視認困難な位置に存在する自動車，二輪車，歩行者を各種センサにより検出し，これを車載装置や交通情報板を通してドライバーに提供することにより，交通事故防止を図る．

　⑦ 緊急通報システム（HELP）　運転中の事故やトラブル等の緊急時に，迅速かつ正確に救援機関に通報するとともに，緊急車両の迅速な救援活動を目的とするシステム

　⑧ 動的経路誘導システム（DRGS）　刻々と変化する交通状況のもとで，光ビーコンと車載装置との双方向通信により，ドライバーに目的地に応じた最適な推奨経路の情報を提供する．

　⑨ 高度画像情報システム（IIIS）　交通情報収集カメラの画像を利用して，違法駐車抑制や信号制御を行うとともに，ドライバーに対しても交通状況の画像を提供して交通の円滑化と安全化を図る．

13.2 交通規制

(1) 交通運用における交通規制

交通規制とは，一般的には道路交通法および道路法に基づき，道路における車両や歩行者の交通行動を禁止，制限，指定する行為をいう．交通管制が電子技術を援用した動的交通制御方式であるのに対して，交通規制は信号機，道路標識，道路標示などを用いた静的交通制御方式ということができる．

交通規制には多くの種類があるが，これを交通対策別にみると，交通事故防止対策としては速度規制，追い越し禁止規制，一時停止規制，自転車の歩道通行可，歩行者横断禁止などがある．

一方，道路の効率的利用による交通渋滞防止対策としては，幹線道路の一方通行規制，中央線変移（リバーシブルレーン），駐停車禁止，右左折禁止などがあり，また生活環境の保全と公共交通優先対策としては，歩行者道路，徐行，路線バス優先通行帯，特定車両の通行禁止などがある．

また都市総合交通規制の一環として行われるものとして生活ゾーン規制がある．これは各種の交通規制を有機的に組み合わせることにより，通過交通を排除し，主として歩行者，自転車の安全確保と居住環境の保全を目的とするものである．以下おもな交通規制について説明する．

(2) 幹線道路の一方通行規制[15]

一般に一方通行道路は二方向道路に比べて，車道幅員が有効に利用されるから交通容量が増し，また安全性も高まる．そこで交通混雑の緩和と交通事故の減少を目的とした一方通行規制が実施されるようになった．細街路における一方通行規制は古くからみられるが，幹線道路における一方通行システムの導入は，わが国では1970年1月に大阪市中心部の4路線で実施されたのが最初である．

一方通行システムの導入は安価で即効性があること，系統信号制御との組み合わせにより大きな効果が期待できることから，交差点間隔の密な中心市街地の幹線道路に積極的に取り入れられるようになってきた．しかしながら元来二方向通行を前提に整備されてきた既存道路網に，一方通行規制を導入するのであるからその影響も大きく，解決すべき問題点も多い．

一般に幹線道路の一方通行規制による効果としては，交通容量の増加，安全性の向上，走行速度の上昇などが考えられ，一方問題点としては，走行距離の増大と周辺細街路への影響，路線バス，緊急用車両への影響，沿道の商業活動への影響，織込み交通の増大に事故の危険性等が考えられる．よって，一方通行システムの導入にあたっ

ては，平行した同程度の容量をもつ道路が近くに存在することが原則であり，その実施にあたっては，その影響を十分事前評価するとともに，沿道住民，事業者の理解とドライバーに対する十分な啓蒙が必要である．

(3) 中央線変移（リバーシブルレーン）[15]

一日のうち特定の時間帯に方向別の交通量にいちじるしい差が生じ，時間によってその方向が反転するような道路では，道路の中央線を変移して交通量の多い方向に多くの車線を与えれば道路が有効に利用できることになる．リバーシブルレーン（reversible lane）は，このような時間帯によって交通の通行方向が逆になるような車線をいい，少ない投資で交通容量の増加をもたらし，特にピーク時の交通渋滞の解消に効果があると

表 13.3 ゾーンシステムの運用パターン[16]

(a) 歩行者専用道化	● 自動車はゾーン内へは環状道路のみから入れるようにする． ● ゾーンの面積が小さい場合に適する．またゾーン内の通行規制に用いられる場合が多い． ● ブレーメン，ブザンソン（一部），ノッティンガム（一部）	▨ 歩行者道，→自動車
(b) 公共交通専用道化	● バス，市電といった公共交通，および緊急車など以外は通行させない． ● 自家用車はゾーン内へは環状道路からのみ入れる． ● ブザンソン（地区住民，集配車の通行は許可している），ノッティンガム（一部）	▨ バス専用道，→その他の自動車
(c) 一方通行の組合せ	● 一方通行の組み合わせによって交通流を環状道路に誘導する． ● 2本の一方通行路にはさまれた部分がゾーン境界となる場合がある． ● ブザンソン（一部），ノッティンガム	→ 自動車
(d) バリアの設置	● バリアを設置し物理的にブロック間交通を排除する． ● イエテボリ（市電の軌道をバリアとして活用）	── バリア，→自動車

いわれている．

この方式をバスレーン専用レーンと併用することによって，路線バスの定時性を保証することも可能である．中央線変移の指定方法としては，バリア，トラフィックコーンを用いる方法，車線指示信号による方法，路線標識による方法などがあり，一般にはこれらの方法が併用されることが多い．最近では交通管制システムに組み込んで用いられることも多い．

（4） ゾーンシステム

ゾーンシステムは都心区域を数個のゾーンに分割し，自動車の自由な出入やゾーン間の移動を制限することにより，通過交通を排除し，歩行者の安全で快適な通行を確保するとともに，路面電車やバスなどの公共交通機関の利便性を向上させ，都心部の活性化を図ることを目的としたもので，交通規制を主体とした総合的な交通運用システムである．ゾーン分割の具体的方策には表13.3に示すようなタイプがある．

（5） 安心歩行エリア

わが国では，交通事故死亡者数に占める歩行者・自転車利用者の割合は約4割を占めている．そこで公安委員会と道路管理者が連携して，住宅市街地内の事故発生割合の高い地区を選定して，歩行者や自転車の通行を優先し，歩行などの安全を確保するため，地区内の速度規制，車両速度を抑制するハンプ，クランクなどの設置，歩道空間のバリアフリー化を集中して実施し，また地区を外周する幹線道路においては，交差点の改良，信号機の高度化・改良を行って，安心歩行エリアを形成することを目的とした総合安全対策である．

■参考文献

1) 京阪神都市圏総合都市交通体系調査委員会：交通運営計画調査－編集編，1980．
2) 越正毅：交通管制の展望，高速道路と自動車，Vol. 20, No. 11, pp. 7～10, 1977．
3) 石井一郎：道路交通運用工学，理工図書，p. 103, 1974．
4) 吉田和正：新しい交通管制システムと論理構造および機能，道路，2月号，pp. 52～59, 1983．
5) 阪神高速道路公団：阪神高速道路の道路交通情報提供に関する調査研究報告書，1981．
6) 日本道路公団名古屋管理局：名古屋管理局管内高速道路の機能分析と交通管制に関する調査報告書，1984．
7) 井上矩之：都市間高速道路の交通制御に関する基礎的研究，京都大学学位論文，pp. 4～5, 1973．
8) 明神証：都市高速道路の交通管制手法に関する研究，京都大学学位論文，pp. 1～5, 1974．
9) 交通工学研究会編：交通工学ハンドブック，技報堂出版，pp. 879～890, 1984．
10) 宮野嘉文：道路交通情報(4)－交通管制システム－，交通工学，Vol. 12, No. 5, 1977．
11) 土屋功一：道路交通情報(2)－一般道路における道路交通情報－，交通工学，Vol. 12,

No. 3, pp. 32〜41, 1977.
12) 阪神高速道路公団：阪神高速道路の道路交通情報提供に関する調査研究報告書（その2），pp. 226〜237, 1982.
13) 前掲9), pp. 912〜918.
14) 河島恒他：高速道路の計画と設計，山海堂，pp. 250〜252, 1984.
15) Institute of Transportation Engineers: Transportation and Traffic Engineering Handbook, pp. 807〜810, 1982.
16) トヨタ交通環境委員会：都心交通の改善－トラフィックゾーンシステム導入の可能性，1982.

■演習問題
1. 都市高速道路と都市間高速道路における交通管制の差異について述べなさい．
2. 交通管制システムの基本的構成要素について述べなさい．

第14章

道路交通環境と安全性

14.1 大気汚染

(1) 大気汚染物質

大気汚染物質とは，大気中の空気以外の物質によって，人間の健康や生活環境に被害を与えるような状況をいう．大気汚染物質は，大別してガス状物質と粒子状物質とがあり，またその発生源は，工場などの固定発生源と自動車などの移動発生源とに分けられる．

このうち，移動発生源である自動車の排出ガスに含まれるおもな汚染物質には，一酸化炭素（CO），窒素酸化物（NO_x），炭化水素（HC），および浮遊粒子状物質（粒径 $10\mu m$ 以下の粒子状物質）がある．大気中の一酸化炭素の大部分，窒素酸化物と炭化水素のかなりの部分は自動車から排出されることがわかっている．また窒素酸化物と炭化水素の混合系は太陽光を受けると，大気中にオゾンを主体とする光化学オキシダントという二次汚染物質を発生させる．

一方排出ガスに含まれる浮遊粒子状物質（suspended particulate matter, SPM）としては，ディーゼル自動車から排出される黒煙が主である．積雪寒冷地域におけるスパイクタイヤによる粉塵が一時大きな社会問題となったが，1990年度末をもってタイヤの販売が禁止された．また以前は鉛化合物も排出ガスに含まれる汚染物質であったが，1975年以降に燃料の無鉛化対策が進み，現在では排出されなくなった．

(2) 環境基準と排出ガス規制[1]

わが国の公害行政は，1967年の公害対策基本法の制定によって体系化されるようになり，以後公害に関する法体系が整備されてきた．大気汚染については1968年に大気汚染防止法が制定され，公害対策基本法第9条（環境基準の設定）の規定に基づいて「一酸化炭素に係る環境基準」（1970年），光化学オキシダントや浮遊粒子状物質などについての「大気汚染に係る環境基準」（1973年），および「二酸化窒素に係る環境基準」（1978年）が順次定められた．

またこの大気汚染防止法では，都道府県知事が自動車排出ガスによる大気汚染のいちじるしい道路の周辺地域において，その環境濃度の測定を行い，濃度が一定の限度

表 14.1 大気汚染に係る各種基準[17]

物質	大気汚染に係る環境基準	達成期間	要請限度 (大気汚染防止法第21条第1項)	緊急時の自主規制の協力を求める基準 (大気汚染防止法第23条第1項)	緊急時の措置基準 (大気汚染防止法第23条第4項)
一酸化炭素	1時間値の1日平均値 10 ppm 以下 1時間値の8時間平均値 20 ppm 以下	維持され、または早期に達成されるように努める。	1時間値の月間平均値 100万分の10 (10 ppm)	1時間値 100万分の30以上 (30 ppm)	1時間値 100万分の50以上 (50 ppm)
浮遊粒子状物質	1時間値の1日平均値 0.10 mg/m^3 以下 1時間値 0.20 mg/m^3 以下			1時間値 2.0 mg/m^3 以上が 2時間継続	1時間値 3.0 mg/m^3 以上が 3時間継続
二酸化窒素	1時間値の1日平均値 0.04 ppm から 0.06 ppm までのゾーン内、またはそれ以下	0.06 ppm を超える地域にあっては、0.06 ppm が達成されるよう努めるものとし、その達成期間は原則として7年以内にある地域にあっては原則としてゾーン内において現状程度の水準を維持し、又は、これを大きく上回ることとならないよう努めるものとする。		1時間値 100万分の0.5以上 (0.5 ppm)	1時間値 100万分の1以上 (1 ppm)
光化学オキシダント	1時間値 0.06 ppm 以下	維持され、又は早期に達成されるように努める。		1時間値 100万分の0.12以上 (0.12 ppm)	1時間値 100万分の0.5以上 (0.5 ppm)
適用場所	公害対策基本法第9条第1項に係る環境上の条件につき人の健康を保護するうえで維持することが望ましい基準である。		工業専用地域、車道その他の一般公衆が通常生活していない地域または場所を除く。	道路の部分おおよび周辺地区域	
備考				都道府県知事は、自動車の排出ガスによる大気の汚染がこの基準を超えていると認めるときは、都道府県公安委員会に交通規制の要請をする。	都道府県知事は、この基準の事態が発生したときは、当該大気汚染をさらにひどくするおそれがあると認められるのに対し、たとえば自動車排出ガスの場合にあっては都道府県公安委員会の運行の自主的制限について協力を求めなければならない。	都道府県知事は、この基準の事態が発生したときは、その原因排出ガスの自動車にあっては都道府県公安委員会に対し交通規制の要請をする。

（要請基準）を超えた場合に，都道府県公安委員会に対して交通規制の要請を行うとともに，必要な場合は道路管理者に対し，道路構造の改善その他の自動車排出ガスの濃度の減少に資する事項について意見を述べることができると定めている（表 14.1）．なお公害対策法はその後，公害と自然を一体のものと考える必要性から，自然環境保全法と発展的に統一され，1993 年環境基本法が新たに制定され今日にいたっている．

自動車排出ガス規制については，現在大気汚染防止法および道路運送車両法に基づく保安基準によって，一酸化炭素，炭化水素，窒素酸化物および粒子状物質（ディーゼル黒煙）に対して実施されている．一酸化炭素については 1966 年の旧運輸省の行政指導として開始され，その後順次規制の拡充強化が行われた．炭化水素については 1970 年ブローバイガス等としての炭化水素に対する規制が始まり，これも順次規制が強化された．

窒素酸化物については 1973 年から規制が始められ，1978 年度規制により乗用車に対する規制が一応整備され，一酸化炭素，炭化水素，窒素酸化物ともに未規制時に比べて 90％以上削減するという，当時としては世界的にみても厳しい基準を定めた．最近は従来のガソリン車・LPG 車に加えてディーゼル車についても順次拡充強化されてきている．最近のディーゼル車の排出ガス規制値を表 14.2 に示す．

以上のような自動車排出ガス規制の強化により，一酸化炭素については全国すべての測定局で環境基準を達成できるようになったが，二酸化窒素，浮遊粒子状物質，光化学オキシダントについては，依然として環境基準達成率が低い状態が続いている．

そこで首都圏や阪神圏と大都市圏において，単に自動車の単体規制に加えて，地域全体での総量規制として，「自動車から排出される窒素酸化物の特定地域における総量の削減等に関する特別措置法（通称自動車 NO_x 法）が 1992 年に公布された．さらに 2001 年に改正法（通称自動車 NO_x・PM 法）が成立し，粒子状物質（PM）も対象物質に追加されたほか，対象地域にも名古屋圏が追加された．この法律により 3 大都市圏では窒素酸化物や粒子状物質を多く排出する車種規制が実施され，基準を満たさない車両の所有や使用が制限されることになった．

（3）大気汚染対策

自動車排出ガスに係わる大気汚染対策としては，発生源対策，交通量・交通流対策，および沿道環境対策があり，そのおもな内容を表 14.3 に示す．

14.2 地球温暖化問題と自動車

近年，全地球規模の環境問題がクローズアップされ，なかでも地球温暖化は異常気象，海面の上昇による高潮水害の増加，旱魃などによる食料危機，生態系への影響，伝染病の流行などの深刻な影響が懸念され，人類が直面する最大の環境問題となってき

表 14.2 自動車排出ガス規制値（ディーゼル車）

種別	試験モード	現行規制			次期規制			備考
		成分	規制年	規制値	成分	規制年	規制値	
乗用車	10・15M [g/km]	CO	2002年	0.98 (0.63)	CO	2005年	0.84 (0.63)	ディーゼル乗用車において、「小型車」とは（車両重量 1.265t）以下、「中型車」は、等価慣性重量 1.25 t（車両重量 1.265 t）超である。
		HC	2002年	0.24 (0.12)	NMHC	2005年	0.032 (0.024)	
		NO$_x$ 小型	2002年	0.43 (0.28)	NO$_x$ 小型	2005年	0.19 (0.14)	
		NO$_x$ 中型	2002年	0.45 (0.30)	NO$_x$ 中型	2005年	0.20 (0.15)	
		PM 小型	2002年	0.11 (0.052)	PM 小型	2005年	0.017 (0.013)	
		PM 中型	2002年	0.11 (0.056)	PM 中型	2005年	0.019 (0.014)	
ディーゼルトラック・バス 軽量車 (GVW ≦ 1.7t)	10・15M [g/km]	CO	2002年	0.98 (0.63)	CO	2005年	0.84 (0.63)	
		HC	2002年	0.24 (0.12)	NMHC	2005年	0.032 (0.024)	
		NO$_x$	2002年	0.43 (0.28)	NO$_x$	2005年	0.19 (0.14)	
		PM	2002年	0.11 (0.052)	PM	2005年	0.017 (0.013)	
ディーゼルトラック・バス 中量車 (1.7t < GVW ≦ 2.5t)	10・15M [g/km]	CO	2003年	0.98 (0.63)	CO	2005年	0.84 (0.63)	2005年規制からは重量区分を変更。（旧）中量車 1.7t < GVW ≦ 2.5t 重量車 2.5t < GVW（新）中量車 1.7t < GVW ≦ 3.5t 重量車 3.5t < GVW
		HC	2003年	0.24 (0.12)	NMHC	2005年	0.032 (0.024)	
		NO$_x$	2003年	0.68 (0.49)	NO$_x$	2005年	0.33 (0.25)	
		PM	2003年	0.12 (0.06)	PM	2005年	0.020 (0.015)	
ディーゼルトラック・バス 重量車 (2.5t ≦ GVW)	D13M [g/kWh]	CO	2003, 04年※4	3.46 (2.22)	CO	2005年	2.95 (2.22)	
		HC	2003, 04年	1.47 (0.87)	NMHC	2005年	0.23 (0.17)	
		NO$_x$	2003, 04年	4.22 (3.38)	NO$_x$	2005年	2.7 (2.0)	
		PM	2003, 04年	0.35 (0.18)	PM	2005年	0.036 (0.027)	

次期規制は試験モードJE05モード [g/kWh] を示す。

※1. CO：一酸化炭素、HC：炭化水素、NMHC：非メタン炭化水素、NO$_x$：窒素酸化物、PM：粒子状物質
※2. 規制値 0.98 (0.63) とは、1台あたりの上限値 0.98、型式あたりの平均値 0.63 を示す。
※3. 重量車以外については、2005年からは11モードの測定値に0.12を乗じた値と10・15モードの測定値に0.88を乗じた値との和で算出される値に対し、2008年からは、新たな試験モードを冷機状態において測定した値に0.25を乗じた値と10・15モードの測定値に0.75を乗じた値との和で算出される値に、2011年からは新たな試験モードを冷機状態において測定した値に0.25を乗じた値と新たな試験モードを暖機状態において測定した値に0.75を乗じた値との和で算出される値に対し適用される。
※4. ディーゼルトラック・バスの重量車のうち、車両総重量 2.5t < GVW ≦ 12t については 2003年10月1日から、車両総重量 12t < GVW については 2004年10月1日から適用される。

表 14.3 自動車排出ガスによる大気汚染対策

発生源対策	自動車排出ガス規制の強化,最新規制適合車への代替促進,低公害車の普及,アイドリングストップ
交通量・交通流対策	公共交通への転換,パークアンドライド,環境ロードプライシング,自転車利用の推進,自動車利用の自粛,物資輸送の合理化,モーダルシフトの推進,交通渋滞対策,道路交通情報の提供
沿道環境対策	環境施設帯の設置,沿道環境整備の推進,公園・緑地の整備

ている.

世界気象機関(WMO)と国連環境計画(UNEP)によって設立されたIPCC(気象変動に関する政府間パネル)が2001年にまとめた第3次評価報告書によれば,1990年から2100年の間に地球の平均気温が1.4〜5.8度上昇すると予想している.

ところで地球温暖化の原因と考えられる大気中の温室効果ガスには,二酸化炭素,メタン,一酸化二窒素,およびフロン類があり,なかでも二酸化炭素が支配的な影響をもたらす.わが国の部門別二酸化炭素排出状況をみると運輸部門は2000年には全体の約21%を占めており,大都市(東京都)においてはさらにその割合が高い(図14.1).輸送部門のうちおよそ9割近くが自動車によるものであり,自動車交通量の二酸化炭素排出抑制が他の自動車排出ガス対策とあわせて重要な課題となっている.

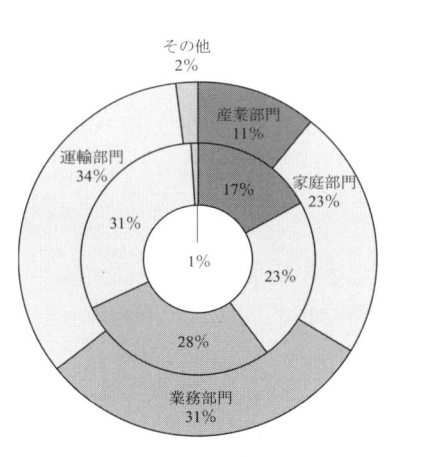

内円:1990年度(合計 57.9 Mt-CO_2)
外円:2000年度(合計 62.8 Mt-CO_2)
(a) 東京都

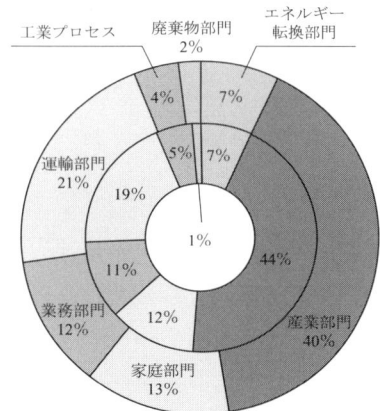

内円:1990年度(合計 1 119.3 Mt-CO_2)
外円:2000年度(合計 1 237.1 Mt-CO_2)
(b) 全国

図 14.1 東京都と全国の部門別二酸化炭素の排出量割合

14.3 道路交通騒音

(1) 騒音とその標示単位[5),6),21)]

騒音とは「ないほうがよい音，好ましくない音」と定義される．騒音は心理的，生理的要因に左右される感覚公害であるから，物理的な測定値で判断することが困難で，また発生源も多種多様なため対策もむずかしい．しかしながら住民から寄せられる苦情件数は，典型7公害のうちで，最も高い比率を占めるのが騒音公害である．

さて，音の尺度にはその物理量としての強弱を表す物理的尺度と，感覚量としての大小を表す感覚的尺度の二つが用いられる．前者に属するものとしては，音圧レベル，音響のパワーレベル，後者に属するものとして騒音レベル，等価騒音レベルなどがある．

(a) 音圧レベル（sound pressure level : L_p）　音とは弾性をもった媒質の中に生じた圧力の変動であるが，音圧とは媒質の圧力変動の実効値をいい，音圧実効値 (p) の2乗を基準音圧 (p_0) の2乗で除した値の常用対数の10倍で定義され，次式で与えられる．単位はデシベル（dB）である．なお基準音圧としては最小可聴音圧をとり，2×10^{-5} Pa ($= \text{N/m}^2$) である．

$$L_P = 10 \log_{10} \frac{P^2}{P_0^2} \tag{14.1}$$

(b) 音響のパワーレベル（power level : L_{WA}）　単位時間に音響が放射する音の全エネルギーを音響出力といい，ある音響出力と基準の音響出力との比の常用の10倍をパワーレベルという．特に人間の聴感覚のためのA特性重み補正を行ったA特性音響出力 W_A を，A特性基準音響出力 W_0 で除した値の常用対数の10倍したものをA特性音響パワーレベル L_{WA} といい，次式で与えられる．単位はデシベルである．なおA特性基準音響出力として一般に 10^{-12} W（ワット）をとる．

$$L_{WA} = 10 \log_{10} \frac{W}{W_0} \tag{14.2}$$

(c) 騒音レベル（sound level : L_{PA}）　A特性音圧 (P_A) の2乗を基準音圧の2乗で除した値の常用対数の10倍で，次式で与えられる．単位はデシベルである．

$$L_{PA} = 10 \log_{10} \frac{P_A{}^2}{P_0{}^2} \tag{14.3}$$

地表面のように反射面を有する半自由空間においては，音源から距離 l だけ離れた測定点で観測される騒音レベルとパワーレベルとの間には次式が成立する．

$$L_{PA} = L_{WA} - 8 - 20 \log_{10} l \tag{14.4}$$

(d) 等価騒音レベル (equivalent continuous sound level: $L_{Aeq.T}$)　A 特性音圧の時間的変動が $P_A(t)$ で与えられるとき，ある時間範囲 T ($t_1 \sim t_2$) について，変動する騒音の騒音レベルをエネルギー的な平均値として表した量を等価騒音レベルといい，次式で与えられる．

$$L_{Aeq.T} = 10 \log_{10} \left[\frac{1}{T} \int_{t_1}^{t_2} \frac{P_A{}^2(t)}{P_0{}^2} dt \right] \tag{14.5}$$

等価騒音レベルは騒音の平均レベルとして国際的に広く用いられている．わが国でも 1999 年の改正により，等価騒音レベルが新しい騒音基準値として用いられることになった．

(2) 自動車走行騒音とその予測方法[18), 19)]

わが国は，平地面積あたりの車の保有台数が世界一という事情を反映して，道路交通による騒音問題はかなり深刻な状況を呈している．自動車走行騒音は一般に動力騒音と走行騒音に大別できる．動力騒音は機関音（エンジン音，吸気音，排気音，ラジエータファン音）や動力伝達機構音などがあり，走行騒音はタイヤ音，風切音，車体振動音などがある．しかし騒音レベルに大きく寄与するのは機関音とタイヤ音といわれている[8)]．実測結果によれば，乗用車で 50〜60 km/h，大型車で 60〜70 km/h の速度を境として，これより高速の場合はタイヤ音が優勢であり，逆にこれより低速の場合は機関音が優勢といわれている[9)]．

等価騒音レベルに基づく自動車走行騒音の予測モデルとして，日本音響学会の ASJ MODEL 1998 が標準予測手法として用いられている．このモデルの適用条件は以下のとおりである．

① 対象道路：道路一般部（平面，盛土，切土，高架）
道路特殊部（インターチェンジ部，掘割・半地下，トンネル坑口周辺部，高架・平面道路併設部，複層高架部）
② 交通量：制限なし
③ 自動車の走行速度：自動車専用道路，一般道路の定常走行部 → 40〜140 km/h
一般道路の非定常走行部 → 10〜60 km/h
インターチェンジ部などの加減速・停止部 → 0〜80 km/h
④ 予測範囲：道路からの水平距離 200 m，高さ 12 m（原理的には適用範囲に制限はない）
⑤ 気象条件：無風で特に強い気温の勾配が生じていない状態

ASJ MODEL 1998 には，A 法（精密計算法）と B 法（簡易計算法）が示されているが，自動車走行騒音の予測には B 法で十分実用的であるので，ここでは B 法につい

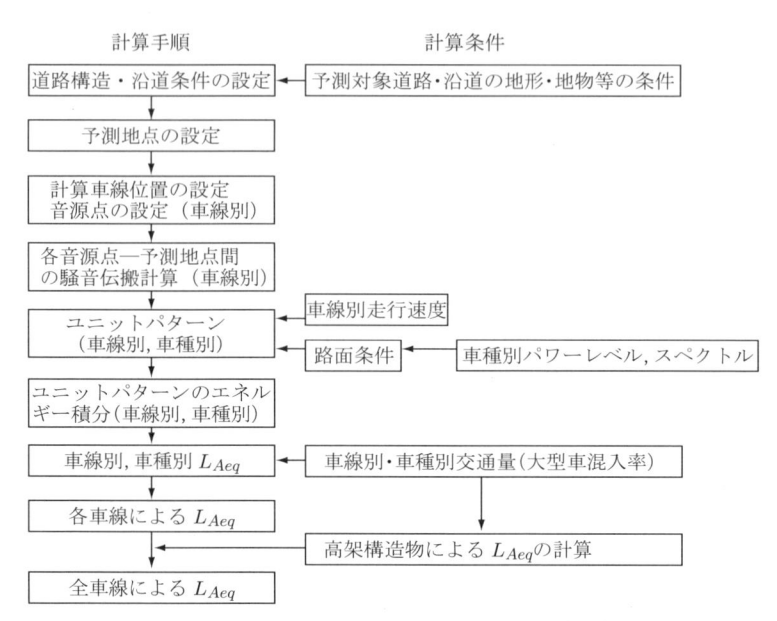

図 14.2 道路交通騒音の予測計算手順[18), 19)]

て，対象道路を道路一般部に限定して紹介する．
　予測計算手順を図 14.2 に示す．
　（a）道路構造・沿道条件・予測地点の設定　道路構造，幅員構成，車線数，路面高さ，遮音壁などの音響障害物の位置，地表面性状を設定し予測位置をきめる．
　（b）計算用車線位置，音源点の設定　計算用車線は，実際の車線ごとにその中心に設けることを基本とするが，片側 2 車線以上の道路にあっては，上下車線ごとにそれぞれまとめてその中央に仮想車線を設定してもよい．設定車線上に図 14.3 に示すように，音源点を予測地点から車線に引いた垂線の最短距離 l とすると，その交点を中心として $\pm 20\,l$ の範囲で l 以下の間隔で設定する．

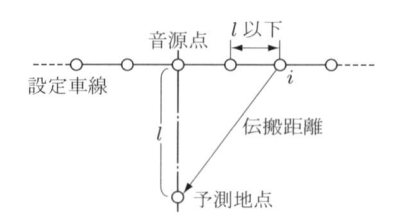

図 14.3 設定車線上の音源点位置[9), 10)]

(c) 車種分類と自動車音響パワーレベル L_{WA} の計算　車種分類は，4車種分類（大型車，中型車，小型貨物車，乗用車）の場合と，2車種分類（大型車類，小型車類）の場合があるが，「道路環境影響評価の技術手法」では2車種分類を原則として用いることにしている．

さて音源（1台の自動車）から発せられる L_{WA} は，動力騒音と走行騒音に分かれるが，どちらも速度との関係が深く，2車種分類の場合は表14.4に示すパワーレベルを用いることにしている．また将来予測においては，将来における自動車自体の単体規制の影響を考慮しなければならない．単体規制としては，1995年中央環境審議会答申「今後の自動車騒音低減対策のあり方について（自動車単体対策関係）」において，加速走行騒音および定常走行騒音の規制目標値が定められており，環境省告示により2002年までに施行されることがきまっている．この答申による自動車単体規制を考慮した，定常走行状態における将来のパワーレベル式を表14.4に示す．

表 14.4　パワーレベル式（2車種分類）[18],[19]

車種分類	非定常走行区間 ($10\,\mathrm{km/h} \leq V \leq 60\,\mathrm{km/h}$)	定常走行区間 ($40\,\mathrm{km/h} \leq V \leq 140\,\mathrm{km/h}$)
大型車類 （大型車＋中型車）	$L_{WA} = 88.8 + 10\log_{10} V$	$L_{WA} = 53.2(52.3) + 30\log_{10} V$
小型車類 （小型貨物車＋乗用車）	$L_{WA} = 82.3 + 10\log_{10} V$	$L_{WA} = 46.7(45.3) + 30\log_{10} V$

（注）括弧内の数値は将来値（規制強化後）

(d) ユニットパターンのエネルギー積分の計算　1台の自動車が道路上を走行するとき，予測地点における騒音レベル $L_{PA.i}$ は，点音源の半自由空間における伝搬式(14.4)に，回折および地表面の効果による補正を考慮した次式によって計算される．

$$L_{PA.i} = L_{WA} - 8 - 20\log_{10} \gamma_i + \Delta L_{d.i} + \Delta_{g.i} \tag{14.6}$$

ここに，$L_{PA.i}$：A特性音圧レベルの時間的変化 [dB]
　　　　L_{WA}：自動車走行騒音のA特性パワーレベル [dB]
　　　　γ_i：音源点 i から予測地点までの距離 [m]
　　　　$\Delta L_{d.i}$：回折効果による補正量 [dB]
　　　　$\Delta L_{g.i}$：地表面効果による補正量 [dB]

なお回折および地表面の効果による補正方法については文献21)に譲る．

自動車が移動するにつれて，騒音レベルは図14.4に示すように時間的に変化する．この時間変動のパターンをユニットパターンとよび，この時間積分値（騒音の全エネ

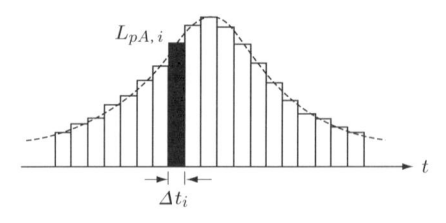

図 14.4 A 特性音圧レベルの時間変化（ユニットパターン）[18], [19]

ルギー）を単位時間 1 秒間の定常音に換算したときの騒音レベルを単発騒音暴露レベル L_{AE} とよび，式 (14.7) より求められる．

$$L_{AE} = 10 \log_{10} \frac{1}{T_0} \sum_i 10^{L_{PA,i}/10} \cdot \Delta t_i \tag{14.7}$$

ここに，$T_0 =$ 基準時間, 1 [s]

$\Delta t_i =$ 自動車が i 番目の区間を通過する時間 [s]

これより，その時間の平均エネルギーレベルである等価騒音レベル L_{Aeq} は，次式によって計算される．

$$L_{Aeq} = 10 \log_{10} \left(10^{L_{AE}/10} \frac{N}{3\,600} \right)$$

$$= L_{AE} + 10 \log_{10} N - 35.6 \tag{14.8}$$

ここに，L_{Aeq}：等価騒音レベル [dB]
L_{AE}：単発騒音暴露レベル [dB]
N　：交通量 [台/h]

（e）騒音レベルの合成　以上の計算を車線ごと，車種別ごとに行い，その結果をエネルギー合成して予測地点における騒音レベル L_{Aeq} が求められる．たとえば単一車種で往復 2 車線の仮想車線を考えた場合，それぞれの車線の等価騒音レベルを L_{Aeq1}, L_{Aeq2} とすると，等価騒音レベルの合成値はつぎのように与えられる．

$$L_{Aeq} = 10 \log_{10} \left(10^{L_{Aeq1}/10} + 10^{L_{Aeq2}/10} \right) \tag{14.9}$$

（3）騒音基準と環境基準

自動車騒音は 1968 年制定の騒音規制法が 1970 年に改正され，自動車騒音規制が盛り込まれた．1971 年には，従来から規制されていた定常走行騒音および排気騒音に対する規制に加えて，自動車が市街地を走行する際に発生する最大の騒音である加速走行騒音について規制が開始され，その後も規制の拡充・強化が図られてきた．2000 年

には騒音規制法の基づく「自動車騒音の大きさの許容限度」の改正で，すべての車種について騒音規制が強化されることとなった（表14.5）．

一方環境基本法に基づき，生活環境を保全し，人の健康を保護するうえで維持されることが望ましい基準として，地域類型ごとに騒音に係る環境基準を定めている（表14.6）．また都道府県知事が自動車騒音について，その測定レベルが一定の限度を超え，道路周辺の生活環境がいちじるしく損なわれると認めるときは，都道府県公安委員会に対して，道路交通法の規定による措置をとるべきことを要請することとされ，また必要があると認めるときには，道路管理者などに対して，道路構造の改善その他自動車騒音の大きさの減少に資する事項に関し，意見を述べることができるとされている（表14.7）．

（4）自動車騒音対策

自動車交通に起因する騒音の公害対策としては，図14.5に示すような諸対策が考えられる．自動車自体からの騒音については表14.5に示すような規制が順次実施強化されつつある．交通流対策としては，交通管制システムの高度化，車両乗り入れ禁止などの交通規制の強化が考えられる．道路面からの対策としては，沿道環境の保全に資する環状道路，バイパスの整備や，低騒音舗装や遮音壁，環境施設帯の設置などが考えられる．また沿道対策としては，幹線道路沿道にふさわしい市街地整備を図るための沿道地区計画の策定や住宅防音工事助成の実施などが考えられる．

14.4　道路交通振動[21]

（1）道路交通振動の測定と規制基準

振動公害は環境基準では定められていないが，典型7公害の一つとして振動規制法（1976年制定）によって規制されている．道路交通振動は自動車が道路を通行することに伴い発生する振動で，発生した振動は減衰しながらも地盤を伝わり，人の居住地まで達して振動公害を発生させる．

道路交通振動の測定には，日本工業規格 JIS C 1510（1976）によって，振動の鉛直方向の加速度を用いて評価する．具体的には人体の振動感覚特性を加味した振動加速度レベル（VAL）が測定，評価に用いられる．振動加速度レベルの単位はデシベルで表示され，次式によって定義される．

$$VAL = 10 \log_{10} \frac{A_\theta^2}{A_0^2} \tag{14.10}$$

ここに，A_θ：加速度の実効値
　　　　A_0：$10^{-3}\,\mathrm{cm/s^2}$

表 14.5 自動車騒音規制の推移（環境省資料より）

[単位：デシベル（A）]

自動車の種別			定常走行騒音 新車					近接排気騒音 新車・使用過程車					加速走行騒音 新車				
			昭和46年	平成10年※	平成11年※	平成12年※	平成13年※	平成元年	平成10年	平成11年	平成12年	平成13年	昭和62年	平成10年	平成11年	平成12年	平成13年
特殊自動車			−					110					−				
大型車 車両総重量が3.5トンを超え，原動機の最高出力150キロワットを超えるもの	全輪駆動車，トラクタ及びクレーン車		80				83	107				99	83				82
	トラック						82										81
	バス					82					99					81	
中型車 車両総重量が3.5トンを超え，原動機の最高出力150キロワット以下のもの	全輪駆動車		78				80	105				98	83				81
	全輪駆動以外のもの	バス				79					98					80	
		トラック					79					98					80
小型車 車両総重量が3.5トン以下のもの	車両総重量1.7トンを超えるもの		74				74	103				97	78				76
	車両総重量1.7トン以下のもの						74					97					76
軽自動車（総排気量0.66 L以下のもの，乗用車を除く）	原動機が運転席の前		74				74	103				97	78				76
	その他						74					97					76
乗用車 専ら乗用の用に供する乗車定員10人以下のもの	乗車定員7人以上	原動機が車両の後部				72					100						76
		その他	70					103				96	78				
	乗車定員6人以下	原動機が車両の後部				72					100						76
		その他										96					
二輪自動車（側車付を含む）	小型二輪自動車（総排気量0.25 Lを超えるもの）		74			72		99				94	75				73
	軽二輪自動車（総排気量0.125 Lを超え0.25 L以下のもの）					71						94					73
原動機付自転車	第二種原動機付自転車（総排気量0.05 Lを超え0.125 L以下のもの）		70			68		95				90	72				71
	第一種原動機付自転車（総排気量0.05 L以下のもの）					65						84					71

（注）1) 平成元年7月よりすべての自動車及び原動機付自転車に消音器の装着を義務付け
    2) ※付の新車に対する定常走行騒音の平成10年規制以降の規制値は新しい測定方法

14.4 道路交通振動

表 14.6 騒音に係る環境基準（平成 10 年環境庁告示第 64 号）

道路に面する地域以外の地域

地域の類型	基準値 昼間	基準値 夜間	該当地域
AA	50 デシベル以下	40 デシベル以下	環境基準に係る水域及び地域の指定権限の委任に関する政令（平成 5 年政令第 371 号）第 2 項の規定に基づき都道府県知事が地域の区分ごとに指定する地域
A 及び B	55 デシベル以下	45 デシベル以下	
C	60 デシベル以下	50 デシベル以下	

（注）1. 時間の区分は，昼間を午前 6 時から午後 10 時までの間とし，夜間を午後 10 時から翌日の午前 6 時までの間とする．
2. AA を当てはめる地域は，療養施設，社会福祉施設等が集合して設置される地域など特に静穏を要する地域とする．
3. A を当てはめる地域は，専ら住居の用に供される地域とする．
4. B を当てはめる地域は，主として住居の用に供される地域とする．
5. C を当てはめる地域は，相当数の住居と併せて商業，工業等の用に供される地域とする．

道路に面する地域

地域の区分	基準値 昼間	基準値 夜間
A 地域のうち 2 車線以上の車線を有する道路に面する地域	60 デシベル以下	55 デシベル以下
B 地域のうち 2 車線以上の車線を有する道路に面する地域及び C 地域のうち車線を有する道路に面する地域	65 デシベル以下	60 デシベル以下

道路に面する地域において，幹線交通を担う道路に近接する空間については，上表にかかわらず，特例として次表の基準値の欄に掲げるとおりとする．

基準値 昼間	基準値 夜間
70 デシベル以下	65 デシベル以下

備考：個別の住居等において騒音の影響を受けやすい面の窓を主として閉めた生活が営まれていると認められるときは，屋内へ透過する騒音に係る基準（昼間にあっては 45 デシベル以下，夜間にあって 40 デシベル以下）によることができる．

表 14.7 自動車騒音の要請限度（平成 12 年 3 月 2 日総理府令第 15 号）

	区域区分	時間の区分 昼間	時間の区分 夜間
1	a 区域及び b 区域のうち一車線を有する道路に面する地域	65 デシベル	55 デシベル
2	a 区域のうち二車線以上の車線を有する道路に面する区域	70 デシベル	65 デシベル
3	b 区域のうち二車線以上の車線を有する道路に面する区域及び c 区域のうち車線を有する道路に面する区域	75 デシベル	70 デシベル

備考：a区域，b区域及びc区域とは，それぞれ次の各号に掲げる区域として都道府県知事が定めた区域をいう．
- a区域　専ら住居の用に供される区域
- b区域　主として住居の用に供される区域
- c区域　相当数の住居と併せて商業，工業等の用に供される区域

（注意）上表に掲げる区域のうち幹線交通を担う道路に近接する区域（二車線以下の車線を有する道路の場合は道路の敷地の境界線から15m，二車線を超える車線を有する道路の場合は道路の敷地の境界線から20mまでの範囲をいう．）に係る限度は，上表にかかわらず，昼間においては75デシベル，夜間においては，70デシベルとする．

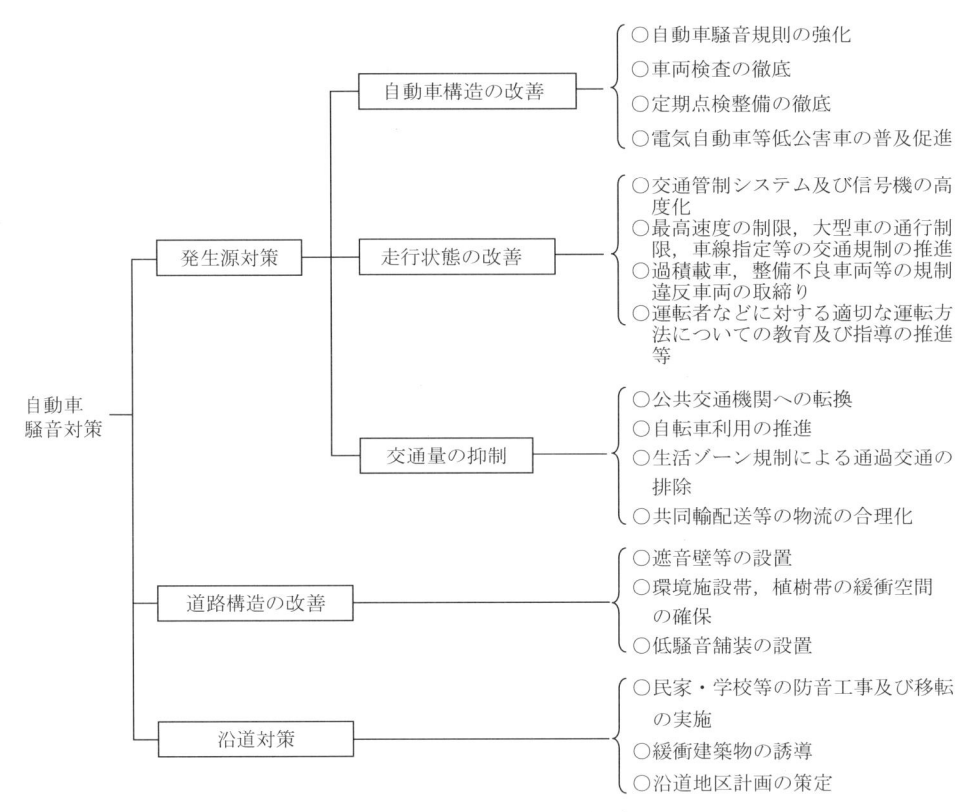

```
自動車騒音対策
├─ 発生源対策
│   ├─ 自動車構造の改善
│   │   ○自動車騒音規則の強化
│   │   ○車両検査の徹底
│   │   ○定期点検整備の徹底
│   │   ○電気自動車等低公害車の普及促進
│   ├─ 走行状態の改善
│   │   ○交通管制システム及び信号機の高度化
│   │   ○最高速度の制限，大型車の通行制限，車線指定等の交通規制の推進
│   │   ○過積載車，整備不良車両等の規制違反車両の取締り
│   │   ○運転者などに対する適切な運転方法についての教育及び指導の推進等
│   └─ 交通量の抑制
│       ○公共交通機関への転換
│       ○自転車利用の推進
│       ○生活ゾーン規制による通過交通の排除
│       ○共同輸配送等の物流の合理化
├─ 道路構造の改善
│   ○遮音壁等の設置
│   ○環境施設帯，植樹帯の緩衝空間の確保
│   ○低騒音舗装の設置
└─ 沿道対策
    ○民家・学校等の防音工事及び移転の実施
    ○緩衝建築物の誘導
    ○沿道地区計画の策定
```

図 14.5　自動車騒音対策の体系図

実際の測定においては，5秒間隔で100回の振動加速度レベルを測定し，累積頻度分布曲線を作成する．この曲線上の10％の値（L_{10}）を代表値として利用する（振動規制法施行規則，1976年）．道路交通振動の規制基準を表14.8に示す．

都道府県知事は指定区域内における道路交通振動が所定の限度を超えて，道路周辺の生活環境がいちじるしく損なわれると認めるときは，道路管理者に対し，当該道路

表 14.8　自動車振動規制基準

区域の区分＼時間の区分	昼間	夜間
第一種区域	65 デシベル	60 デシベル
第二種区域	70 デシベル	65 デシベル

備考
1. 第一種区域及び第二種区域とは，それぞれ次の各号に掲げる区域として都道府県知事が定めた区域をいう．
   - 第一種区域　良好な住居の環境を保全するため，特に静穏の保持を必要とする区域及び住居の用に供されているため，静穏の保持を必要とする区域
   - 第二種区域　住居の用に併せて商業，工業等の用に供されている区域であって，その区域内の住民の生活環境を保全するため，振動の発生を防止する必要がある区域及び主として工業等の用に供されている区域であって，その区域内の住民の生活環境を悪化させないため，著しい振動の発生を防止する必要がある区域．
2. 昼間及び夜間とは，それぞれ次の各号に掲げる時間の範囲内において都道府県知事が定めた時間をいう．
   - 昼間　午前5時，6時，7時又は8時から午後7時，8時，9時又は10時まで
   - 夜間　午後7時，8時，9時又は10時から翌日の午前5時，6時，7時又は8時まで

の部分につき道路交通振動の防止のため，維持または修繕の措置をとるべきことを要請あるいは，都道府県公安委員会に対し道路交通法の規定による措置をとるべきことを要請することになっている．

(2)　道路交通振動の予測と対策

道路交通振動の予測は自動車騒音予測と同様に振動予測式が提案されている．道路交通振動は走行速度，車両重量，交通量，走行位置，路面性状によって支配され，また振動が伝播する地盤条件によっても距離減衰の大きさが異なってくる．道路交通振動の標準予測方法については文献 21) に譲る．

道路交通振動の対策は，自動車自体の構造整備等の発生源対策，速度規制，大型車通行区分指定，過積載の取り締まりなどの交通規制，路面平坦性の確保，防振溝・防振壁の設置，地盤改良による軽減などの道路構造対策がある．

14.5 交通事故

交通事故には道路交通，鉄道交通，海上交通，航空交通に関するものがあるが，事故件数，および死者数ともに道路交通事故が圧倒的に多く，わが国の2002年の死者数でみると，道路，鉄道，海上，航空の交通事故による割合がそれぞれ，94.7％，3.4％，1.8％，0.1％となっている．また，2000～02年のわが国における不慮の事故による死者数をみると表14.9のようになっており，事故による死亡率の中では交通事故によるものが高く，その中でも特に自動車事故による死亡率の高さが目立っている．ここでは，交通事故のうち，件数，死傷者数で最大の比率を占めている道路交通事故について，わが国および外国における実態と防止対策について述べる．

表 14.9 生命へのリスクの比較

リスクの種類	死者数
道路交通事故	9 575 人 (2002)[1]
火災	2 034 人 (2000)[2]
犯罪	1 440 人 (2001)[3]
自然災害	78 人 (2000)[4]

(注) 1) 交通安全白書．30日以内死者数
2) 消防白書
3) 犯罪白書．交通業過を除く刑法犯による死亡者
4) 防災白書．自然災害の被害は年によるばらつきが大きいが，戦後で最も死者数が多かった1995年（阪神・淡路大震災）は6 480人である．

(1) わが国における道路交通事故

わが国における道路交通事故の発生状況についてみると以下のようになっている．

(a) わが国における道路交通事故の推移　　わが国における1955年から2002年までの交通事故および自動車走行キロの推移を示すと，図14.6，表14.10のようになっている．これらによると交通事故による死者数，負傷者数は1960年代から自動車交

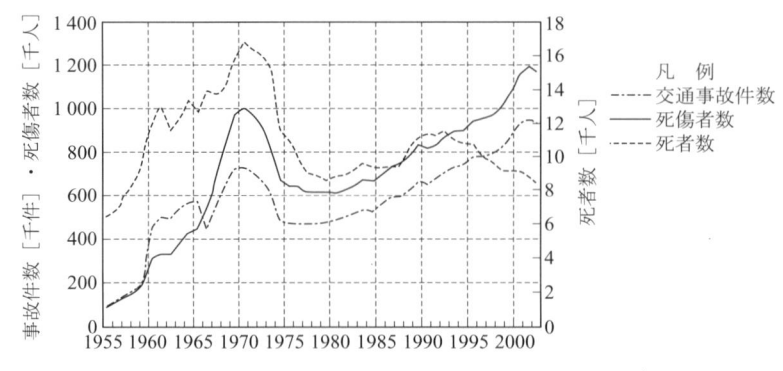

図 14.6 交通事故件数，死傷者数，死者数の推移[10]

14.5 交通事故　185

表 14.10　交通事故の推移

暦年	道路交通事故総計			死亡事故の類型別発生割合					自動車走行台キロ
	事故件数	死者数	傷者数	車対人	車対自転車	車対車	車単独	その他	
	件	人	人	%	%	%	%	%	百万台キロ
1955	93 981	6 379	76 501	…	…	…	…	…	12 062
60	449 917	12 055	289 156	…	…	…	…	…	28 164
65	567 286	12 484	425 666	35.1	13.8	23.8	18.3	9.0	82 155
70	718 080	16 765	981 096	37.1	11.6	28.1	18.2	5.0	275 010
75	472 938	10 792	622 467	34.3	39.0		22.8	3.9	329 872
80	476 677	8 760	598 719	31.7	41.1		24.7	2.5	437 968
85	552 778	9 261	681 346	29.0	42.3		27.3	1.4	514 253
90	643 097	11 227	790 295						628 581
95	761 789	10 679	922 677						720 283
2000	931 934	9 066	1 155 697						775 723
02	936 721	8 326	1 167 855						790 829

通量の増大とともに増加の一途をたどり，1970年にそれぞれ16 765人，981 096人のピークに達した．それ以後は自動車走行キロは増加したにもかかわらず，事故による死者数は1979年まで減少した．しかし，その後は1992年まで増加傾向をたどったあとに，2002年まで減少している．また事故件数，負傷者数は1977年までは減少したが，1978年以後，再び増加傾向に転じた．自動車1億走行キロあたりの交通事故死者数，負傷者数および事故発生件数のいずれも，1979年度まで減少を続けていたが，その後は横ばい状態が続いている．

(b)　道路形状別交通事故および状態別，事故類型別交通事故

①　道路形状別死亡事故　　2002年の道路形状別地域別死亡事故の発生状況を示すと表14.11のようになっている．これによると，全事故の46.6％が交差点で，52.4％が単路部で，1.0％が踏切その他でそれぞれ発生しているが，事故に遭った際の死亡の危険性は踏切が最も高く，単路部，交差点の順になっている．

②　状態別死者数　　交通事故死亡者がどのような状態で事故に遭遇しているのかを示したのが表14.12である．これによると2002年には自動車乗車中が41％，二輪車乗車中18％，自転車乗車中12％，歩行中29％となっており，自動車乗車中と二輪車・自転車乗車中と歩行中の死者がそれぞれ1/3ずつを占めている．

③　年齢別，昼夜別交通事故死者数　　年齢別の人口10万人あたり死者数を2002年のデータでみると，65歳以上の老人で13.3人ときわめて大きく，以下16～24歳9.5人，25～64歳5.1人，15歳以下1.3人となっており，老人と若者の交通事故死率

表 14.11　道路形状別死亡事故発生件数[10]（2002 年）

道路形状別	区分	発生件数	構成率
交差点	交差点内	3 028 件	37.9 %
	交差点付近	696	8.7
	小　計	3 724	46.6
単路	カーブ	1 337	16.7
	一般単路	2 710	33.9
	トンネル・橋	141	1.8
	小　計	4 188	52.4
踏切・その他		81	1.0
合　計		7 993	100.0

（注）警察庁資料による．

表 14.12　状態別死者数[10]（2002 年）

状態別	区分	死者数	構成率
自動車乗車中	自動車運転中	2 626 人	31.5 %
	自動車同乗中	812	9.8
	小　計	3 438	41.3
二輪車乗車中	自動二輪車乗車中	773	9.3
	原動機付自転車乗車中	724	8.7
	小　計	1 497	18.0
自転車乗車中		991	11.9
歩行中		2 384	28.6
その他		16	0.2
合　計		8 326	100.0

（注）警察庁資料による．

が高くなっている．

　2002 年の昼夜別交通事故発生状況をみると，事故件数では昼間 70.5％，夜間 29.5％であるのに対し，死亡事故件数では昼間 47％，夜間 53％となっており，夜間の致死率は昼間の約 3 倍である．

　④　事故類型別および主原因者違反別死亡事故件数　2002 年の事故類型別死亡事故を図 14.7 でみると，人対車両の事故が 29％，車両相互が 48％，車両単独が 23％を占め，人対車両，車両相互が多く，人対車両事故では横断歩道以外を横断中の事故が多く，車両相互の事故では出会い頭衝突が最も多くなっている．2002 年の死亡事故を主原因者の違反事項別にみると，図 14.8 のようになっており，スピード違反 14％，

14.5 交通事故　187

漫然運転 12％，わき見運転 11％ などが多く，車両運転者に原因のある事故が 96％ を占めている．

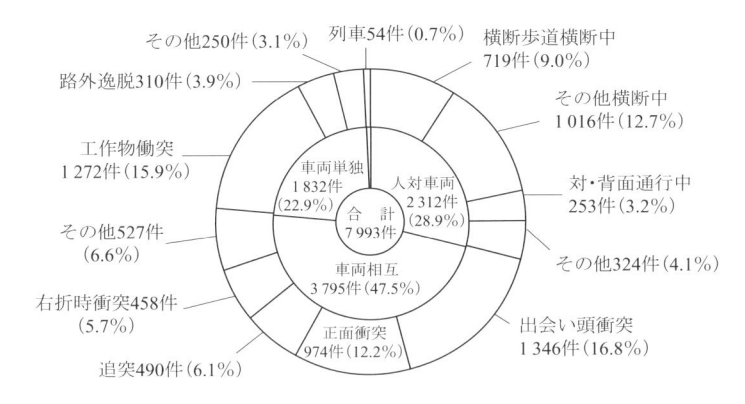

図 14.7　事故類型別死亡事故発生件数（2002 年）（警察庁資料による）

その他 250 件（3.1％）
列車 54 件（0.7％）
横断歩道横断中 719 件（9.0％）
路外逸脱 310 件（3.9％）
その他横断中 1 016 件（12.7％）
工作物衝突 1 272 件（15.9％）
車両単独 1 832 件（22.9％）
人対車両 2 312 件（28.9％）
対・背面通行中 253 件（3.2％）
合　計 7 993 件
その他 527 件（6.6％）
その他 324 件（4.1％）
右折時衝突 458 件（5.7％）
車両相互 3 795 件（47.5％）
出会い頭衝突 1 346 件（16.8％）
追突 490 件（6.1％）
正面衝突 974 件（12.2％）

（注）横断歩道中には，横断歩道付近横断中も含む

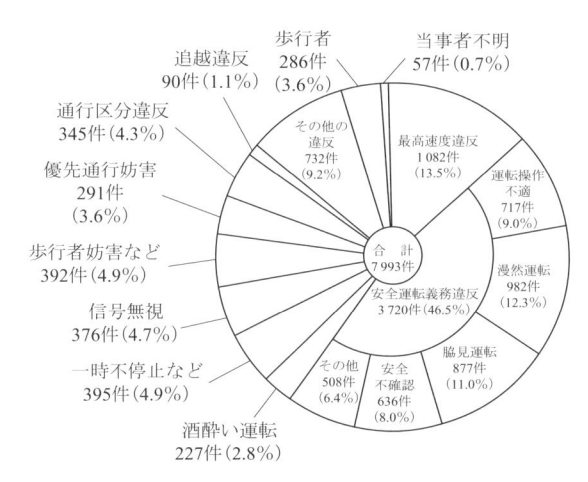

図 14.8　第一当事者の法令違反別死亡事故発生件数（2002 年）（警察庁資料による）

追越違反 90 件（1.1％）
歩行者 286 件（3.6％）
当事者不明 57 件（0.7％）
通行区分違反 345 件（4.3％）
その他の違反 732 件（9.2％）
最高速度違反 1 082 件（13.5％）
優先通行妨害 291 件（3.6％）
運転操作不適 717 件（9.0％）
歩行者妨害など 392 件（4.9％）
合　計 7 993 件
漫然運転 982 件（12.3％）
信号無視 376 件（4.7％）
安全運転義務違反 3 720 件（46.5％）
一時不停止など 395 件（4.9％）
脇見運転 877 件（11.0％）
その他 508 件（6.4％）
安全不確認 636 件（8.0％）
酒酔い運転 227 件（2.8％）

⑤　高速道路における事故率　　高速道路における事故率は表 14.13 のとおりで，1 億台キロあたり事故率は一般道路の約 1/12 であるが，致死率は一般道路の 2.1 倍になっている．事故類型別発生状況は車両相互の事故が全体の 83％，車両単独事故が 16％ を占め，一般道路（6％）に比べ車両単独事故の割合が大きくなっている．事故原因をみると，前方不注意が 42％ で最も多く，つぎに動静不注視 15％，ハンドル操作不適当 8％ となっている．

188　第14章　道路交通環境と安全性

表 14.13　高速道路における事故率（2002年）

区　分		高速道路	一般道路
1億台キロあたり人身事故件数	[件]	10.9	121.2
事故1件あたり死傷者数	[人]	1.20	1.04
致死率 $\left(\dfrac{死者数}{死傷者数}\times 100\right)$	[％]	1.5	0.71

(注)　警察庁資料による．

(2)　交通事故の国際比較

ここでは，道路交通事故の国際比較を行う．

(a)　**各国の道路交通事故の推移**　主要8か国の道路交通事故による人口10万人あたりおよび自動車1万台あたり死亡者数の1979年から2000年までの推移を示すと表14.14のようになっている．これによると，死亡率は，米国，カナダ，フランス，イタリアが高く，オランダ，イギリス，ドイツ，日本が低くなっている．そして，ほとんどの国において死亡事故率は年とともに減少している．

(b)　**道路交通事故状態別死亡者構成比**　交通事故の際の状態別死亡者数の国際比較をしたものが表14.15である．これによれば，わが国の事故死者に占める歩行者の割合は高く，3割弱を占め，これに自転車乗車中を含めると41％と各国の中で最も高い割合になっている．このような事態の原因の一つは，歩行者や自転車のための歩道，自転車道などの施設不足によって，歩行者，自転車，自動車の混合交通の道路が多くなっていることにあるといえよう．

14.6　交通事故と月，曜日および道路交通要因との関連性

交通事故の原因には人的要因，自動車的要因，道路的要因の三つがあり，これらの要因の組み合わせが事故をひき起こしているといえる．いま，2002年の死亡事故7 993件の第1原因の所在をみると，車両運転者にあるもの96.4％，歩行者にあるもの3.6％となっており，道路および車両の欠陥による事故はきわめて少なく，ほとんどが運転者，自転車利用者，歩行者に原因がある．したがって，事故を防止するためにはまず，車両運転者が十分注意して，安全運転を行う必要があり，自転車利用者，歩行者も十分注意する必要がある．

しかし，道路条件および車両条件を改善することによって，人的要因による事故の発生を抑制することも可能であるので，道路条件，車両条件の改善はつねに考えられなければならない．ここでは，交通事故と月，曜日および道路交通要因との関連性を実績資料に基づいて述べ，交通事故対策のあり方をさぐる．

14.6 交通事故と月，曜日および道路交通要因との関連性

表14.14 道路交通事故による死亡状況の欧米諸国との比較

(単位：人)

年	日本 死者数	日本 人口10万人あたり死者数	日本 自動車1万台あたり死者数	フランス 死者数	フランス 人口10万人あたり死者数	フランス 自動車1万台あたり死者数	アメリカ 死者数	アメリカ 人口10万人あたり死者数	アメリカ 自動車1万台あたり死者数	イタリア 死者数	イタリア 人口10万人あたり死者数	イタリア 自動車1万台あたり死者数	カナダ 死者数	カナダ 人口10万人あたり死者数	カナダ 自動車1万台あたり死者数	オランダ 死者数	オランダ 人口10万人あたり死者数	オランダ 自動車1万台あたり死者数	ドイツ 死者数	ドイツ 人口10万人あたり死者数	ドイツ 自動車1万台あたり死者数	イギリス 死者数	イギリス 人口10万人あたり死者数	イギリス 自動車1万台あたり死者数
1979	11 778	10.2	3.2	12 197	22.8	6.0	51 088	23.2	3.3	8 318	14.6	4.6	5 856	24.7	4.5	1 977	14.1	4.2	13 222	21.6	5.5	6 352	11.7	3.7
1980	11 752	10.0	3.1	12 384	23.1	5.9	51 091	22.4	3.3	8 537	15.0	4.5	5 461	24.4	4.1	1 997	14.1	4.1	13 041	21.1	5.3	6 239	11.2	3.6
1984	12 432	10.3	2.8	11 525	21.0	4.8	44 241	18.7	2.7	7 184	12.6	3.2	4 120	16.4	2.9	1 615	11.2	3.1	10 199	16.7	3.6	5 788	10.2	3.1
1991	('92) 14 886	12.0	2.41	10 483	18.3	3.63	41 150	16.3	2.16	7 498	13.1	2.44	('92) 3 684	13.4	2.16	1 281	8.5	2.07	7 515	11.7	2.25	4 568	8.0	1.92
1996	11 674	9.3	1.74	8 080	13.9	('97) 2.80	41 907	15.8	2.12	('97) 5 829	10.1	1.39	3 082	10.3	1.50	1 180	7.6	2.12	('97) 8 549	10.4	1.77	3 598	6.3	1.40
2001	10 060	7.90	1.42	8 160	13.82	2.41	('00) 42 116	14.79	1.95	('00) 6 410	11.08	1.78	('00) 2 927	9.42	1.65	993	6.21	1.30	6 977	8.48	1.47	('00) 3 580	5.99	1.28

(注) ( )内は該当年を示す．

1. 日本以外の数値は，国連ヨーロッパ経済委員会資料（ただし，カナダの数値は外務省資料等）による．イギリスの数値は，北アイルランドを除く．
2. 日本の数値は，厚生省および厚生労働省資料による．
3. 道路交通事故による死者の定義は，つぎのとおりである．
   - 日本：自動車事故を直接死因とするすべての死者（厚生省資料）
   - フランス：事故発生後6日以内の死者
   - イタリア：事故発生後7日以内の死者
   - カナダ：事故発生後30日以内の死者（州によって7日以内，1年以内のところもある．）
   - その他の国は，事故発生後30日以内の死者，ドイツは西ドイツの数値を示す．
   '79年〜'84年値
4. 人口10万人あたり死者数は，年央推計人口（国連資料）を基準に算出した．
5. 自動車1万台あたり死者数の算出には，二輪車を除外した．
6. 1990年以降の値はすべての国において，事故発生後30日以内の死者数，( )内の年のデータを示す．

表 14.15 道路交通事故状態別死者数の構成比の欧米諸国との比較[10]（2000年）

区分＼国名	日本	アメリカ	カナダ	ドイツ	フランス	イタリア	オランダ	イギリス
	%	%	%	%	%	%	%	%
歩行中	28.2	11.6	12.7	12.8	10.1	13.2	10.7	24.8
自転車乗車中	12.8	1.7	1.4	9.0	3.1	5.8	19.6	3.7
二輪車乗車中	18.4	7.6	5.9	15.7	18.6	19.2	15.5	17.1
乗用車乗車中	27.6	48.0	53.2	57.3	64.7	55.1	48.0	49.8
その他	12.9	30.7	26.0	5.1	3.4	6.7	6.1	4.6

（注）1. IRTAD 資料による．
   2. 乗用車には，バス，ミニバスを含む．
   3. その他には，貨物，特殊，路面電車，軽車両を含む．

（1） 交通事故と月，曜日との関係

交通事故と月，曜日との関係を示すと，図 14.9，14.10 のようであり，月では，3，10，11，12 月の死亡事故率が高く，曜日では土，日曜日の死亡事故率が高くなっている．

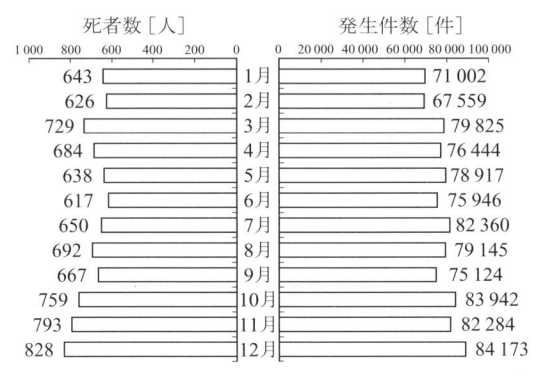

死者数 [人] ／ 発生件数 [件]

月	死者数 [人]	発生件数 [件]
1月	643	71 002
2月	626	67 559
3月	729	79 825
4月	684	76 444
5月	638	78 917
6月	617	75 946
7月	650	82 360
8月	692	79 145
9月	667	75 124
10月	759	83 942
11月	793	82 284
12月	828	84 173

図 14.9 月別交通事故死者数および事故発生件数の推移（2002年）
（警察庁資料による）

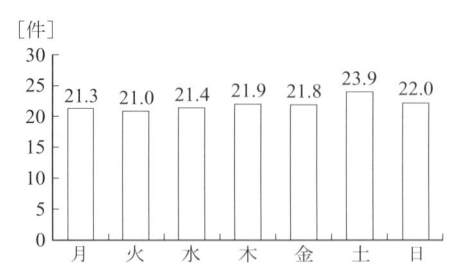

[件]

月	火	水	木	金	土	日
21.3	21.0	21.4	21.9	21.8	23.9	22.0

図 14.10 曜日別一日平均死亡事故発生件数（2002年）（警察庁資料による）

(2) 交通事故と交通混雑，交通量との関係

わが国の国道における交通事故の分析結果によると，交通混雑度と事故率，追突事故率，死亡事故率との関係は図 14.11, 14.12, 14.13 のようである．これらによると，事故率，死亡事故率は混雑度の上昇とともに減少するのに対し，追突事故率は混雑度と比例関係にあることがわかる．また，大型車混入率と事故率の関係を図 14.14 でみると，市街地で大型車混入率が 50% に達すると事故率が急増することがわかる．さらに交通量と事故率の関係は図 14.15 に示すように，交通量の増加とともに事故率が減少することがわかる．

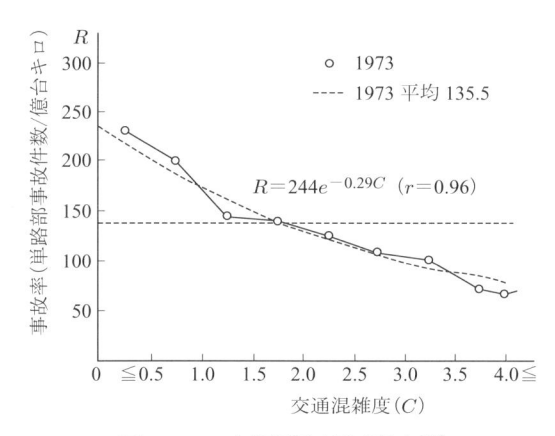

$$R = 244e^{-0.29C} \quad (r = 0.96)$$

図 14.11 交通混雑度別事故率[15]

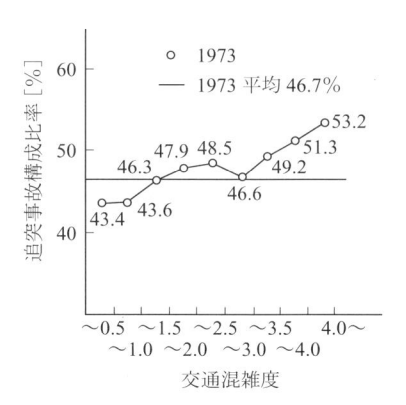

図 14.12 交通混雑度別追突事故構成比率[15]

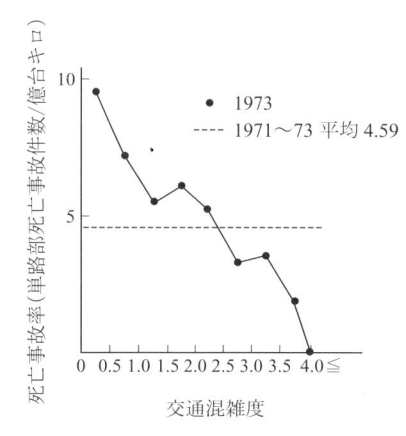

図 14.13 交通混雑度別死亡事故率[15]

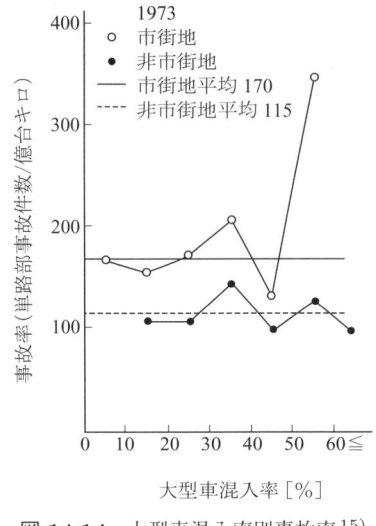

図 14.14 大型車混入率別事故率[15]

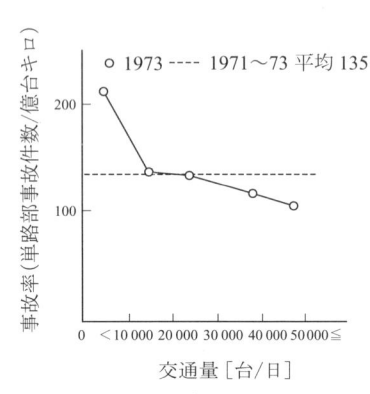

図 14.15 交通量別事故率[15]

（3） 交通事故と車両速度との関係

事故車の速度と各種事故における致死率との関係を示すと，図 14.16 のようになっ

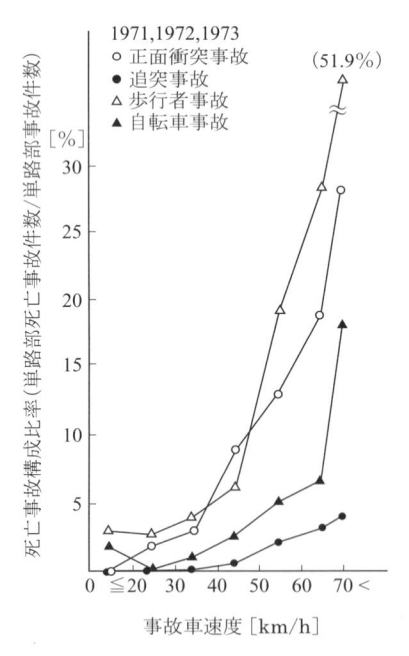

図 14.16 事故類型別事故車速度別死亡事故構成比率[15]

ており，速度の増大とともに致死率も高くなっている．これより，事故の被害を減少させるためには，歩行者，自転車事故と正面衝突事故を減らし，車の速度を落として運転させるようにすべきである．

（4）　歩行者死傷率と歩道設置率の関係

図 14.17 より，道路の自動車交通量によって変動はあるが，歩道設置率の上昇とともに歩行者死傷率は減少することがわかる．

（5）　交通事故と道路線形との関係

わが国の高速道路における道路線形と交通事故率の関係は，つぎの図 14.18，14.19 および表 14.16 のようになっている．下り勾配部および曲線部での事故率が高くなっている．

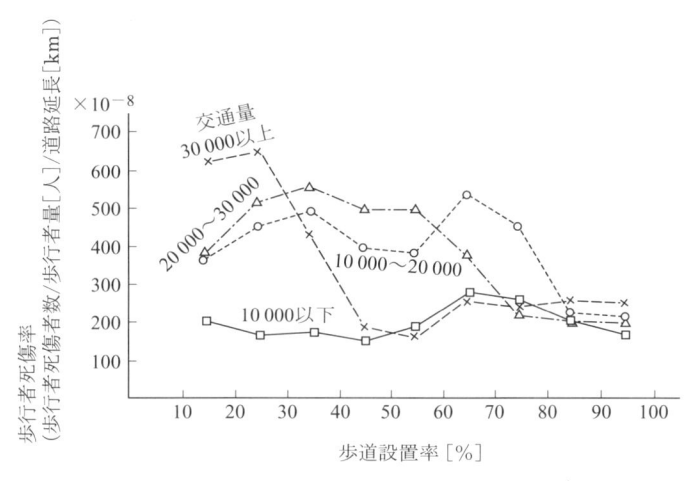

図 14.17　歩行者死傷率と歩道設置率の関係[15]

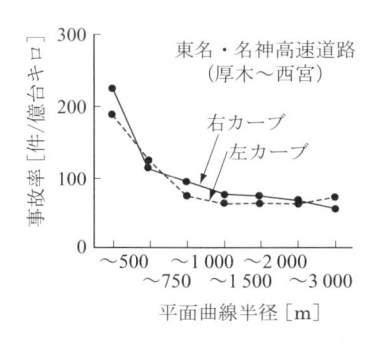

図 14.18　平面曲線半径と事故率[14]

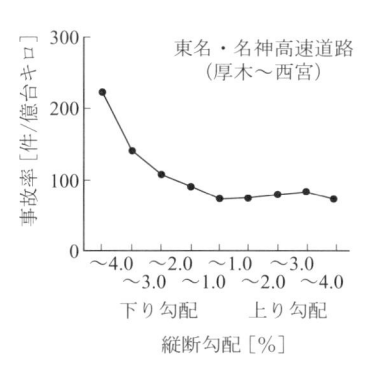

図 14.19　縦断勾配と事故率[14]

表 14.16　平面線形と縦断線形の組合せと事故率[14]

	下り勾配	平　坦	上り勾配	計
円弧部	107	64	71	73
直線部	105	79	94	86
クロソイド部	108	69	71	78
計	105	70	75	78

直線部：$R = \infty$
平　坦：$-1\% \sim +1\%$ の勾配

14.7　交通事故対策とその効果

(1) 交通事故対策

交通事故対策としては，つぎのようなことが考えられる．

① 人の交通施設としては，鉄道，バス，乗用車などがあるが，これらのうちでは乗用車の事故率が最も高く，バス，鉄道の順に安全性が向上するので，できるだけ，鉄道，バスを多く利用する交通体系を実現するよう土地利用および交通施設整備において努力すべきである．

② 道路を利用する交通手段それぞれに独自の通路空間を確保し，その流れを円滑にするようにある種の制限を加える一方，進路前方の情報を道路利用者に的確に伝達する必要がある．具体的には，車道，歩道，自転車道を分離し，それぞれを整備し，それらに関連する各種交通安全施設の整備を図り，同時に適切な交通規制の実施と交通取締りの強化を図るべきであろう．

③ 自動車運転者，自転車利用者，歩行者などに対する交通安全教育を行う必要がある．

④ 自動車の構造機能を安全なものにする．

⑤ 負傷者に対する救急医療体制を充実する．

(2) 交通事故対策の効果

交通事故対策としては，前述の交通安全施設の整備，交通運用の適正化，安全教育の徹底，車両構造の安全化などのほかに，運転免許制度，負傷者に対する救急医療施設と体制などに関しても改善，充実を図る必要がある．そして，科学的・効果的な交通安全対策を推進するためには，継続的な事故実態の把握・分析を行いながら，低減目標の設定→対策の実施→効果の評価という図 14.20 に示すようなサイクルによる検討を実施する必要がある．

ところで，これらの交通事故対策の効果がどの程度あるかを把握することは，交通

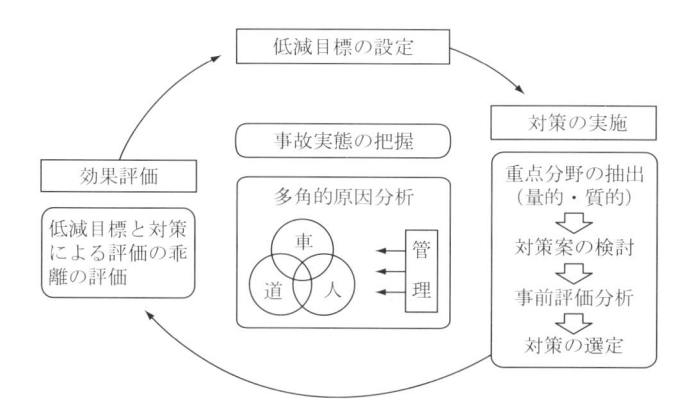

図 14.20 自動車交通安全対策の検討サイクル

事故が多くの要因に関連しているため，きわめてむずかしいことである．ここで，道路施設面の整備が交通事故防止にどの程度効果があるかを，中部地方の国道についての施設整備の事前・事後調査によって求めた事故減少率を紹介すると図 14.21 のようになっている．

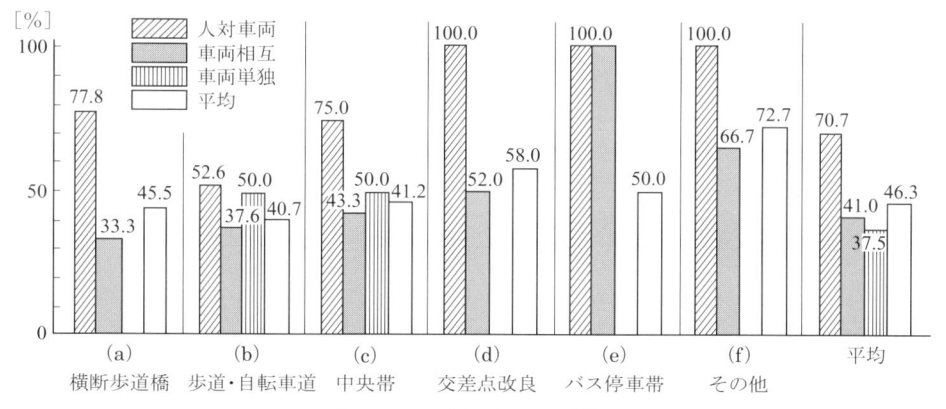

図 14.21 事故減少率図[14]

■参考文献
1) 環境庁編：昭和 60 年版環境白書，1985．
2) 道路ハンドブック編集委員会編：道路ハンドブック，1980．
3) 環境庁編：自動車排出ガス対策の課題，1976．
4) 大北忠男編：新版環境工学概論，朝倉書店，1981．
5) 市原薫，枝村俊郎：道路施設工学，森北出版，1976．

6) 末石冨太郎編著：環境保全（II），新体系土木工学 87，技報堂出版，1980.
7) 高橋幹二編著：環境保全（I），新体系土木工学 86，技報堂出版，1981.
8) 日本交通政策研究会：道路交通騒音について，1976.
9) 科学技術庁研究調査局：騒音防止に関する研究報告書 I（別冊），1965.
10) 内閣府編：交通安全白書　平成 15 年版，2003.7.
11) 溝口忠：交通安全事業の現状と課題，道路，1980.3.
12) 佐々木晶敏：交通安全と交通規制，道路，1980.3.
13) 井上啓一：事故多発地点の分析と対策，道路，1980.3.
14) 井上義之：高速道路における交通安全対策，道路，1980.3.
15) 建設省土木研究所交通安全研究室：交通事故と道路交通要因との関連（その 3），1978.3.
16) 交通工学研究会：交通事故の特性・対策パーソントリップ調査と交通計画，1981.7.
17) 交通工学研究会：交通工学ハンドブック，技報堂出版，1984.
18) 西本俊幸：我が国における車両安全対策の取組，道路，2003.5.
19) 日本音響学会道路騒音調査研究委員会：道路交通騒音の予測モデル ASJ Model 1998，日本音響学会誌，Vol.55, No.4, pp.281-324．1999.4.
20) 建設省土木研究所：道路環境影響評価の技術手法（その 2），土木研究所資料第 3743 号，2000.10.
21) 辻靖三他：道路環境，山海堂，2002.

■演習問題

1. 二つの音源からの騒音レベルが等しいとき，合成された騒音レベルがどれだけ上昇するか説明しなさい．
2. 地球温暖化問題の解決のため，運輸部門で考えられる対策について述べなさい．
3. わが国の近年の道路交通死亡事故発生の場所および通行状態などに関する特徴を述べなさい．
4. 交通事故と交通量および交通混雑との関係について説明しなさい．
5. 交通事故対策を分類し，それぞれの内容を説明しなさい．

第15章

道路施設の計画と設計

15.1 道路網計画

(1) 道路の機能と役割

道路は，国民の日常生活や経済活動に不可欠な最も基本的な社会資本であり，国土の骨格を形成する全国幹線道路網から，地域内の生活道路網にいたるまで有機的な網体系を形成し，各道路が相互に機能を補完しつつ，多種多様な機能と役割を果たしている．

一般に道路の機能を大別すると，図15.1に示すように交通施設としての交通機能，公共空間としての空間機能，および土地利用誘導機能の三つに分けることができる[1]．交通機能は道路の第一義的機能であり，これはさらにトラフィック機能（交通流を円滑に通す機能）とアクセス機能（沿道の土地，建物などへの出入機能）に分けられる．

両機能は一般にはトレードオフの関係にあるから，トラフィック機能を重視すべき幹線道路では，アクセス機能をある程度制限（アクセスコントロール）して円滑な交通流を確保し，逆に居住地域内の道路ではアクセス機能を重視してトラフィック機能が制限（速度制限，交通量抑制など）される．このような交通機能と道路交通特性との関係を図15.2に示す．空間機能はさらに防災空間，生活環境空間，および都市施設収容空間に分けられるが，これらの空間機能は，公共空間の限定された都市部におい

```
                    ┌─ トラフィック機能（自動車，路面電車，自転車，歩行者等の通行）
            ┌─ 交通機能 ─┤
            │           └─ アクセス機能（沿道の土地・施設・建物等への出入，路上駐車，
            │                            バス停）
            │
            │           ┌─ 防災空間機能（避難路，火災延焼防止，消防活動）
道路の機能 ─┤─ 空間機能 ─┤─ 生活環境空間機能（通風，採光，緑化，遊び場，社交場）
            │           └─ 都市施設収容空間機能（上下水道，ガス，電気，共同溝，CAB，
            │                                    地下鉄等の収容）
            │
            └─ 土地利用誘導機能（街区構成，市街地の誘導）
```

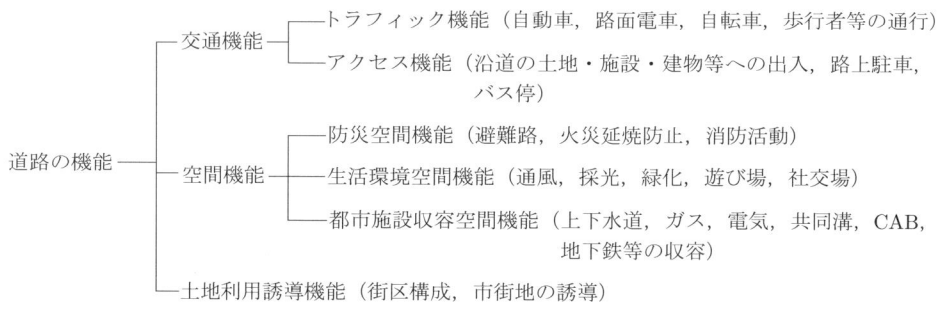

図 15.1 道路の機能

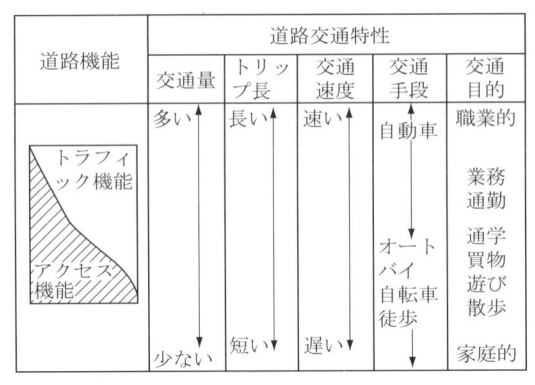

道路機能	道路交通特性				
	交通量	トリップ長	交通速度	交通手段	交通目的
トラフィック機能 ↕ アクセス機能	多い ↕ 少ない	長い ↕ 短い	速い ↕ 遅い	自動車 ↕ オートバイ 自転車 徒歩	職業的 業務 通勤 通学 買物 遊び 散歩 家庭的

図 15.2　道路機能と道路交通特性との関係[2]

ては特に重要な役割をもっている．

一方，土地利用誘導機能は，アクセス機能がもたらす間接的機能である．道路と地域開発の相互作用は，道路のもつこの土地利用誘導機能を介して行われるから，道路の計画にあたっては，当初からこの機能のもつポテンシャルを見込んでおくことが望ましい．

(2) 道路の分類

道路の種類は，その分け方によって以下のように種々の区分がなされる．

(a) 道路法に基づく分類

① 高速自動車国道，② 一般国道，③ 都道府県道，④ 市町村道

なお，都道府県道のうち，重要性から国土交通大臣が指定した道路を主要地方道，また市町村道のうち，特に優先して整備すべき道路を幹線市町村道ということがある[3]．

(b) 道路構造令に基づく分類

① 第1種（地方部の高速自動車国道および自動車専用道路），② 第2種（都市部の高速自動車国道および自動車専用道路），③ 第3種（地方部の一般道路），④ 第4種（都市部の一般道路）

(c) 都市計画法に基づく分類

① 自動車専用道路，② 幹線道路（主要幹線道路，幹線道路，補助幹線道路），③ 区画道路，④ 特殊道路（自動車以外の交通の用に供する道路）

(3) 道路の機能純化と段階構成

道路はとりわけ都市部においては，大量の自動車交通を処理する自動車専用道路や幹線道路から，もっぱら宅地へのサービスにのみ用いられる区画道路まで，多様なレベルの道路群によってネットワークが構成されている．したがって，道路網の中でお

表15.1 都市計画道路の分類と機能

道路の区分		道路の機能など
自動車専用道路		都市間高速道路，都市高速道路，一般自動車道などのもっぱら自動車の交通の用に供する道路で，広域交通を大量でかつ高速に処理する．
幹線街路	主要幹線街路	都市の拠点間を連絡と，自動車専用道路と連携し都市に出入りする交通や都市内の枢要な地域間相互の交通の用に供する道路で，特に高い走行機能と交通処理機能を有する．
	都市幹線街路	都市内の各地区または主要な施設相互間の交通を集約して処理する道路で，居住環境地区などの都市の骨格を形成する．
	補助幹線街路	主要幹線街路または都市幹線街路で囲まれた区域内において幹線街路を補完し，区域内に発生集中する交通を効率的に集散させるための補助的な幹線街路である．
区画街路		街区内の交通を集散させるとともに，宅地への出入交通を処理する．また街区や宅地の外郭を形成する，日常生活に密着した道路である．
特殊街路		自動車交通以外の特殊な交通の用に供するつぎの道路である． ア．もっぱら歩行者，自転車または自転車および歩行者のそれぞれの交通の用に供する道路 イ．もっぱら都市モノレールなどの交通の用に供する道路 ウ．主として路面電車の交通の用に供する道路

のおのの道路の果たす機能，役割を十分に発揮させるためには，自動車専用道路－主要幹線道路－幹線道路－補助幹線道路－区画道路の順に段階的に連結し，たとえば区画道路を幹線道路以上の道路に直接連結するなど，ランクが2段階に異なる道路を直接連絡することは避けるようにする必要がある．

このような道路網の段階構成によって，アクセス機能の高い道路からは通過交通を排除し，快適な居住環境を確保するとともに，一方トラフィック機能の高い道路は大量の交通を能率よく処理することが可能となり，交通処理の効率化と居住環境の保全を調和させることが可能となる．

このような交通の機能分離の考え方は，古くは Le Corbusier によってパリの改造計画（1924年）の中で提案されたのが最初とされている．図15.3は道路機能の段階構成の例を示したものである．

(4) 幹線道路網計画

幹線道路網計画はその対象と範囲により，広域道路網計画と地域道路網計画に分類できる[6]．広域道路網計画は，全国または地方ブロック単位で幹線道路網の計画を行

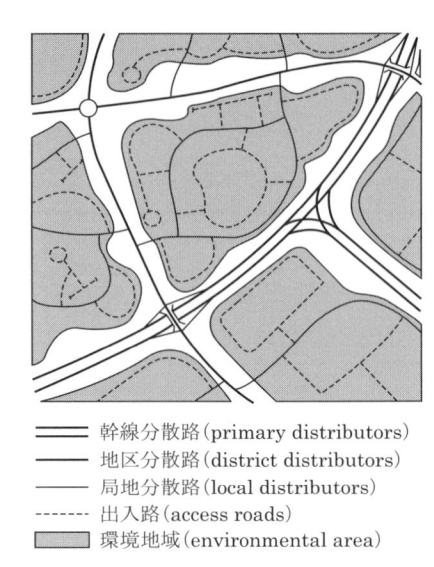

━━━ 幹線分散路(primary distributors)
━━ 地区分散路(district distributors)
━ 局地分散路(local distributors)
------ 出入路(access roads)
▨ 環境地域(environmental area)

図 15.3 街路の段階区分（イギリスの例）[5]

うものであり，全国単位では高規格幹線道路網や主要な一般国道を，地方ブロック単位では一般国道および主要地方道を対象として行われる．

広域道路網計画は個々の事業に用いられることはほとんどなく，全国的な道路整備長期計画の立案，道路整備5箇年計画の立案のための重要な基礎資料として用いられるものであり，国全体の諸計画との整合性の確保，全体的なバランスの確保に重点がおかれる．

地域道路網計画は広域道路網計画を受け，県単位，地方生活圏単位または都市単位などにおける主要道路網の計画を行うものであり，個々の事業を前提とした具体的計画となる場合が多い．

道路の構造規格の一般的基準は，道路構造令に定められている．近年沿道居住環境の改善，生活空間としての道路機能など，道路のもつ多面的機能に着目した道路構成要素の充実が重視されるようになってきている．そこで道路構造令に定める最低値ではなく，望ましい標準幅員構成として，幹線道路に対し図15.4に示すような基準を定めている[7]．

(5) 歩道および自転車道[8]

自動車，自転車，歩行者の混合交通を排除し，通行の安全性を確保するとともに，あわせて自動車交通の安全性と円滑性を高めるため，歩道や自転車道が設けられる．

都市部においては歩道は歩行空間としての役割にとどまらず，都市景観の形成，都

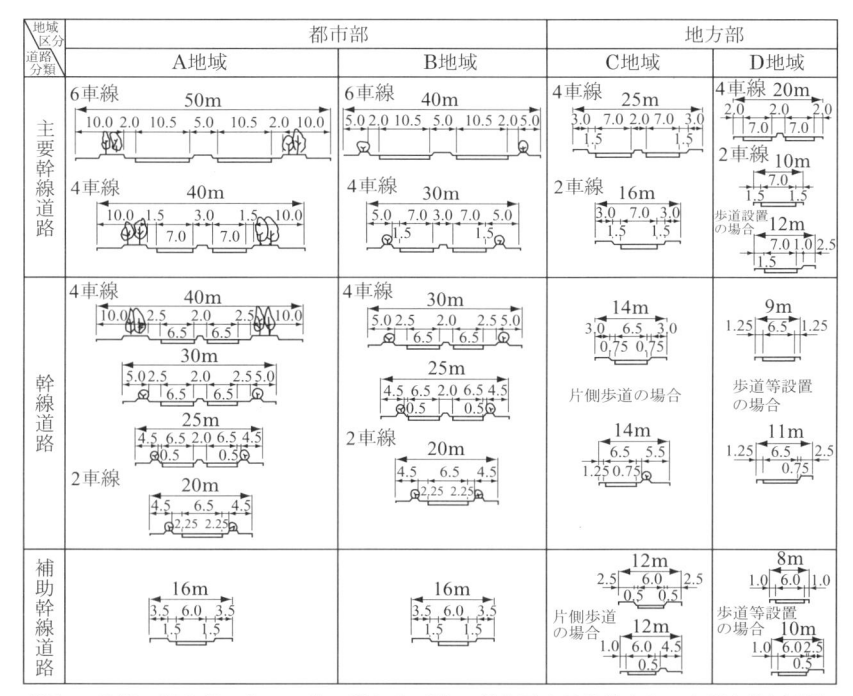

図 15.4 幹線道路の標準横断構成図[2]

市施設の埋設空間，沿道サービス空間としても重要な役割をもっている．歩道が必要な場合としては，おおむね歩行者数が 100 人/日 以上，自転車交通量 500 台/日 以上を一応の判断基準と考えてよい．また歩行者が少なくても，自動車交通量が非常に多い区間や，通園・通学路となる区間，歩行者の非常に多い区間では歩道を設け，歩車分離を図ることが必要である．

一方自転車交通を分離するかどうかは，自転車交通量，自動車交通量，および両者の走行速度差を考慮して判断される．一応の目安として，自転車交通量が 500〜700 台/日 程度が分離する際の判断基準となる．また自動車の走行速度が 50 km/h を超えるような道路では，自転車交通量が少なくても分離すべきである．なお自転車道の整備等に関する法律に規定する自転車道は表 15.2 のように分類されている．

表 15.2　自転車道の分類

道路との関係＼通行との関係	もっぱら自転車の通行の用に供するもの	もっぱら自転車および歩行者の通行の用に供するもの	備　　考
道路の一部分として車道と分離して設けられるもの	自転車道	自転車歩行者道	道路構造令第10条
道路から独立して設けられる専用道	自転車専用道路	自転車歩行者専用道路	道路構造令第39条

　自転車道および自転車歩行者道が，主として混合交通による交通事故防止を目的としているのに対し，自転車専用道路および自転車歩行者専用道路は交通安全のほかに，スポーツ・レクリエーションとしてのサイクリングやハイキングによる健康増進に寄与することを目的としている．

　自転車道の幅員は2m以上（やむを得ない場合は1.5m），自転車歩行者道は，歩行者の多い道路では4m以上，その他にあっては3m以上とする．一方自転車専用道路の幅員は3m以上（やむを得ない場合は2.5m）必要であり，自転車歩行者専用道路は4m以上必要である．

15.2　地区交通計画

(1)　地区交通計画の理念

　道路網計画においては，一般的に広域的なネットワーク全体の交通機能というものに着目した需要対応型の計画が中心となるが，一方では地区単位のミクロな視点から，安全で快適な生活環境を設計するという地区住民の視点からの地区交通計画というとらえ方が必要である．

　地区交通計画という計画分野は比較的新しく，体系的な計画手法も確立されているとはいえないが，参考とすべきいくつかの計画理念がすでに提案されている．たとえば1927年 C. A. Perry は，都市におけるまとまりのあるコミュニティの形成を重視する立場から，都市の構成要素として近隣住区単位（neighborhood unit）を基本とすべきことを提唱している．この近隣住区単位の考え方は図15.5に示すとおりであるが，ニュータウンづくりの基本的理念として今日まで受け継がれている．

　一方，米国においては1920年代にはすでに自動車の普及が進み，居住地区内での人と車の錯綜による安全性と居住環境の問題が生じるようになり，1928年にはH. WrightとC. S. Steinらによってラドバーン方式（Radburn layout）が提案された．これはもともとは英国の田園都市計画に由来するものであり，一つのコミュニティ地区を単位として，その地区内での人と車の完全な分離と，通過交通の排除を図ることを計画理念とするもので，これもニュータウン内の交通計画に広く用いられている（図15.6）．

① 1小学校程度を規模とする（半径 1/4 マイル，約 160 エーカー）．
② 通過交通の多い幹線道路を境界とする．
③ 独立住宅地の場合，約 10% を公園・グラウンドなどのレクリエーション用地にあてる．
④ 中心部に，小学校・教会・図書館・コミュニティ施設などを配置する．
⑤ 住区の周辺部交差点近くに商店を配置する．
⑥ 街路は，通過交通を排除するために格子型をやめ，ループ化，袋小路化(クルドサック)する．

図 15.5 近隣住区[9]

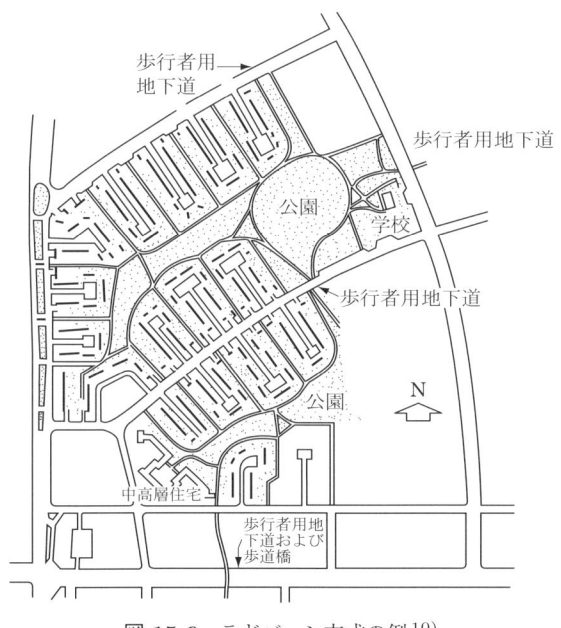

図 15.6 ラドバーン方式の例[10]

現代における自動車交通と都市計画との関係に理論的根拠を与えたものとしてブキャナンレポートがある．これは 1963 年 C. Becannan を中心にまとめられた Traffic in Towns（邦訳：都市の自動車交通[11]）の中で提案された計画原理で，都市は部屋ともいうべき居住環境地域（environmental area）と，廊下というべき分散道路体系から

構成されるべきだとして，効率的な廊下と環境のよい部屋を総合することにより，自動車交通と居住環境との調和を図ろうとするものである（図15.3参照）．

具体的には道路を幹線分散路，地区分散路，局地分散路，出入路の4段階に区分し，それぞれこの順序に従って接続し，分散路は居住環境地区を分断しないように配置して環境の悪化から守ろうとするものである．特に道路網における段階構成の考え方は，わが国の都市計画道路の計画標準にも取り入れられている．

(2) 通過交通排除のための技法[12]

居住環境を良好に保つには，不必要な通過交通が入り込まないようにすることが必要であり，そのために種々の技法が提案されている．居住地区内の区画道路の配置を工夫することによって通過交通を排除する方法としては，図15.7に示すようにクルドサック（袋小路型），ループ（U字型），T-クロスなどがある．これらの方式は既存道路網の再編成によっても実現でき，一方通行，進入禁止，方向規制などの交通規制標識や，交通遮断バリア，車止めなどの付帯設備を設けることによっても可能である（図15.8）．

一方，人や自動車が集中する都心部においては，都心を囲む環状道路を設けることによって，これにバイパスならびに分散機能をもたせ，また環状道路沿いに駐車場を配置することによって，都心区域から通過交通を排除する方法がとられる．

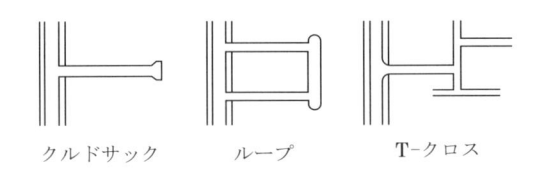

図 15.7 通過交通排除のための区画道路の基本パターン

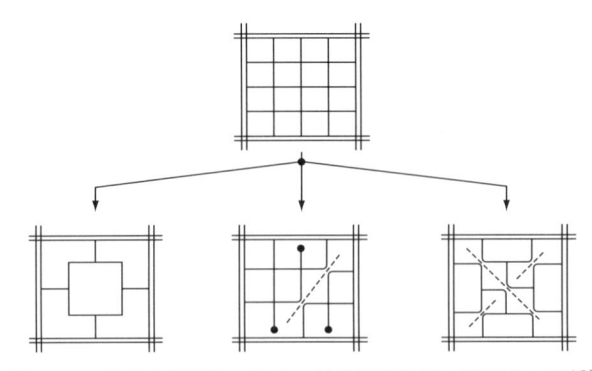

図 15.8 通過交通排除のための補助幹線道路の再編成の例[13]

また，都心地域の一定区域を歩行者専用空間として，都心の魅力の回復を図る方策が同時に取り入れられる．この考え方の初期の事例として，英国のコベントリーの都

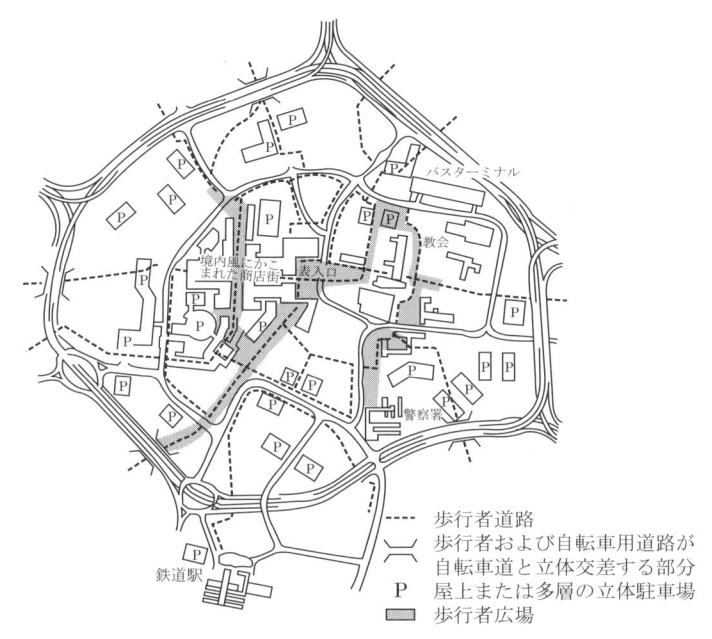

図 **15.9** コベントリーの交通システム[14]

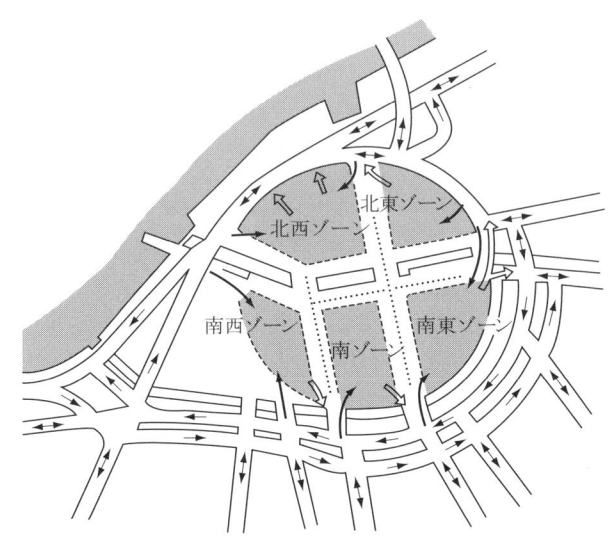

図 **15.10** イエテボリのゾーンシステム[15]

心部再開発計画が知られている（図15.9）．この考え方をさらに都市全体に進めたのがゾーンシステム（traffic zone system）とよばれるものである．その代表例としてスウェーデンのイエテボリで実施された例を紹介すると，中心部を五つのゾーンに分割し，その境界線で歩行者，公共交通機関，および緊急車以外の車の横断を禁止し，通過交通量およびゾーン間の交通をすべて外郭環状線へ転換させた結果，中心部の交通量は大いに減少したといわれている（図15.10）．

(3) 歩車分離のための技法

歩車分離の目的には大きく分けて人身の安全確保と居住環境の保全との二つがあり，一方，分離の技法としては平面分離，立方分離，および時間分離に分類できる．

(a) 平面分離 これは人と自動車の動線を同一平面内で分離するもので，最も基本的な分離方式であり，側歩道や歩行者専用道がその代表的な例である．図15.11は居住地区内における区画道路と歩行者専用道の組み合わせによる平面分離の例である．

このほかに，都心部の商業地区にみられるショッピングモール（shopping mall）や，都心部再開発，ニュータウンセンターにみられるペデストリアンプレシンクト（pedestrian precinct）などがある．

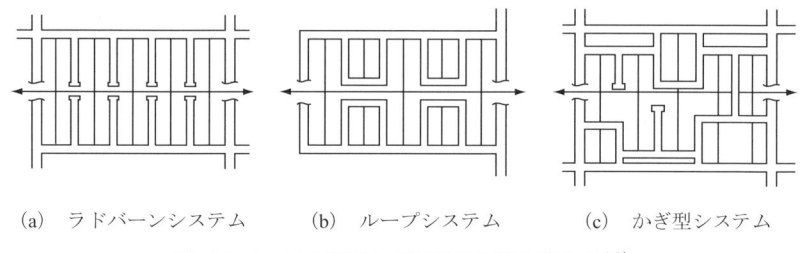

(a) ラドバーンシステム　　(b) ループシステム　　(c) かぎ型システム

図15.11　区画道路と歩行者専用道の組合せ[16]

(b) 立体分離 これは人と自動車の動線を立体的に分離しようとするもので，人と車の完全分離と土地の有効利用を目的としている．クロスポイントの立体分離には横断歩道橋や横断地下道があり，これをさらに道路網と立体分離された歩道ネットワークとして各建物を結びながら線状に延びたものがペデストリアンデッキ（pedestrian deck）である．さらに立体分離を面的に広げたものに人工地盤や地下街があり，これはスーパーブロック方式による都心部再開発計画などに多くみられる．

(c) 時間分離 これは一定の区域または道路区間を，ある時間帯に限り歩行者専用区域として設定するもので，具体的には通園・通学路，買物道路，歩行者天国などがある．

以上の分離技法をまとめると表15.3のようになる[17]．

表 15.3　歩車分離の技法[17]

	点 的 空 間	線 的 空 間	面 的 空 間
平 面 分 離	横断歩道	側歩道, 歩行者専用道, 緑道, 遊歩道, ショッピングモール, アーケード, 商店街	ペデストリアンプレシンクト
立 体 分 離	横断歩道橋, 横断地下道	ペデストリアンデッキ	地下街, 人工地盤
時 間 分 離	スクランブル交差点	通学通園路, 買物道路, 遊戯道路	歩行者天国, ランチプロムナード, 歩行者専用区域, スクールゾーン

(4)　歩車共存のための技法

　これまでは自動車交通の問題は人と車の対立というとらえ方であり，したがって，歩車分離によって問題の解決を図るというのが基本的な考え方であった．しかし今日のようにすでに自動車が日常生活に不可欠な交通手段として生活にとけ込んでしまうと，人と車をつねに対立するものとみるのではなく，むしろ共存しうるような方策をめざすほうが現実的であり，効果的である場合が多い．たとえば住宅地域の道路は一般に狭小な道路が多く，歩車分離を図ることが物理的に不可能であり，また大規模な道路拡幅は容易ではない．このような道路では，むしろ積極的に人と車の共存を図るべき空間の確保をめざす動きが生まれてきた．

　その計画原則は，①通過交通を入れない工夫をする，②人と車とが共存し，人に優先権を与える，③車の速度を人間の尺度まで引き下げる，④居住区域の美観の向上を図るとともにオープンスペースを生みだす，ことである．

　このような道路が最初につくられたのは1976年のオランダのデルフトであり，生活の庭を意味するボンエルフ（woonerf）とよばれている．その具体例を示すと図15.12

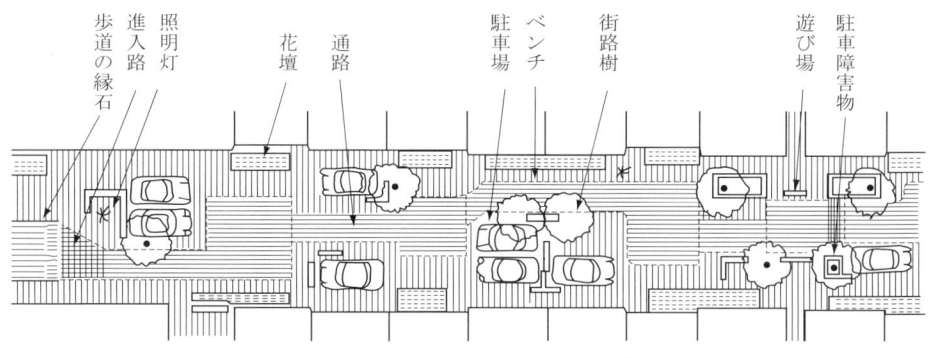

図 15.12　ボンエルフの計画例[18]

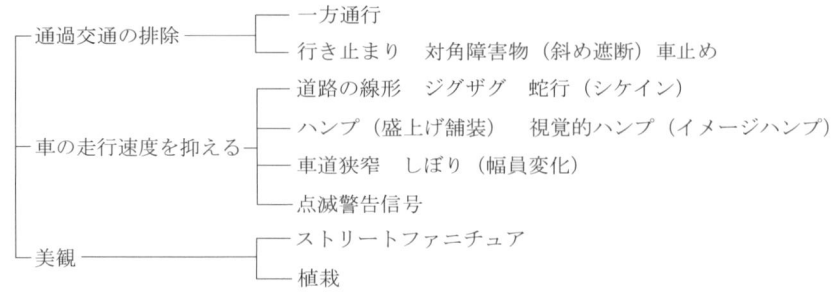

```
                ┌── 一方通行
   ┌ 通過交通の排除 ─┤
   │            └── 行き止まり  対角障害物（斜め遮断）車止め
   │            ┌── 道路の線形  ジグザグ  蛇行（シケイン）
   │            ├── ハンプ（盛上げ舗装）  視覚的ハンプ（イメージハンプ）
 ──┼ 車の走行速度を抑える ─┤
   │            ├── 車道狭窄  しぼり（幅員変化）
   │            └── 点滅警告信号
   │            ┌── ストリートファニチュア
   └ 美観 ──────┤
                └── 植栽
```

図 **15.13**　歩車共存道路の構成要素

のとおりであり，その構成要素は図 15.13 のとおりである．

なおわが国では，歩車共存道路とかコミュニティ道路とよばれている．歩車共存道路は歩行者，自転車，自動車が同じ通行空間を共有するタイプの道路で，歩行者や自転車の安全性や快適性を確保するため，凸部や狭窄部，屈曲部などの自動車の速度を抑制する構造が設けられている．一方コミュニティ道路は歩行者の通行空間が自転車，自動車の通行空間と物理的に分離されているタイプの道路で，この道路においても凸部や狭窄部，屈曲部などの自動車の速度を抑制する構造を用いるほか，歩車道境界には低い縁石を用いるなどして，歩行者が両通行空間を自由に行き来できる構造となっている．

交通環境改善を住宅区域に面的に広げたものとして，交通静穏化（traffic calming）がある．これは住宅地での歩行者の通行や区域住民の生活を脅かさない範囲で自動車の利用を認め，自動車の速度や交通量を抑制する一方，歩行空間を拡大し，植栽などで道路や居住環境の改善を図ろうとするものである．わが国ではコミュニティゾーンと名づけられて全国で整備が進められている．

15.3　自動車ターミナル計画

(1)　自動車ターミナルの分類

自動車ターミナルは都市内の貨客の流動接続点として，輸送システムの合理化と機能向上を図るために計画されるものであり，自動車ターミナル法では「旅客の乗降または貨物の積み卸しのため，自動車運送事業の事業用自動車を同時に 2 両以上停留させることを目的として設置した施設であって，道路の路面その他一般交通の用に供する場所を停留場所として使用するもの以外のもの」と定義している．自動車ターミナルは自動車運送業者が自己の運送事業の用に供する目的で設置する専用自動車ターミナルと，それ以外の一般自動車ターミナルとに大別することができるが，一方，用途

```
                         ┌─ 流通団地ターミナル
           ┌─ トラックターミナル ─┼─ 共同ターミナル（運送業者の共同）
           │                 └─ 業種別ターミナル
自動車ターミナル ─┤
           │             ┌─ 都市内バスターミナル
           │             ├─ 都市間バスターミナル
           └─ バスターミナル ─┼─ 観光バスターミナル
                         ├─ 通勤高速バスターミナル
                         └─ 諸用途の複合バスターミナル
```

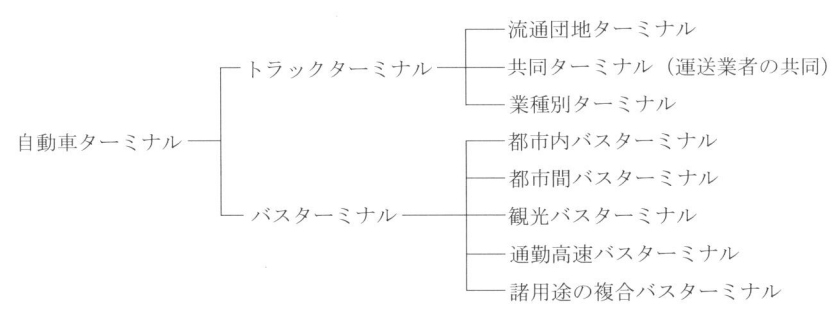

図 15.14 自動車ターミナルの用途別分類[21]

別には図 15.14 のように分類できる．

(2) バスターミナル

(a) **バスターミナルの機能**　バスターミナルの果たすべき機能は，大別して以下の 3 点である．

① バス利用者の接続機能　バス相互間，バスと他の交通機関との間の乗り換えの利便性を図ることにより，サービスの向上を図る．

② バスの運行管理機能　多種系統の大量のバスの同時発着が円滑に行われ，各方向別のバスの運行系統の管理調整がなされることにより，バス輸送の合理化と輸送力の増強を図ることが期待できる．

③ 都市計画的機能　バスターミナルの整備により，バスの起終点の統一，停車所の整理が可能となるほか，それまでバスの発着に利用されていた道路や駅前広場は，本来の交通目的に使用されることになり，道路交通の混雑緩和に寄与する．また地域の発展形態を先導する役割も果たす．

(b) **バスターミナル計画**　都市内におけるバスターミナル計画は，将来の総合交通体系との関連においてバス輸送の機能分担を明確にしたうえで，その配置，規模が決定されるべきである．大都市においてはバス路線が過度に集中することのないよう，数か所に分散してバスターミナルを設けることが望ましく，中小都市においてはバスが主力輸送機関となるから，地域全体のバス網の核として，旅客輸送上最も好ましい地点にバスターミナルを設けるべきである．一方，バスターミナルの規模はそのバスターミナルの性格と取り扱う乗降客数とから決定される．またその設定位置は，利用者が便利でかつ車の出入り，運行に支障の少ない地点を選ぶ．

バスターミナルの構成施設は表 15.4 に示すとおりである．各施設の配置は人と車の動線が合理的，能率的に処理されるように計画する．またバスターミナルの基本平面形を図 15.15 に示す．

表 15.4 バスターミナル構成施設[21]

バスターミナル	車両関係施設	出入路，誘導路，車路，バス発着スペース，タクシー発着スペース，バス待避スペース，タクシー待避スペース，修理調整スペース，洗車スペース，タイヤサービス，給油所など
	旅客関係施設	乗降プラットホーム，コンコース，送迎デッキ，待合室，洗面所，通路など
	管理関係施設	出札室，運転司令室，ターミナル管理事務室，乗務員休憩室，宿泊室，浴室，シャワー室，職員用食堂，守衛室など
	サービス関係施設	案内所，呼出放送室，食堂，喫茶室，売店，店舗，電話，電報室，小荷物一時預り所，ロッカールームなど

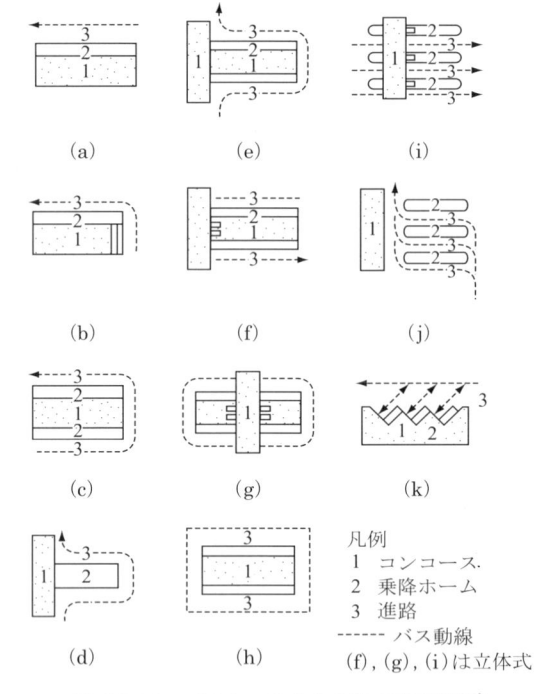

図 15.15 バスターミナルの基本平面型[21]

(3) トラックターミナル

(a) トラックターミナル機能　　近年物資輸送においては，都市内道路の交通混雑を都市環境保全の観点から，都市間輸送と都市内集配が分化する傾向があり，トラックターミナルはこの両者の中継点として機能し，集配効率の向上，荷役の機械化促進，

大型車の使用による輸送力の合理化，近代化を図るために設けられている．

さらに，倉庫，卸売業施設などの流通業務施設を併設することにより，在庫，荷役管理の合理化を図り，一方では都市再開発に資するとともに，都市内の道路交通の混雑緩和にも役立つことができる．現在流通業務市街地の整備に関する法律に基づいて，全国の主要都市で流通業務団地の整備が進められており，その中核的施設として大規模な一般トラックターミナル（公共トラックターミナル）が配置されている．

(b) トラックターミナル計画 トラックターミナルの立地にあたっては，一般につぎのような要件を満足することが必要である．

① 将来の都市の開発構想，道路網計画を考慮して，主要放射幹線道路と主要環状幹線道路の交点近く，かつ都市の入口に立地させる．

② 集配貨物輸送のコストが，全輸送コストのうち大きなウエイトを占めるので，集配貨物の地域分布，道路網の配置，交通量などを考慮して，集配輸送が最も効率的となるように立地される．

③ 騒音，排気ガス公害などの問題の起こらない地点とし，住宅団地や良好な住宅地域などに隣接して計画してはならない．

トラックターミナルの構成施設は表 15.5 に示すとおりであり，またターミナルの基本平面形としては図 15.16 に示すようなものがある．

表 15.5 トラックターミナル構成施設[21]

トラックターミナル	車両関係施設	ターミナル出入路，車路，トラック発着スペース，トラック待避スペース，修理整備スペース，洗車スペース，給油所など
	荷さばき関係施設	荷卸場，荷さばき，仕分け用作業スペース，作業員室，リフト，ベルトコンベア，機械置場，便所，水飲み場など
	管理関係施設	ターミナル管理事務室，乗務員控室，食堂，売店，理髪店，浴室，シャワー室，宿泊室

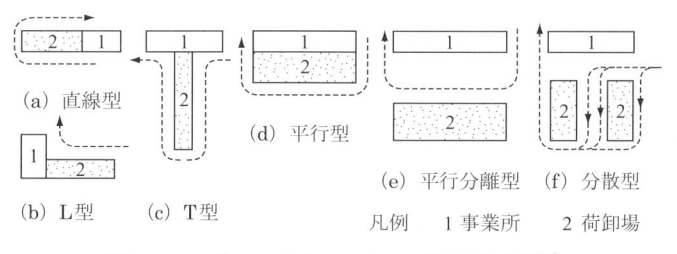

図 15.16 トラックターミナルの基本平面型[21]

(a) 直線型 (b) L型 (c) T型 (d) 平行型 (e) 平行分離型 (f) 分散型
凡例 1 事業所 2 荷卸場

15.4 駐車場計画

(1) 駐車場の分類

駐車場を法的（駐車場法）に分類すると，①都市計画駐車場，②届出駐車場，③付置義務駐車施設，および④路上駐車場（パーキングメータ）に分けられる．

都市計画駐車場は都市計画事業によって都市施設として整備される駐車場で，これには地方自治体が設置するものと，民間が設置するものとがある．届出駐車場は駐車施設面積が $500\,\mathrm{m}^2$ 以上の民間の有料駐車場をいう．付置義務駐車施設は，一定規模以上の建築物に対して建物延床面積に応じた駐車施設の付置を義務づけたものである．路上駐車場は短時間駐車を対象に，道路上の一定区画に設置された駐車施設で，一般公共の用に供されるものをいう．

以上の4種類の駐車場は，駐車場法に基づいて設置される駐車場であり，実際に利用されている駐車場所には，これ以外に道路交通法に基づく路上駐車やそのほか車庫などがある．以上の駐車施設をその法的根拠，設置場所，事業主体によって分類すれば図15.17のようになる．

```
駐車施設 ─┬─ 車庫（車の保管場所などの整備に関する法律）
         └─ 届出駐車場 ─┬─ 路上 ── パーキングエリア（メータ）（道路法，道路交通法）
            （駐車場法）  └─ 路外 ─┬─ 一般 ─┬─ 民間 ─┬─ 大規模建物付置義務（建築基準法）
                                  │        │       ├─ 届出（500 m² 以上）
                                  │        │       └─ 零細（500 m² 以下）
                                  │        └─ 公営
                                  └─ 都市計画 ─┬─ 民間（民間に事業認可）
                                     （都市計画法）└─ 公営（公共団体自ら施工）
```

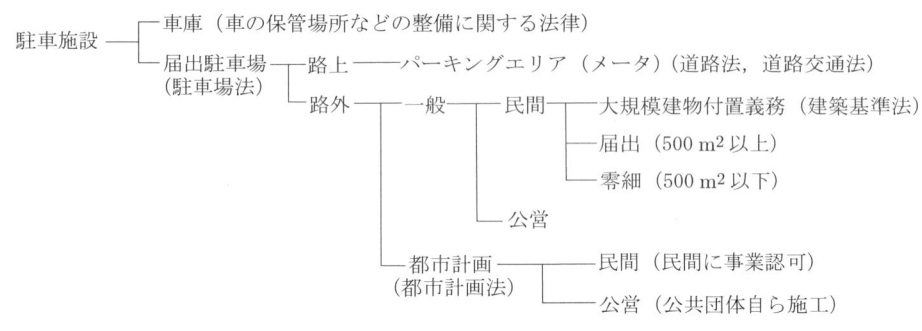

図 15.17 駐車場の分類[21]

(2) 駐車場計画

(a) 駐車場整備地区　大都市の都心部，地方都市の中心商業業務地域など，駐車需要がいちじるしく集中し，また道路交通の混雑する地区で，駐車場整備を促進するため，都市計画法，駐車場法に基づき駐車場整備地区を指定している．また，都市内の一定規模以上の建築物に対しては，地方自治体が各令により駐車施設の付置を義務づけている．表15.6は名古屋市における建築物の新増築に対する付置義務内容を示したものである．

表 15.6 名古屋市における大規模建築物の付置義務内容

地区・地域	建築物の規模	自動車の駐車台数
駐車場整備地区 商業地域 近隣商業地域	延床面積が 1 500 m²（非特定用途に供する部分は床面積に 4 分の 3 を乗じて合計する）を超える建築物に対して	百貨店その他の店舗または事務所の用途に供する部分の床面積に対して 200 m² ごとに 1 台
		特定用途（百貨店その他の店舗または事務所の用途を除く）に供する部分の床面積に対して 250 m² ごとに 1 台
		非特定用途に供する部分の床面積に対して 300 m² ごとに 1 台

（注）特定用途とは，自動車の駐車需要を生じさせる程度の大きい用途で政令で定めるもの
　　　非特定用途とは，自動車の駐車需要を生じさせる程度の小さい用途で特定用途以外のもの

（b）路上駐車場　路上駐車場は，もっぱら短時間の駐車需要に対処する施設であり，特に駐車時間制限を設けた路上駐車として，パーキングメータによる駐車管理がある．駐車場法によれば，路上駐車場は路外駐車場が整備されるまでの暫定的な施設として位置づけられており，したがって路上駐車場は路外駐車場の整備状況などの実態を考慮しながら実施されることが多い．また，都市総合交通規制の一貫として，都心部の車の乗入れ抑制策の手段として，路上駐車の禁止規制が実施されることも多い．

（c）路外駐車場　道路の路面外に設置された一般公共の用に供される駐車施設を路上駐車場という．路外駐車場は一般に出入口（ランプ），車路，および車室（パーキングロット）から構成されており，その構造形式によって図 15.18 のように分類される．自走式は駐車場の入口から車室まで自動車を運転して乗り入れるタイプで，特別の機械を必要としないが，車路を必要とする分だけ 1 台あたりの用地面積が多くなる．

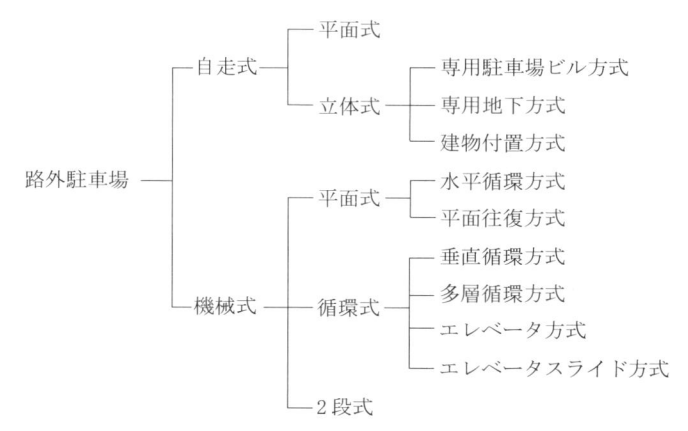

図 15.18　路外駐車場の構造形式による分類[21]

また自走式の地下駐車場や立体駐車場の場合は，換気装置を設けなければならない．

これに対して機械式の場合は，入口から車室まで機械によって移動させるので，車路や換気装置を必要とせず，1 台あたりの必要用地面積が少なくてすむが，機械装置の建設費と維持管理費が相当かかる．したがって，駐車需要の量と質，地価などを勘案して，その場所に適したタイプを選定することが必要である．なお駐車場設計にあたっての標準の駐車ますを図 15.19 に，駐車方式と駐車場の最小寸法をそれぞれ図 15.20，表 15.7 に示す．

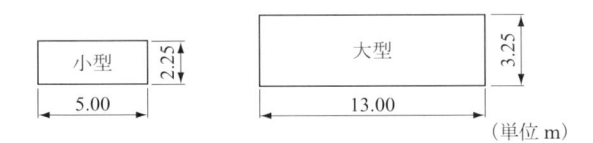

図 15.19 駐車ますの標準[10]

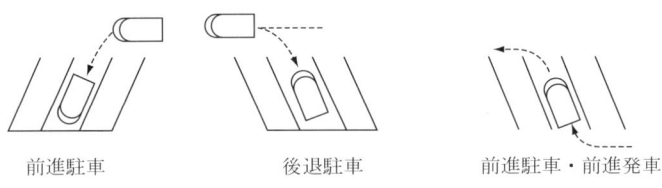

図 15.20 駐車方式[10]

表 15.7 駐車場の最小寸法[10]

車種	駐車角	駐車方式	車路幅 Aw [m]	車路に直角方向の駐車幅 Sd [m]	車路に平行方向の駐車幅 Sw [m]	単位駐車幅 W [m]	1 台あたりの駐車所要面積 A [m²]	備考
小型車	30°	前進駐車	4.00	4.50	4.50	13.00	29.3	$W = Aw + 2Sd$
	45°	前進駐車	4.00	5.10	3.20	14.20	22.8	$A = \dfrac{W}{2} \times Sw$
	45°交差	前進駐車	4.00	4.30	3.20	12.60	20.2	
	60°	前進駐車	5.00	5.45	2.60	15.90	20.7	
	〃	後退駐車	4.50	5.45	2.60	15.40	20.1	
	90°	前進駐車	9.50	5.00	2.25	19.50	21.9	
	〃	後退駐車	6.00	5.00	2.25	16.00	18.0	
大型車	30°	前進駐車	4.00	9.30	6.50	14.30	93.0	$W = \dfrac{Aw_1 + Aw_2}{2} + Sd$
		前進発車	6.00	〃	〃	〃	〃	
	45°	前進駐車	7.00	11.50	4.60	18.25	84.0	$A = W \times Sw$
		前進発車	6.50	〃	〃	〃	〃	
	60°	前進駐車	11.00	12.90	3.75	22.15	82.1	
		前進発車	7.50	〃	〃	〃	〃	
	90°	前進駐車	19.00	13.00	3.25	28.00	91.0	
		前進発車	11.00	〃	〃	〃	〃	
	平行	前進駐車	6.00	2.25	17.00	6.25	106.3	
		前進発車	〃	〃	〃	〃	〃	

■参考文献
1) 日本道路協会編：道路構造令の解説と運用, pp. 59～60, 1983.
2) 交通工学研究会編：交通工学ハンドブック, 技報堂出版, 1984.
3) 田口二郎他：一般道路の計画と設計, 山海堂, pp. 2～3, 1984.
4) 前掲1) pp. 62～64.
5) 井上孝編：都市交通講座3, 鹿島出版会, 1970.
6) 前掲3) pp. 57～60.
7) 埜本信一：道路の標準幅員に関する基準（案）について, 道路, pp. 16～22, 1975.
8) 前掲1) pp. 126～139.
9) 前掲2) pp. 378.
10) 松下勝二他：街路の計画と設計, 山海堂, 1984.
11) 八十島義之助, 井上孝：都市の自動車交通, 鹿島出版会, 1965.
12) 渡辺新三, 松井寛：都市計画要論, 国民科学社, 1978.
13) 中京都市群総合都市交通体系調査協議会：居住環境地区計画の検討, 1976.
14) 前掲10) p. 334.
15) 今野博：まちづくりと歩行空間, 鹿島出版会, p. 29, 1980.
16) 彰国社編：都市空間の計画技法, p. 26, 1974.
17) 前掲12) p. 130.
18) 前掲15) p. 31.
19) 天野光三監訳：人と車の共存道路, 技報堂出版, 1982.
20) 都市住宅編集部編：歩車共存道路の理念と実践, 鹿島出版会, 1983.
21) 前掲2).
22) 日本都市計画学会編：都市計画マニュアルII（都市施設・公園緑地編）, 丸善, 2003.
23) 日本道路協会編：道路構造令の解説と運用, 2004.

■演習問題
1. 鉄道駅の駅前広場が果たす役割について述べなさい.
2. 道路の機能純化とその段階構成について説明しなさい.

第 16 章

交通需要管理とITS

　モータリゼーションが進展し，地球環境の重要性が認識されるようになった現在，重要な交通政策である交通需要管理（TDM, transportation demand management）と情報技術の交通技術への応用の代表的システムであるITS（高度道路交通システム，intelligent transport systems）の内容は，以下に示すとおりである．これらの交通政策が採用されるようになった経緯とともに述べる．

16.1　都市交通政策の推移

　わが国を始めとする先進工業国では，20世紀後半に急激なモータリゼーションの進展により，多くの都市で自動車が中心的役割を担う都市交通体系をもつようになり，それに伴う各種の都市問題，街路交通の渋滞，自動車交通騒音・振動，大気汚染，公共交通サービスの赤字による衰退，中心商業地の衰退，交通事故の増加などが顕著となっている．さらに近年では，地球環境保全のためにCO_2排出削減の観点からも自動車交通対策が求められる事態となってきた．

　1955年以降のわが国の都市交通政策の推移をみると，以下のようになっている．
（1）　交通施設別整備の推進時代（1955〜70年）

　都市への人口流入が激しく，輸送需要の急増に対して，道路・鉄道などの交通施設が不足していたため，それぞれの施設整備を行わなければならなかった．そのため，道路・鉄道の量的整備が別々に行われ，相互連携に問題が生ずることがあった．
（2）　都市の総合交通体系の整備時代（1970〜80年代）

　鉄道・道路に関する交通政策を担当する運輸省，建設省，警察庁間の縦割り行政の弊害が指摘され，各交通機関間の相互連携と適切な分担関係の樹立がめざされた．都市交通サービスの質的充実が求められるようになり，パーソントリップ調査が行われ，このような要望にも対処できるようになった．
（3）　個人の移動可能性向上を考慮した都市交通体系の整備時代（1980年代〜90年）

　人々の交通サービスに対する要求も高度化，多様化し，個人の公平なモビリティの

確保が要請されるようになった．非集計行動モデルが利用されるようになり，個別の交通需要にも対応できるようになった．
（4） 持続可能な発展のための都市交通政策（1990年～現在）
　経済の安定成長，地球環境問題の顕在化，化石エネルギー枯渇，公共財源不足の時代の都市交通政策として，交通需要を適切に管理することによって，望ましい都市交通サービス処理体系を実現しようとする交通需要管理の考え方が提起された．

　これは，都市の成長管理にも通じる交通政策で，望ましい地域環境を整備するためには，都市の成長，交通需要を適切に管理する必要があることによる．そして，1990年代半ばに，交通渋滞，事故や環境悪化などに対する情報技術による対応策としてITS技術が国家戦略として採用された．

16.2　交通需要管理計画

　交通の実態は，交通システムに関する需要と供給の均衡の結果である．したがって，交通の実態を管理するためには，交通需要と施設供給の両者を操作する必要があるが，従来は主として，交通施設供給によって交通問題を改善することが行われてきた．しかし，交通問題の解決は図られなかった．このような状況の中で，交通問題の根本的解決を図るためには，従来放任されてきた交通需要そのものを管理する必要があることに着目したのが交通需要管理（TDM）である．

　交通対策は，供給側の施策と需要側の施策に大別できるが，供給側の施策としては，道路，公共交通機関などの交通容量の拡大，交通管理，交通事故対策などがあり，これらは公共主体である道路管理者や公共交通管理・運営者などによって実施されている．そして，需要側の施策としては，発生交通の時間帯，手段，経路，車の効率的利用法などの交通需要の状態の変更，誘導，管理を行う方策などがあり，これらは個人，民間企業などの交通需要主体に働きかける方策である．

　ところで，交通需要管理政策導入の経緯は以下のとおりである．まず，1970年代の石油危機対応策として，交通システム管理策が取り上げられたが，その中に需要管理策が含まれていた．そして，1980年代には渋滞緩和策としてTDMが認知された．そして，米国における1990年の大気浄化法改正と，1991年の総合陸上交通効率化法（ISTEA; Inter-modal Surface Transportation Efficency Act）の制定により，大気汚染の改善を優先しつつ，渋滞緩和，モビリティの改善を推進することになり，その中の重要施策がTDMであった．

16.3 交通需要管理の方策

交通需要管理のための方法とその効果は，以下のようなものである．

① 交通発生源の調整（土地利用，立地規制など）　これらによって，交通移動量そのものの減少を図ることができる．

② 交通手段の変更，自動車の効率的利用　これらによって，自動車交通量そのものの減少を図ることができる．

③ 交通発生時間・経路の変更　これらによって，交通量の平滑化を図り，特定の経路や場所への交通量の過度集中を防ぐことができる．

米国における交通需要マネジメントの具体的施策例としては，以下のようなものがある．

① 相乗り　カープール，バンプール，バスプール（私的会員制バスサービス）などとよばれる乗用車，バン，バスに相乗りすることによって，通勤用自動車交通量を減らす方法である．

② 駐車場政策　駐車規制，駐車料金政策などによって，都心部街路の駐車を禁止したり，都心部の駐車料金を高くして都心部への自動車による乗り入れ交通量を削減する方法である．

③ 公共交通機関（トランジット）整備　鉄道やバスなどの公共交通施設を整備し，自動車から公共交通機関への転換を促進する方法である．

④ 自転車・徒歩施設の整備　これにより短距離自動車トリップを自転車・徒歩トリップに転換させることができる．

⑤ 勤務時間の変更　フレックスタイム，時差出勤，勤務日数の変更など，これらによって交通量の時間的集中を抑え，渋滞を減少させる．

⑥ テレコミューティング　在宅勤務，サテライトオフィス勤務などにより，通信網を利用して通勤自動車交通量を減少させる方法である．

交通需要管理の方策とその実例およびその効果と課題をまとめて示せば，表16.1のようである．

16.4　ITSの概要

ITSは，最先端の情報通信技術などを用いて人と道路と車両を一体のシステムとして構築することにより，ナビゲーションシステムの高度化，有料道路などの自動料金収受システムの確立，安全運転の支援，道路管理の効率化などを図るものである．ITSは深刻化する渋滞，交通事故や環境の悪化など，現代の道路交通問題を解決する戦略

表 16.1 交通需要マネジメント施策の例と効果,課題[3]

		おもな方策	実施・推進方法の例	効　果	課　題
自動車利用の工夫	輸送効率の向上	相乗り (カープール,バンプール) HOVレーン[*1] 一人乗り通勤車規制	相乗り幹旋サービス 税制優遇/補助金給付	乗用車走行量の減少	相乗り参加者へのインセンティブ
		共同配送 物流拠点・情報システムの一体整備		トラック走行量の減少	
	交通需要の時間的平準化	フレックスタイム勤務 時差出勤 休日の分散 トラック走行時間帯の設定	オフピーク割引定期	交通需要の時間的分散	業務上の非効率が生じる可能性
	交通需要の空間的平準化	交通情報の提供	道路交通情報表示板 交通情報ラジオ放送 車載機器,家庭内端末,電話等による情報提供・経路推奨	交通の経路配分の平準化	
自動車交通量の削減	コスト負担による利用誘導	道路利用料金の収受	ロードプライシング[*2] エリアライセンシング ピーク時高料金制	自動車走行量の減少 道路整備等の財源確保	社会的合意形成 所得によるモビリティ格差の拡大 妥当な料金設定
		燃料税等の課税強化			
	特定地域での利用制限	自動車流入ゾーン規制	トランジットモール 都心部乗入れ禁止	自動車走行量の減少	代替交通手段の確保
		利用車種規制	車両/燃料等課税強化 保安基準等の強化 ナンバー制 自動車NO_x法	自動車交通発生量の減少	公平性の確保
		ノーカーデー	公共交通割引チケット	自動車交通発生量の減少	
	利用交通手段の変更誘導	公共交通機関の利便性向上	バスロケーションシステム パーク&ライド駐車場の整備 路線の新設・増強 交通結節点の整備 公共交通料金の低額化	公共交通機関への乗り換え	投資拡大 費用分担制度
		自転車利用・徒歩の推奨	自転車道・歩道の整備 歩行者・自転車優先/専用ゾーン	自転車・徒歩への利用交通手段変更	
	駐車マネジメント	駐車スペース制限	事業所等の駐車場設置制限	特定地域への自動車流入交通量の減少	違法駐車の取締り
		駐車料金マネジメント	累進制駐車料金		
	自動車保有抑制	保有台数の法的制限	新車登録権入札制度 世帯保有台数規制	自動車交通発生量の減少	所得によるモビリティ格差の拡大 公平性の確保
		登録,保有課税の強化			
		車庫規制			
交通発生量の抑制	交通負荷の小さい都市づくり	土地利用政策	土地用途規制	交通発生量の減少	効果が出るまでに時間を要する.正確な効果算定
		交通アセスメント			
		職住近接型の都市づくり			
	通勤交通量の抑制	勤務日数変更	週4日10時間勤務制	通勤・業務交通発生量の減少	労働慣行など制度的な整備
		サテライトオフィス	ワークセンターの整備		
		在宅勤務/TV会議	情報通信設備の整備		

(注) 1. HOV (high occupancy vehicle) レーン:多人数乗車の車のみ通行できる車線
　　 2. ロードプライシング:道路利用に対する課金制度.混雑時に課金あるいは高料金とすることで需要の平準化を図る.

的な手段であると同時に，自動車・情報通信産業の市場の拡大と新たな創出を担うものと期待されている．

わが国の ITS 関連の行政機関，警察庁，当時の通産省，運輸省，郵政省，建設省は，1996 年 7 月に「高度道路交通システム（ITS）推進に関する全体構想」を策定し，大学，民間との連携のもとで，これを推進しており，また 1998 年 5 月に閣議決定された建設省の第 12 次道路整備 5 か年計画では，ITS に対応した道路の整備を推進することになった．

わが国の ITS の開発分野と利用者サービス体系は，以下の表 16.2 のようになっている．

表 16.2 ITS のサービス体系

	開発分野	利用者サービス
1	ナビゲーションシステムの高度化	VICS などによる交通状況や目的地関連の情報提供（所要時間などの経路情報）
2	料金自動収受システム	自動料金収受
3	安全運転の支援	走行環境情報の提供，危険警告，運転補助，自動運転
4	交通管理の最適化	経路誘導，交通事故時の交通規制情報の提供
5	道路管理の効率化	工事情報，通行規制情報の提供，特殊車両通行管理，維持管理業務の効率化
6	公共交通の支援	公共交通利用情報の提供，公共交通の運行・運行管理支援
7	商用車の効率化	商用車の運行管理支援，連続自動運転，共同配送
8	歩行者等の支援	経路案内，施設案内，危険防止
9	緊急車両の運行支援	緊急時自動通報，緊急車両経路誘導，救援活動支援

これらの ITS サービスは，道路側の施設と車載機器によって提供されるが，種々のサービスを効率的に提供できるシステムの構成と，機器，施設の標準化によるコスト縮減が検討されている．

16.5 ITS 技術の開発状況

前述の ITS 技術のうち，開発の進んでいる分野であるナビゲーションシステム，自動料金収受システム，安全運転支援などの開発状況を示すと以下のようになっている．

（1）ナビゲーションシステム

VICS (vehicle information and communication system) は，自動車運転者に道路交通情報をディジタル情報として車載装置に送信するシステムで，道路交通の安全と交通流の円滑化，環境保全などに寄与することをめざしている．このシステムでは，電波および光ビーコンによる路車間通信と FM 文字多重放送により，サービスを提供

している．このシステムは，1996年4月にサービスを開始し，全国の高速道路と東海道を中心とした地域にサービスを提供している．そして，1997年ごろから携帯電話を活用し，道路交通情報や最短経路，ニュース，気象，レストランなどの情報の入手，電子メールの送受信，ホームページへのアクセスを可能とするサービスなどが実施されている．

(2) 自動料金収受システム

自動料金収受システム（ETC, electoronic toll collection system）は，無線通信を用いて料金の支払いを行うことにより，料金所を無停止で通行できるもので，料金所渋滞の解消やキャッシュレスによるドライバーの利便性の向上，料金徴収コストの縮減などをめざしている．

現在の料金所の処理能力は，1時間あたり平均230台であるが，ETCはこれを1時間あたり約1 000台（約4倍）に向上させるものであり，高速道路における渋滞か所の約35％にあたる料金所渋滞の解消に大きな効果を発揮することが期待される．

本システムのサービスは，1999年度から首都圏の料金所で開始され，2003年には全国で利用可能となっている．

(3) 安全運転支援システム

安全運転支援システムとして開発されている走行支援道路システムは，道路と車の協調によりドライバーへの危険警告や運転補助を行うとともに，特定の条件下での自動運転をめざすものである．

1996年9月に，開通前の上信越自動車道で世界で最初の安全走行システムと自動走行システムの実験を行い，成果をあげている．また，名阪国道や阪神高速道路などに突発事象検知警告システムが設置され，追突事故の発生件数を1/3以下に減少させている．さらに，レーザーレーダーにより先行車との車間距離を適切に保つように速度を調節するシステムや，ドライバーの眠気防止のためのふらつき運転検知機，カーブ走行の安全性確保のために自動的に変速装置を制御するナビ協調シフト制御などの開発実用化が進められている．

(4) 公共交通および歩行者の支援

わが国の多くの都市の交通手段の利用実態をみると，公共交通と自動車の利用比率は，モータリゼーションの進展に伴って自動車利用が中心を占める交通体系に傾きつつあり，道路交通渋滞は激化の一途をたどっている．

大都市地域の交通渋滞の解消，地球環境の改善，都市空間の有効利用などの観点からは，自動車交通利用から公共交通利用への転換を図る必要がある．そこで，ITSでも公共交通機関の運行状況や各地区間の公共交通機関のサービス状況の情報を，自宅や職場や駅などでインターネットで容易に得られるようにすべきである．また，道路

を利用する公共交通機関であるバスの運行を支援するための信号の優先システムなどやバス停での運行情報の提供などを行い，公共交通の利用者を増やすようにすべきである．

さらに，歩行者の安全確保や周辺案内情報の提供なども考えられる必要がある．歩行者等支援システムは，携帯用情報提供装置などを用いた経路・施設案内などの提供や音声を利用した視覚障害者向けの経路案内・誘導および段差や障害の情報提供などを行うシステムである．

(5) 商用車の効率化

近年，貨物輸送は単なる輸送ではなく，市場需要や生産管理・在庫管理と一体となったロジスティックスシステム（logistics system）の一環としての役割を果たすことが求められている．このため事業所の荷主と運送業者間の受発注情報処理，運送業者におけるディジタル道路地図を活用した配車計画・運行管理支援や車両位置情報表示，経路誘導・旅行時間提供などの交通情報の包括的活用を図るためのシステム開発が必要である．

■参考文献

1) 松本昌二：交通需要マネジメントによる渋滞対策とその評価，道路，pp.16-21，1994.7.
2) 河上省吾：ロサンゼルス市の総合計画の改訂と交通需要管理計画，国際比較による大都市問題調査研究報告書 XIV，国土庁大都市圏整備局，名古屋市，pp.36-56，1995.
3) 日産自動車株式会社社会・商品研究所交通研究室：自動車交通，p.46，1996.
4) 徳山日出男：日本における ITS（高度道路交通システム）の現状と将来，土木学会誌 Vol.83，Nov. pp.50-53，1998.

■演習問題

1. 交通需要管理政策が導入された背景について説明しなさい．
2. 交通需要管理方策を大別して，それぞれの具体策を 2, 3 例示しなさい．
3. 自動車交通量削減策の実例を四つ示し，その問題点を説明しなさい．
4. ITS 技術の具体例を四つ示し，それぞれの内容について説明しなさい．
5. 公共交通サービスおよび歩行者交通に対する ITS 技術の効果について考えなさい．

索　　引

欧文

AADT　92
all or nothing 法　44
BPR 関数　47
C. A. Perry　202
C. Becannan　203
C. S. Stein　202
D 値　96
ETC　221
H. Wright　202
HCM　95
Highway Capacity Manual　95
ITS　84, 216
K 値　96
k-q 曲線　107
k-v 曲線　105
Le Corbusier　199
LRT　58
OD 調査　20
OD 表　22
OD ペアモデル　40
PFI　90
PHF　95
q-v 曲線　107
SPM　169
UTMS21　164
VICS　220
Wardrop 均衡　46

あ　行

相乗り　218
隘路　125
アクセス機能　197
アーラン分布　120
安心歩行エリア　167
安全運転支援システム　221
安全教育　194
一対比較法　69
一般化ポアソン分布　118
一方通行規制　165
移動観測　91
インパクトスタディ　73
迂回制御　162
運転遅れ　111
運転免許制度　194
運輸連合　13
駅勢圏　78
エントロピー法　39
大型車の乗用車換算係数　136
遅　れ　111
オキュパンシー　102
オフセット　149
オフセットの閉合条件　159
織込み区間　133
音圧レベル　174
音響のパワーレベル　174

か　行

介在機会モデル　39
攪乱波　123
確率モデル　37
仮想的市場評価法　73
可能交通容量　134
カープール　59
貨幣換算法　71
可変情報板　15
環境アセスメント手法　67
環境影響　59
環境影響評価　67
環境基準　59
環境基本法　171
関数モデル法　34
幹線道路　16
ガンベル分布　48
起終点調査　20
キス・アンド・ライド　81
期待効用最大化理論　47
機能選択モデル　40
基本遅れ　111
基本交通容量　134
ギャップ　110
ギャップアクセプタンス　110
救急医療施設　194
共通運賃制　17
局所的な安定性　127
居住環境地域　203
緊急時管制　161
近隣住区単位　202
空間オキュパンシー　102
空間平均速度　100
区画道路　16
区間観測　91
区間速度　98
区間速度調査　26
クリアランス時間　152
車の到着分布　116
計画水準　138
系統信号制御　155
経路選択モデル　44
現在パターン法　37
現　示　149
現示時間　149

現示の飽和度　149
原単位法　34
広域交通計画　12
広域信号制御　158
光化学オキシダント　169
公共交通機関　218
公共輸送機関調査　19
公共輸送機関網　54
交互オフセット　157
交差点　185
交差点の飽和度　150
格子型　56
合成型　57
交通安全教育　194
交通安全施設　194
交通意識調査　11, 30
交通管制　15
交通機関選択モデル　40
交通規制　15, 194
交通均衡型配分　45
交通計画代替案　53
交通混雑度　191
交通事故　184
交通事故対策　194
交通事故調査　11, 30
交通事故防止　195
交通システム　1
交通施設調査　11, 19
交通実態調査　11
交通シミュレーション　116
交通集中渋滞　161
交通手段別分担　11
交通需要管理　18, 216
交通需要予測手法　31
交通需要予測プロセス　31
交通情報提供　15
交通信号　148
交通信号機　15
交通静穏化　208
交通速度調査　11
交通体系　63

交通密度　102
交通容量　133
交通流率　92
交通流理論　116
交通量　92
交通量調査　11, 20
交通量配分モデル　44
港湾施設調査　19
国際交通　3
国内交通　3
固定層　41
コードンライン調査　21, 24
コミュニティ道路　208
コントロールトータル　34

さ　行

サイクル　148
最頻速度　99
サービス交通量　140
サービス水準　139
30 番目時間交通量　95
市街地形成　76
時間オキュパンシー　102
時間距離図　91
時間平均速度　100
試験走行　91
事故渋滞　161
事後処理的管制　162
事故率　191
自然渋滞　161
実際配分法　44
自動車起終点調査　11, 20
自動料金収受システム　218, 221
シフトした指数分布　120
死亡事故率　191
社会的費用法　67
斜線型　57
車線規制　15
車頭間隔　108
車頭時間　108

車頭時間分布　119
車両感知器　91
集計化　50
集計モデル　31
15 パーセンタイル速度　99
修正重力モデル　38
自由速度　98
渋滞流領域　106
重方向率　96
自由流領域　106
重力モデル　37
主要幹線道路　16
需要配分法　44
循環輸送システム　58
衝撃波　123
消費者余剰　66
乗用車換算台数　133
ショッピングモール　206
信号遅れ　111
新交通管理システム　164
新交通システム　58, 79
振動加速度レベル　179
スクランブル交差点　207
スクリーンライン　21
スクリーンライン調査　21
スプリット　149
スルーバンド　157
正規分布　121
生成原単位　34
生成交通　11
生成交通量　33
成長率法　34, 37
制動停止距離　109
設計基準交通量　139
設計交通容量　138
設計速度　99
漸近的な安定性　127
選択層　41
騒音レベル　174
総合交通体系　79
走行騒音　177

走行速度　　　98
相互乗り入れ　　　17
総走行時間最小化配分　　　45
速度　　　98
速度規制　　　15
側方余裕幅　　　134
ゾーニング　　　23
ゾーンシステム　　　167, 206
損失時間　　　152
ゾーンバス　　　81

た 行

大気汚染物質　　　169
対数正規分布　　　121
ターミナル施設　　　82
ターミナル調査　　　19
段階構成　　　81, 198
段階的予測法　　　33
単純重力モデル　　　38
単独信号制御　　　153
断面交通量　　　11
断面交通量調査　　　20
単路部　　　133, 185
地域間産業連関分析法　　　73
地下鉄　　　58
地球温暖化効果ガス　　　84
地球環境問題　　　217
地区出入交通量調査　　　20
地点観測　　　91
地点速度　　　98
地点速度調査　　　26
中位速度　　　99
中央線変移　　　165
昼間12時間交通量　　　92
駐車実態調査　　　11
駐車場政策　　　218
駐車場調査　　　19
昼夜率　　　94
追従理論　　　116
追跡調査法　　　21
追突事故率　　　191

停止時間遅れ　　　111
定常流　　　107
鉄道駅前広場　　　82
鉄道施設現況調査　　　19
デトロイト法　　　37
デマンドバス　　　59
テレコミューティング　　　218
転換率曲線法　　　46
典型7公害　　　174
等価騒音レベル　　　175
同時オフセット　　　156
等時間原理配分　　　45
動力騒音　　　177
道路構造令　　　133
道路整備五か年計画　　　88
道路特定財源制度　　　88
道路の機能純化　　　198
道路の交通容量　　　133
道路網構成　　　54
道路網パターン　　　54
道路網密度　　　54
都市圏交通　　　3
都市高速鉄道　　　76
都市交通計画　　　9
都市交通政策　　　216
都市軸　　　16
届出駐車場　　　212
トラフィック機能　　　197
トランジットモール　　　79
トリップエンドモデル　　　33, 40

な 行

ナビゲーションシステム　　　218, 220
二項分布　　　118
二者択一法　　　41
年交通量順位図　　　95
年平均日交通量　　　92

は 行

配分交通　　　11
配分交通量　　　33
パーク・アンド・ライド　　　81
梯子型　　　57
バス専用レーン　　　16
バスターミナル　　　78
バス優先信号　　　16
バス輸送　　　78
バス路線調査　　　19
派生的需要　　　2
パーソントリップ　　　32
パーソントリップ調査　　　11, 23
85パーセンタイル速度　　　99
発進遅れ　　　111
発生・集中交通　　　11
発生・集中交通量　　　32
パフォーマンス関数　　　47
反応遅れ時間　　　126
非均衡型配分　　　45
ピーク時係数　　　95
ピーク率　　　94
非集計モデル　　　31, 47
非定常流　　　108
評価関数法　　　67
評価項目　　　64
評価指標　　　64
評価主体　　　64
評価プロセス　　　64
平等オフセット　　　157
費用便益分析　　　74
フィーダー輸送システム　　　57
複合ポアソン分布　　　118
付置義務駐車施設　　　212
物資流動　　　12
物資流動調査　　　11, 26
負の指数分布　　　119
負の二項分布　　　118
浮遊粒子状物質　　　169
フレーター法　　　37

プロビットモデル　42, 48
分割配分法　45
分・合流部　133
分担交通量　33
分担（選択）率曲線法　42
分担率モデル　33
分布交通　11
分布交通量　32, 33
平均成長率法　37
平均速度　99
平常時管制　161
ペデストリアンデッキ　206
ペデストリアンプレシンクト　206
ポアソン分布　117
放射環状型　56
訪問調査法　21
飽和交通流　110
飽和交通流率　142
飽和密度　105
歩車共存道路　208

補助幹線道路　16
ボトルネック　125
ボンエルフ　207
本来需要　2

ま行

待ち合せモデル　116
マルチモード法　41
目標年次　9
モータリゼーション　85
モノレール　58

や行

優先オフセット　157
郵便回収法　21
有料道路制度　88
予防管制　161
四段階推定法　32

ら行

ライド・アンド・ライド・シス
テム　81
ラッグ　111
ラドバーン方式　202
リバーシブルレーン　165
流体力学的モデル　116
流出制御　162
流入制御　162
流入流出規制　15
旅行時間遅れ　111
旅行速度調査　26
臨界速度　98
臨界密度　106
路外駐車　19
ロジスティックシステム　222
ロジットモデル　42, 48
路上駐車　19
路側面接法　21
ロータリー式制御　141
路面交通機関　78
路面電車　58

著者略歴

河上　省吾（かわかみ・しょうご）

- 1961 年　京都大学工学部土木工学科卒業
- 1963 年　京都大学大学院工学研究科（修士課程）修了
- 1966 年　京都大学大学院工学研究科博士課程土木工学専攻満了
- 1966 年　名古屋大学工学部講師
- 1967 年　名古屋大学工学部助教授
- 1969 年　京都大学工学博士
- 1979 年　名古屋大学工学部教授
- 1996 年　名古屋大学大学院工学研究科教授
- 2002 年　関西大学工学部教授，名古屋大学名誉教授　現在に至る

　主な著書
　　都市計画概論（共著），共立出版，
　　交通需要予測ハンドブック（分担），技報堂出版，
　　土木計画学（共著）鹿島出版会

松井　寛（まつい・ひろし）

- 1964 年　大阪大学構築工学科卒業
- 1966 年　京都大学大学院工学研究科修士課程修了
- 1968 年　名古屋工業大学土木工学科講師
- 1974 年　京都大学工学博士
- 1974 年　名古屋工業大学土木工学科助教授
- 1983 年　名古屋工業大学土木工学科教授
- 2002 年　名城大学理工学部建設システム工学科教授
　　　　名古屋工業大学名誉教授，現在に至る

　主な著書
　　交通ネットワークの均衡分析（土木学会），新編都市計画（国民科学社），土木工学ハンドブック（技報堂出版）など，いずれも共著

交通工学 ［第 2 版］　　　　　　　　Ⓒ 河上省吾・松井　寛 2004

- 1987 年　7 月 10 日　第 1 版第 1 刷発行　　【本書の無断転載を禁ず】
- 2003 年　3 月 10 日　第 1 版第 10 刷発行
- 2004 年 11 月　9 日　第 2 版第 1 刷発行
- 2015 年　2 月 20 日　第 2 版第 5 刷発行

著　　者　河上省吾・松井　寛
発 行 者　森北博巳
発 行 所　森北出版株式会社
　　　　　東京都千代田区富士見 1-4-11（〒 102-0071）
　　　　　電話 03-3265-8341 ／ FAX 03-3264-8709
　　　　　http://www.morikita.co.jp/
　　　　　日本書籍出版協会・自然科学書協会　会員
　　　　　JCOPY　＜(社)出版者著作権管理機構　委託出版物＞

落丁・乱丁本はお取り替えいたします　　　印刷/太洋社・製本/石毛製本

Printed in Japan ／ ISBN978-4-627-48352-1

図書案内　森北出版

入門 都市計画
―都市の機能とまちづくりの考え方

谷口守／著

菊判 ・ 160頁　　定価（本体 2200円 +税）　　ISBN978-4-627-45261-9

制度解説は必要最小限に抑え，都市計画の考え方そのものについて具体的な事例を多く交えながら説明する入門書．都市のもつ役割とそれに沿った都市のあり方を考えることで，大きく変化していく社会環境の下でのよりよいまちづくりを示した．

路車協調でつくるスマートウェイ
―AHSによる安全な道路の構築と国土イノベーション

牧野浩志・保坂明夫・鎌田譲治・水谷博之・池田朋広／共著

菊判 ・ 272頁　　定価（本体 4200円 +税）　　ISBN978-4-627-48621-8

AHSでは，障害物検知や合流支援などのサービスによって，道路交通の安全性向上を目指している．本書では，協調のための要素技術，実証実験から得られた実際のユーザの挙動，道路の維持管理の向上，効率的な交通マネジメントに対するメリットなどについて解説した．

海 岸 工 学

木村晃／著

菊判 ・ 224頁　　定価（本体 3000円 +税）　　ISBN978-4-627-49541-8

海岸工学における長年の成果をもとに，沿岸域における波や砂の諸現象についてその基本事項である波の発生・発達から，浅海域における砕波・消滅に至るまでの変化と性質などを，初学者が無理なく理解できるように丁寧に解説した．幅広く応用ができるよう配慮されている．

最新耐震構造解析 第3版

柴田明徳／著

菊判 ・ 368頁　　定価（本体 4000円 +税）　　ISBN978-4-627-52093-6

入門書として評価の高いテキストの改訂版．個別に扱われることの多い「構造物の動力学・地震応答解析」「地震性質」「耐震設計」などの理論を幅広く網羅．これ一冊で，耐震構造解析に関する基礎知識を身につけることができる．今回の改訂では限界耐力法や東日本大震災について加筆した．

定価は2015年1月現在のものです．現在の定価等は弊社Webサイトをご覧下さい．

http://www.morikita.co.jp